U0932741

中国人的博弈学，中华民族的

大智慧

天津科学技术出版社

图书在版编目（CIP）数据

中国人的博弈学 / 辉浩编著. —天津：天津科学技术出版社，2010.11

ISBN 978-7-5308-6118-9

Ⅰ.①中… Ⅱ.①辉… Ⅲ.①成功心理学—通俗读物 Ⅳ.①B848.4-49

中国版本图书馆CIP数据核字（2010）第214799号

责任编辑：范朝辉　陈　雁

责任印制：王　莹

天津科学技术出版社出版

出版人：蔡　颢

天津市西康路35号　邮编 300051

电话（022）23332390（编辑室）　23332393（发行部）

网址：www.tjkjcbs.com.cn

新华书店经销

北京佳明伟业印务有限公司

开本 710×1000　1/16　印张 21　字数 320 000

2010年12月第1版第1次印刷

定价：30.00元

序：笑看中国人的博弈

中华民族有着五千年的历史，期间无时无刻不在演绎着博弈之战，所以，中国人的博弈之术博大精深。

相信，大多数人都会认为下棋是一种博弈。对于聪明的棋手来说，他们往往会相互揣摩、相互牵制，人人争赢，进而下出千奇百态、变化多端的棋局。其实，人生也是一场规格巨大的棋局，一场盛大的博弈，所谓的成败，只是人生博弈的不同结果而已。相信，每一个中国人都深知博弈之术的精深。

在中国，商家与客户之间、商家与商家之间也存在所谓的博弈。日常生活中，每个人都离不开消费购物，但我们千万不要小看这购物，其中也暗藏着很深的博弈之术。不信，你可以细心观察，便可知道其中的奥妙。比如，为什么商家会“反季销售”？为什么大多数人都喜欢买打折的商品？为什么大多数80后，宁可租房也不愿意去买房？为什么中国人总是喜欢把钱存起来，而不是用来投资？这些问题无不说明中国人消费观的变化。与此同时，你也将领略到博弈之术在中国消费观念中发挥的潜在作用。

人们常说，职场如战场，稍有不慎，就会误入歧途，甚至掉进职业发展的陷阱。这也体现出博弈的原理。职场生涯如同深邃幽暗的隧道，往往使人在洞口的时候就忐忑不安，不知该怎样迈开第一步。在职场上，人人都在追求成功。不过，渴望成功的人很多，但真正能够取得成功的人却少之又少。原因就在于很多人没有真正领悟到职场的玄机。所以，要想在职场中有所作为，只有看穿职场中暗藏的玄机，方能左右逢源、游刃有余，进而做到知己知彼、运筹帷幄，从而决胜于职场。

生活中还有一种博弈叫做恋爱博弈，它能告诉人们如何向前展望、往后推理。恋爱博弈说的是一男一女处于热恋中，但是他们的爱好并不一定相同。比如说，男的爱看足球，他最愿意女朋友陪他看足球；女的爱看芭蕾舞，她愿意男朋友陪她看芭蕾舞。恰好一场精彩的足球赛和一场同样精彩的芭蕾舞同时进行。如果他们分别去看足球赛和芭蕾舞，双方都会觉得索然无味。此时的博弈就是要让对方服从自己的爱好，最终使双方都满意。

中国人的博弈涉及生活及社会的各个方面，只有懂得博弈，才能更好地利用博弈，进而达到自己的目标。因为通过博弈，我们可以更清楚地分析生活中的一些问题，并且做出相应的成功决策！其实，博弈就像田间农民手中的锄头，只有拿对了方向，才不会伤到禾苗。在这个竞争激烈的社会中，只有你读懂了《中国人的博弈学》，才能综合运用各种博弈方法，从而做出正确的竞争策略，进而达到自己的人生目标！

前　言

中国人的博弈？是啊，世世代代的中国人用他们的智慧演绎出一局又一局的博弈。不要害怕，本书并非向您介绍难以理解的博弈理论，而是从生活及人际交往的实际揭示博弈大智慧。

几千年来，中华民族时时刻刻都在上演着博弈之战。历经战场的人们，无不显示出高超的博弈之术。因此，作为中国人，你必须要懂得中国人的博弈，才能在人生的大舞台上尽展风采！

古人有云：人生如棋。在生活中，博弈无处不在。无论它是大还是小，只要你细心观察就会发现，每一件事都是那么妙趣横生，并且蕴藏着很大的智慧。其实，每个人都如同棋手，在一张张看不见的棋盘上布设棋子，努力争胜。为了能够取得胜利，每个人都会步步为营，相互揣摩，相互牵制，进而走出精彩纷呈、变化无穷的“棋局”。

那么，何为博弈呢？从本质上来讲，博弈是一种人与人之间互动的决策论。因为人们之间的决策与行为会互为影响。一个人在做出决策时，必须要考虑到对方的心理反应，不仅要考虑自己的策略，还要兼顾他人的选择，如此才能趋利避害，审时度势，才能取得人生的成功！

其实，博弈也是一种力量的对垒。这就是说，博弈是在成文或不成文的游戏规则或者潜规则下，一种力量与另一种力量的对弈，一种社会与人、人与人的对弈。这不仅仅是对为人处世的考验，也是人与人交往的关键所在。在生活中，如果你能领悟并掌握一些博弈的原理及运用方法，就会很容易驾驭自己的命运。在当今激烈竞争的社会生活中，只要我们掌握了一些中国的博弈术，我们的思路就会更加开阔，这样，人生当中一些不必要的失误就会减少，办事的效率也会更高。由此可见，中国人的博弈在现实生活中发挥着举足轻重的作用。

古人有云：世事如棋。对于精明慎重的棋手来说，他们往往会揣摩、思考、算计……有人说，理想的生活状态源于博弈原理的指导，这句话并非没有道理，你是否想过，如何为人处世、如何更好地掌握生存之道，又如何让自己最终走向成功大道？那么，你可以从本书中找到答案！

《中国人的博弈学》一书告诉我们，博弈无处不在，但这也显示出了中华民族的大智慧。本书通过透析中国人的消费观念、社会交际、职场生涯、心理防线、婚恋价值观等方面，揭示出了中国人的博弈之术，力争使每个渴望成功的中国人获得人生的成功！

目 录

第一章 博弈无处不在，尽显中华智慧

在中国五千年的历史中，博弈无时无刻不在进行，一个弈局尚未结束，新的弈局又开始了。社会就像一个巨大的博弈战场，世间的每一个人都是一名棋手，无论哪一次博弈，都是一场智慧与智慧的比拼。进退是人生的策略，攻守是人生的战局。由此可见，历史对局中的博弈，既扣人心弦又发人深省，一招一式尽显中华民族的大智慧！

第二章　透析中国消费，引领时尚理财

在日常生活中，每个人都离不开消费。不要小看这小小的购物，其中暗藏着很深的博弈之术。你可以观察身边的消费群体，从他们身上便可知道其中的奥妙。比如，为什么商家会选择“反季销售”？为什么大多数人都喜欢买打折的商品？为什么大多数80后，宁可选择租房也不愿意去买房？为什么中国人总是喜欢把钱存起来，而不是用来投资？这一切无不说明了中国人的消费观时刻都在变化。与此同时，你将领略到博弈之术在中国消费观念中发挥的作用。

第三章　破解社交棋局，打造完美人际关系

人生在世，免不了要与人打交道。其实，在与人打交道的同时，也是在进行一场博弈战争。如果你会交朋友，走到哪里都有朋友。那么，如何才能破解社交棋局，打造完美的人际关系呢？这就要求，遇到不同场合的话题，采用不同的策略，见什么人说什么话，遇到什么人办什么事。只要需要，就能使任何人成为你的朋友。如此一来，在人际交往中，你将成为一位社交高手！

第四章 看穿职场阴谋，方能左右逢源

人们常说，职场如战场，稍有一点做得不好，就可能会误入歧途。职场生涯犹如深邃幽暗的隧道，常常使人站在洞口的时候就忐忑不安，不知该怎样迈开第一步。在职场上，人人都想获得成功。但事实上，真正能够取得成功的人，却是少之又少。原因就在于很多人没有真正领悟到职场的玄机。所以，要想在职场中有所作为，就必须看穿职场中暗藏的阴谋，方能左右逢源、游刃有余，进而做到知己知彼、运筹帷幄，从而决胜于职场。

第五章 突破心理防线，走出人生禁区

人无时无刻不在进行着心理博弈，其实生活就是一场人与人之间的心理较量。在现实生活中，无不体现了心理博弈。如果你不了解心理博弈，就会在生活中四处碰壁。所以说，心理学知识和策略会在任何时候都能派上用场。此外，人在说话办事时，不仅仅要凭自己的诚意和能力，还要有眼力和心计。只有掌握人际交往的主动权，看穿别人的心理诡计，才能避开心理陷阱，走出人生禁区。所以，只要你懂得了心理博弈，才能使自己避免遭受挫折和损失，从而有效地发挥自身的影响力，顺利地落实自己的计划，进而可以促使事业有所成就，生活幸福美好！

第六章 解答婚恋疑惑，走向幸福生活

青春是一个人的资本，也是达到爱情顶峰的一张通行证。每个人都要经历恋爱、结婚这个过程。可是，你是否感觉到，婚恋也是一场博弈。男人和女人在婚恋中形成对局，你喜欢我，我不喜欢你，我却喜欢她。这样势必就会引发一场无形的战争。此外，婚后男人和女人生活在一起，往往为了一些鸡毛蒜皮的小事而争吵不休，这无不体现出博弈之间的较量。在本章节里，我们将向你

解答婚恋中出现的疑惑，进而使一些年轻人从容地走上爱情舞台，走向自己的幸福生活！

第七章 踏上成功之路，成就辉煌人生

成功对每个人来说都是一生的追求。人人都渴望成功，然而，很多人都不能成功，这是什么原因呢？其实，人在追求成功的过程中，也是在进行着一场无形的博弈。一个人要想获得成功，就必须与这场博弈进行到底。一个真正追求成功的人，一定是一个永不放弃、勇往直前的人，也是一个奋斗不息的人。成功不仅仅是为了赚取更多的金钱，更是为了一种被社会认可的价值感，为了追求一步一步的成功而拼搏。所以，我们要想踏上成功之路，就必须做一个奋斗不止的人，才能成就自己的辉煌人生。

第八章　感悟博弈智慧，做个聪明之人

自古以来，中国人无时无刻不在进行着博弈。对于每个人来说，人生处处体现了博弈，这就是说，博弈的智慧在中华大地上散发着无穷的光辉。每个人都想做一个聪明的人。可是，如果你不能觉察到博弈的力量，就无法体会到它的真谛。只要真正感悟到博弈的智慧，不管是在生活中还是在职场上，都能做到游刃有余、左右逢源，进而成为一个名副其实的聪明人。

第一章
博弈无处不在，尽显中华智慧

在中国五千年的历史中，博弈无时无刻不在进行，一个弈局尚未结束，新的弈局又开始了。社会就像一个巨大的博弈战场，世间的每一个人都是一名棋手，无论哪一次博弈，都是一场智慧与智慧的比拼。进退是人生的策略，攻守是人生的战局。由此可见，历史对局中的博弈，既扣人心弦又发人深省，一招一式尽显中华民族的大智慧！

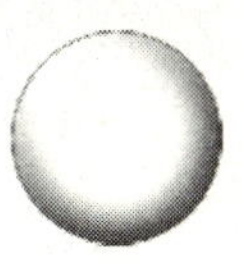

1. 走进博弈，你每天都在战斗

“博弈”这个词听起来好像高深莫测，似乎只有某些专家才能研究透，其实不然，说白了，博弈只不过是一种策略。“博弈”的英文意思就是对策、游戏，而且早期的博弈思想的确也来源于游戏，诸如下棋、打牌、划拳等。更确切一点说，博弈是一种能够分出胜负结果的游戏策略。

生活中的博弈学

博弈理论虽然出自西方，但在我国传统文化中，也有许多精妙的博弈策略。许多成语及成语典故，就是对博弈策略令人叫绝的运用和归纳。如围魏救赵、背水一战、暗度陈仓、釜底抽薪、狡兔三窟、先发制人、借鸡生蛋等。

“田忌赛马”可谓是家喻户晓的故事，它就是一个典型的博弈案例。赛马双方各派出三匹马，分为上中下三等。甲方总体较弱而乙方较强。甲方怎么才能取胜呢？他先用下等马与乙方的上等马比，输个零比一。再用上等马与乙方中等马比，扳成一比一。最后，用中等马与乙方下等马比，二比一，甲方胜。因策略的不同，使本来较弱的一方，最终战胜了较强一方！这不由让人想起乒乓球赛和其他一些团体比赛。较弱的一方要想打败较强的一方，最终夺冠，需要参赛者巧妙运用博弈策略。

人生处处皆博弈，人们的工作和生活，其实也是一种永不停息的博弈决策过程。诸如报考什么学校、选择什么专业、从事什么样的工作、如何打理生意、该和谁合作、做不做兼职、要不要辞掉工作、要不要竞争总裁的职位，要不要买房，到底是租房划算还是买房划算，甚至是要不要结婚、什么时候结婚、该和谁结婚、要不要孩子、怎样将孩子抚养成人、要不要给妻子买花等，这些都是生活中的博弈问题。

每天匆匆忙忙上班，你甚至忘记了女朋友的生日是哪一天。但记得大概就是这两天，不是今天就是明天。但要不要买花给她呢？买不买，你在矛盾着，选择摆在你的面前。如果当日真是女友生日的话，你买了一束花送给她，女友一定会认为你关心她，会特别高兴；而你没有送花，她定会埋怨你心里没她，连她的生日也记不住，会伤心难过。如果当日不是女友的生日，你送了一束花给她，女友也一定会感到意外和惊喜；你不送花，结果则和平常生活一样，既没喜悦，也没失落的痛苦和伤心。

这是生活中极为平常的一种选择的博弈。在这个博弈中，你可以有两种策略，那就是确定今天是女友的生日，或确定今天不是她的生日，但不论采取何种策略，你的最好行动都是买花。

每个人的一生都要面临很多次选择。只有掌握博弈的思想和方法，灵活地运用到生活中，你的思维才会更开阔，选择也才会更理性。同时，博弈也告诉我们不管做什么事情都不能蛮干，爱情博弈也是同样的道理，不能“蛮爱”，要讲究一定的规则，这样才能和对方搞好关系。

生活中还有些人为了爱情不顾一切，不惜把自己的精力、财力、时间、前途甚至是生命都放弃，这样做是盲目的。其实，在恋爱的过程之中，恋人不仅是你最亲密的朋友，同时也是你的敌人。因此，要想成为恋爱的赢家，就要学会既像朋友一样和恋人合作，又要学会像敌人一样和恋人进行对抗。而且对于对方的围追堵截的爱情围剿，你还要学会种种反围剿的手段。

恋爱就像是一场博弈，要想成为最后的赢家，就要看你是否能够熟练地掌握博弈规则了。

通过博弈分析问题

两利相衡取其重，两害相权取其经，选择的目的是让自己“赢”，博弈就是一种实现自己利益最大化的策略。21世纪，博弈论已经被广泛地运用到各个领域，为越来越多的人所了解。著名经济学家保罗·萨缪尔森甚至说：“要想在现代社会做一个有文化的人，就必须对博弈有一个大致的了解。”在运用博弈论时要注意两个问题。第一个问题是设身处地地考虑问题，也就是换位思考，站在对方的立场上思考，如果换做是我会怎么办？只有这样才能了解对方有哪几种可能的策略，采用哪一种策略的可能性最大，从而做出决策。这也就是所谓的知己知彼。第二个问题是向前展望，往后推理，也就是说首先要确定自己希望最后达到什么样的目标，然后再从这个结果往后研究，最终得到自己现在应该做出哪种选择，也就是怎样做才能以最低的代价达到目标。

博弈论又称为对策论，它并没有为你的某个具体问题提供一个你可以操作的具体答案或作法，它只是一种工具，能为你操供一种分析方法，摆明一个思路，有助于你做出正确的决策。

生活中有一种比较常见的博弈情况，举个例子来说。两只老虎面对面走上了只能过一只老虎的独木桥，谁也过不去。这就有几种可能：两只老虎谁也不让谁，对峙在那里。或者两者相斗，这两种可能性的结局都是一样的——两败俱伤，这也是谁都不愿意看到的。还有一种可能就是一方前进，另一方后退，但是那个后退者是有所损失的，所以到底是谁退谁进呢？两只老虎都不愿意退，也都知道对方不愿退。但是它们会把自己放在对方的位置上，想想如何愿意退呢？如果前进的一方能够给后退的一方某些补偿，如果这种补偿可以与损失相当，这样就会有愿意后退的一方。在这种情况下，如果双方都能够易地而处，换位思考一下，就可以进行一个补偿谈判，最终达成以补偿换退让的协议，如此，问题自然就可以很快被解决了。所以，要想达成协议，双方都必须能够换位思考。考虑自己获得多少补偿才肯后退，并且以自己的想法来理解对方。在博弈中，双方经常会出现妥协现象，假如双方都能够换位思考，一般情况下就比较容易达成协议。但如果两方考虑问题仅仅从自己的立场出发，都不愿意后退，而且又不想给对方一些补偿的话，那么最终僵局还是难以打破，问题也不会得到解决。

中国博弈论

人生是一个不断选择的过程，一个不断博弈的过程。博弈论描述性的名称为“互动的决策论”，因为人们之间的决策与行为会形成互为影响的关系，一个主体在决策时必须考虑到对方的反应。这不但要考虑自己的策略，还要考虑其他人的选择，趋利避害，审时度势。生活中只要涉及人群的互动，只要涉及策略的选择，就有博弈。通过博弈，我们可以更清楚地分析一些问题。如果你拥有在每一场博弈中都能完美胜出的智慧，那就能够获得通俗意义上的成功。

2. 思维与策略之间的博弈战

策略思维是一种技巧，也是一种艺术。了解对手打算如何战胜你，然后战而胜之的思维就称为策略思维。博弈就是一种策略思维，生活中的很多游戏都体现出了博弈的思想。如“石头、剪刀、布”是一种人们十分熟悉的简单游戏，在玩这个游戏的过程中，人们最关注的两个问题是：别人会出什么，自己又该如何实现最佳应对？其实这就涉及博弈论的核心问题，即推测对方的做法作为自己决策的依据，从而寻求使自己利益最大化的选择。

博弈是一种游戏策略

现实生活中的每个人都会用到策略思维。政治家必须设计竞选策略，使自己得以当选，还要构思立法策略，使自己的主张得以贯彻；生意人必须借助有效的竞争策略才能在商海中生存下去；父母要想教会孩子良好的行为举止，自己至少应该成为业余的策略家。

博弈是一种游戏，在游戏中人们能学到很多生活中不能学到的技巧，有人发出“一场游戏是一生”的感慨是有一定道理的。不过，博弈所指的当然不只是游戏本身，它所研究的是当人们的行为存在相互作用的时候，且利益相对立时，应该如何做才能让自己的利益最大化。可以说，博弈包涵一切事物。因为在日常生活中，许多的事情都带有一定的竞争与合作的特征。

游戏与博弈最大的相似之处就是：确定好一定的游戏规则，游戏者开始做出各自的决策或行动。围棋是中国最古老的游戏之一，在下棋的过程中，双方总是在为一招半式的走法而苦思冥想，既要猜透对方的心理，又要避免自己的心思被对方猜透。下围棋是一件比较有趣的事情，需要双方都具有敏锐的洞察力和精确的判断力，否则就很难走出对自己最有利的棋局。围棋游戏可以反射出博弈的很多内涵，如围而歼之，生死存亡为先，争地夺利为上等。围棋最初就是由战争发展而来的，所以，围棋的下法很多都体现着作战策略，在真正的战争爆发时，如果将领们能用博弈的思想来研究一些规律，然后做出最佳选择，就能为最终的胜利奠定一定的基础。否则，失败就在所难免。

游戏和博弈之间的理论是有相通之处的。每一个游戏者从游戏结果的好坏之中不仅能够得出自身策略的选择，而且还能够推算出其他参加者会如何进行策略选择的。有时候策略的好坏会对结果有直接的影响，但是有的时候还会出现另外一种情况，就是你选的策略并不好，但是最后的结果却很好，那是因为对方选择了对他更为不利的选择。所以，博弈的重要原则就是如何选择一个对自己更有利的策略。

“囚徒困境”中的背叛与放弃

甲、乙两个人一起携枪准备作案，被警察发现抓了起来。警方怀疑，这两个人可能还犯有其他重罪，但没有证据。于是分别进行审讯，为了分化瓦解对方，警方告诉他们，如果主动坦白，可以减轻处罚；顽抗到底，一旦同伙招供，你就要受到严惩。

当然，如果两人都坦白，那么所谓“主动交代”也就不那么值钱了，在这种情况下，两人还是要受到严惩，只不过比一人顽抗到底要轻一些。在这种情形下，两个囚犯都可以做出自己的选择：或者供出他的同伙，即与警察合作；或者保持沉默，也就是与他的同伙合作，不与警察合作。

这样就会出现以下几种情况。

这两个囚犯该怎么办呢？是选择互相合作还是互相背叛？从表面上看，他们应该互相合作，保持沉默，因为这样他们俩都能得到最好的结果——只判刑 1 年。但他们不得不仔细考虑对方可能采取什么选择。

问题就这样开始了，甲、乙两个人都十分精明，而且都只关心减少自己的刑期，并不在乎对方被判多少年。他们考虑过会出现的几种可能的情况，也仔细分析过，但是因为私心，两人都会各自顾着自己的利益。

甲会这样推理：假如乙不招，我只要一招供，马上可以获得自由，而不招却要坐牢 1 年，显然招比不招好；假如乙招了，我若不招，则要坐牢 15 年，招了只坐 10 年，显然还是以招认为好。无论乙招与不招，我的最佳选择都是招认。还是招了吧。

自然，乙也同样精明，也会如此推理。

“囚徒困境”这个问题为我们探讨合作是怎样形成的，提供了极为形象的解说方式，产生不良结局的原因是因为囚犯二人都基于自私的角度开始考虑，这最终导致他们两人的合作没有产生。

中国博弈论

人生处处都隐藏着博弈，不同的事情有不同的现象，也同时隐藏了不同的博弈。帕默斯顿说过：没有永恒的敌人，也没有永恒的朋友，只有永恒的利益。在博弈中，我们不能回避这句话的正确性，其实，人性自私。我们之所以进行博弈，就是要选择最佳策略，争取让自己的利益实现最大化。

3. 负和博弈造成两败俱伤的悲惨结局

负和博弈是指双方冲突和斗争的结果，是所得小于所失，就是我们通常所说的其结果的总和为负数，也是一种两败俱伤的博弈，结果双方都有不同程度的损失。不合作行为往往带来1减1小于零的负效应。

1减1小于零的负效应

日常生活中，经常会出现双方不合作的情况。在交往时，由于相互冲突和矛盾，不能达到统一，交际双方又都不让步，最后使交际活动不能展开，从而交际的双方都受损，两败俱伤。“博弈论”把这种情况叫“负和博弈”。

一对双胞胎姐妹，妈妈给她们俩人买了两个玩具，一个是金发碧眼、穿着民族服装的捷克娃娃，一个是会自动跑的玩具越野车，看到那个捷克娃娃，姐妹俩人同时都喜欢上了，而都讨厌那个越野车玩具，她们一致认为，越野车这类玩具是男孩子玩的，所以，她们两个人都想独自占有那个可爱的娃娃，于是矛盾便出现了，姐姐想要这个娃娃，妹妹偏不让，妹妹也想独占，姐姐偏不同意，于是，干脆把玩具扔掉，谁都别想要。

再如，夫妻俩一起看电视，丈夫喜欢看篮球，妻子喜欢看综艺节目，于是可能出现下面的三种情况：一是两人争执不下，你想看篮球，我偏不让，我想看综艺节目，你偏不同意，于是，干脆关掉电视，谁都别看；二是你看篮球，我到其他地方看综艺节目，或你看综艺节目，我到其他地方看篮球；三是其中一方说服对方，两人同看篮球或同看综艺节目。

无论工作还是个人交往，这种情况时常会发生。双方互不让步，干脆扔掉玩具或关掉电视，这样造成的后果是，你的心理不能得到满足，我的感情也有疙瘩，对双方来说都受到损失；双方的愿望都没有实现，剩下的只能是两个人生气冷战，从而对双方的感情产生不良的影响。

不难看出，交际中的“负和博弈”，从双方交锋的结果看，都没有所得，或者所得小于所失，其结果是两败俱伤。交际中的“负和博弈”，只能加大双方矛盾，使双方失和。交际发生“负和博弈”，如果是初次相交，便会因为两败俱伤而不再交往；如果是朋友，也会因不断发生“负和博弈”而逐渐疏远；即使是夫妻，经常出现“负和博弈”现象，感情自然会因之受到严重影响。

两败俱伤的“负和博弈”

在很多年以前，北印度有一位木匠，技艺高超擅长以木头做成各式人物，他所做成的女郎，容貌艳丽，穿戴时尚，活动自如，并能斟茶递酒，招呼客人，如真人无异，非常神奇，唯一的不足之处就是不可以说话。

当时，在南印度还有一位画师，他的画技非常高，所画人物栩栩如生。有一次，他来到北印度，木匠久闻画家大名，于是备好酒菜请画师来家做客，画师来到木匠家时，木匠故意让自己所做的木女郎斟酒端菜，而且招呼得相当周到，画师见此女郎秀丽娇俏，心生爱恋。木匠看在眼里，故意装作不知道。

酒足饭饱之后，天已经很晚了，于是，木匠便回自己的卧室了，临走时，他故意将女郎留下，并对画师说："留下女郎听你使唤，与你做伴吧。"画师听了非常高兴，等木匠走后，画师见女郎伫立灯下，一脸娇羞，越发可人，便叫女郎过来，但是她就是不吭声，一点动静也没有。画师看女郎害羞，就上前用手拉她，这时候才觉察到女郎原来是个木头人，顿时觉得很不好意思，心念口言："我真是个傻瓜，被这木匠愚弄了。"画师越想越生气，于是想办法报复木匠，于是就在门口的墙上画了一幅自己的像，穿着与自己一模一样，并画了一条绳子在脖子上，像是上吊死去的样子，之后他又画了一只苍蝇，叮在画中人的嘴上，画完像之后，他就躲在床底下睡觉去了。

第二天早上，画师久久没有出来，木匠看见画师门户紧闭，叩门又没有人。于是，他透过门窗缝隙向内望去，突然看到画师上吊了，惊恐万分的木匠马上撞开门，用刀去割绳子，但等割的时候，才发现原来只是一幅画而已，此时的木匠很是恼火，他认为自己被画师捉弄了，于是动手打了画师。

自此，两人的关系可想而知。原本可以皆大欢喜的事情，结果却以两败俱伤的尴尬局面而结局。仔细分析一下事情的原委，是因为画师不知道女郎为木头所做，所以心生爱恋，若是此时木匠能告诉他事实，画师就不会因感到受到愚弄而心生尴尬。再者，即使木匠去捉弄画师，画师在知道真相之后能够以德报怨，不去报复木匠，那么两人的交情仍旧能够继续，就不会有后来的事情发生。总之，两人的做法都是不明智，不可取的，这样的结果只能导致两个人关系恶化，从此不再交往。

社会生活中，与他人交往是不可避免的。人际关系同时也是一种利益关系，因为人要追求物质和精神两方面的满足，也因此在追逐的时候，就会产生相互间的矛盾和冲突，而冲突的结果就是一种博弈关系。而不懂博弈的人自然无法得到良好的人际关系，无法顺利地化解冲突。

中国博弈论

在“负和博弈”出现之前，应理性地去制止，别使性负气，要学会容人，胸怀开阔一些。人际交往中之所以经常发生“负和博弈”现象，大多是因为人心胸狭窄，遇事爱使性负气。如果双方有一方能做一些让步或牺牲，最起码可以满足一个人的意愿；要是另一方也能胸怀开阔一些，容纳对方的不是，结果肯定不会是两败俱伤，彼此间的关系也会更加和谐。

4. 斗鸡博弈：狭路相逢的策略

斗鸡博弈，说的就是当两强相遇并发生对抗冲突的时候，怎样能让自己占据优势，力争得到最大收益，确保损失最小。

斗鸡博弈策略的选择

有两只公鸡遇到一起，每只公鸡都有两个行动选择：一是退下来，一是进攻。如果一方退下来，而对方没有退下来，对方获得胜利，这只公鸡则很丢面子；如果对方也退下来，双方则打个平手；如果自己没退下来，而对方退下来，自己则胜利，对方则失败；如果两只公鸡都前进，那么则会两败俱伤。因此，对每只公鸡来说，最好的结果是对方退下来，而自己不退。

假设两只公鸡都选择进攻，结果是两败俱伤，两者的利益为 −2 个单位，也就是说损失了 2 个单位；假设只有一方进攻，另外一方退下来，那只进攻的公鸡获得 1 个单位的收益，也赢得了足够的面子，而退下来的公鸡获得 −1 的利益，也就是说损失了 1 个单位，也输掉了面子，但这却没有两者都进攻受到的损失大；假设两者都退下来，两者则都输掉了面子，获得的利益为 −1，也就是说损失了 1 个单位。当然这里的数字只是相对值。

在斗鸡博弈中，存在两个纳什均衡：一方前进，另一方后退。关键是谁进谁退呢？一次博弈，如果有唯一的纳什均衡点，那么这个博弈是可预测的，即这个纳什均衡点就是事先知道的唯一的博弈结果。但是，如果一次博弈有两个或两个以上的纳什均衡点，则没有人可以预测出结果来。因此，我们无法预测斗鸡博弈的结果，即不能知道谁进谁退，谁输谁赢。

一对恋人吵架，双方如果互不相让，那么最终结果必然是互相伤害，甚至反目成仇，原因就是这一状态不是整体最优的均衡状态。一般情况下，或者男友作为男人做出让步，或者女友伤心飘然离去。但不吵架的状态也不均衡，对对方的不满日积月累，时间长了也会有变化。

在现实生活中，当两只斗鸡相遇在斗鸡场上的时候，哪一方前进不是两只斗鸡的主观愿望所能决定的，而是取决于对双方实力的预测。要做出严格优势策略的选择，需通过反复地试探，甚至是激烈的打斗后才能确定，而不是在最开始时就能做出的，有时候试探付出的代价会很大。

非理性的理性

有人曾讲过斗鸡的最高状态，一方好像木鸡一样，面对对手毫无反应，以麻痹对手。先让对手错误估计双方的实力，继而产生错误的期望，最后再亮出自己，出其不意地战胜对手。

在现实生活中，此类博弈也比较多。比如，两人面对面过一独木桥，一般来说，必有一人选择后退。在该博弈中，非理性、非理智的形象塑造往往是一种可选择的策略。如那种看上去不把自己的生命当回事的人，或者看上去有点醉醺醺、傻乎乎的人，往往能逼退独木桥上的另一人。

像下面故事中的狗主人一样，在双方的“博弈”中，他假装不懂茶碟的珍贵，最终实现了自己的利益最大化。

一天，一个古董商在街上闲逛。当他走到一个卖狗的地方，他发现狗的食碗是一个珍贵的碗，于是装出一副非常喜欢狗的样子，说要买这只狗。

当他说要买狗的时候，狗的主人忽然不卖了，说给的价钱太低了，要求再高一点。古董商装作很大方的样子，把价钱又抬高了一些。成交之后，古董商很随意地对狗主人说：“这个碗它已经用得很习惯了，你就一起送给我好了。”狗主人却不同意，马上说道：“你知道因为这个碗，卖出去多少条狗了吗？”

古董商万万没有想到，狗的主人不但知道这个碗的珍贵，而且还利用“对方以为他不知道”而产生的错误想法故意抬高了狗的价钱。

在这场博弈中，最终获益的是狗主人。原因就在于古董商不知道真正的信息，而狗主人正好利用了这一特点而创造了自己更大的收益，最终使古董商出高价只买到了一只普通的狗。

生活中，每个人都有可能被别人算计或者面临各种困境，为了避免自己不被算计或陷入困境，我们应该在行动之前尽可能地掌握更多的信息，这样就可以少一些风险。

有一种青少年汽车比赛，两个人沿赛道迎面高速驾驶，谁先掉头谁就是“小鸡”。当然，很难对这种比赛进行量化分析，因为其选择的结果涉及“荣誉”及死亡这些不可估量的概念。但是仍可用抽象的价值来表现代价和收益并进行分析。如果两位参赛者都掉头回去的话，那么他们就打成了平手，没有得到也没有失去什么。如果都不掉头，就都失去了一切（负 100 分）。如果只有一人掉头，那么这个人就失去了“荣誉”，100 分被另一人获得。这个比赛没有稳定的均衡位置，即参赛者的选择发生交汇，因为两人都想得到自己胜而对方败的结果。但从另一个方向讲，都掉头才是两人明智的选择，而这样做要求有一定程度的默契。关键问题是这种选择非常不稳定，因为两个人都想让对方相信自己是不理智的，会进行疯狂地冒险，从而赢得比赛。为了“比赢”，参赛者可能会装出一副醉醺醺的样子或是满口大话，也有可能会把前车窗涂上油漆挡住视线，或是把方向盘扔出窗外，这样做会迫使可能更理智些的对手承担选择的责任。这就是“非理性的理性”。

中国博弈论

在斗鸡博弈中，理性的双方会做一个基本的判断，一个对形势、力量和情势的判断，从而采取或进或退的策略。但不论哪一方先退，整体利益都会是最大的。若双方都选择退下来，对整体而言只有损失，没有收益。如双方互不相让，即使是在棋逢对手的情况下，最终也是勇者胜。胜方在支付巨额成本后，获得收益。但对败方而言，无疑是雪上加霜。

5. 智猪博弈：多劳不多得的悖论情境

“智猪博弈”给了竞争中的弱者（小猪）以等待为最佳策略的启发。在博弈中，每一方都要想方设法实现自己的利益最大化，必要的时候，甚至需要攻击对方、保护自己，以取得最终胜利；但同时，对方也许与你一样理性，他会这么做吗？这时就需要你有更高明的智慧。博弈本来就是一种斗智游戏。

最小的代价，最大的回报

猪圈里有两头猪，一头大猪和一头小猪，猪圈很长，在一头有一个踏板，另一头是饲料的出口和食槽。每踩一下踏板，在远离踏板的猪圈另一边投食口就会落下少量食物。通常情况下，大猪吃得要比小猪多一些，快一些。如果有一只猪去踩踏板，另一只猪就有机会抢先吃到另一边落下的食物。当小猪去踩动踏板时，大猪便会在小猪跑到食槽之前刚好吃光所有的食物；若是大猪去踩动踏板，则还有机会在小猪吃完落下的食物之前跑到食槽边，争抢到小猪还没吃完的食物，即另一半残羹。

为了便于进行比较说明，暂时把在大猪和小猪所吃的食物定量。

如果定量地来看，踩一下踏板，将会有相当于10个单位的猪食流进食槽，但是踩完踏板之后跑到食槽所需要付出的“劳动”，需要消耗相当于2个单位的猪食。

如果大猪踩踏板，小猪等着，小猪就会先吃，大猪踩完踏板再赶过去吃，大猪吃到6个单位，去掉劳动耗费2个单位净得4个单位，小猪也吃到4个单位。

如果小猪踩踏板，大猪等着，大猪就会先吃，大猪吃到9个单位，小猪踩完踏板再赶过去吃，小猪吃到1个单位，再减去劳动耗费，小猪是净亏损1个单位。

如果两头猪同时踩踏板，然后再一起跑到食槽边吃食，大猪吃到7个单位，小猪吃到3个单位，再减去劳动耗费各自2个单位，大猪净得益5个单位，小猪净得益1个单位。

如果大猪和小猪都不去踩踏板，都等待，结果必然是谁都吃不到。所以可以得出结论，唯一解决办法是大猪踩踏板，小猪等待。

那么，两只猪究竟最终会采取什么策略呢？答案是：小猪将选择“搭便车”策略，也就是舒舒服服地等在食槽边吃食；而大猪则为一点残羹不知疲倦地奔忙于踏板和食槽之间。

因为，如果小猪去踩踏板，它将会一无所获，不踩踏板反而能吃上食物。对小猪而言，无论大猪是否踩动踏板，不踩踏板总是好的选择。反观大猪，它已经明知小猪是不会去踩动踏板的，自己亲自去踩踏板总比不踩强吧，所以只好亲自去踩了。

“智猪博弈”的结论似乎是，在一个双方公平、公正、合理的竞争环境中，有时占优势的一方最终得到的结果却有悖于他的初始理性。

“智猪博弈”告诉我们，谁先去踩这个踏板，都会造福全体，但多劳者却并不一定多得。

“大猪”知道“小猪”一直过着不劳而获的生活，而“小猪”也知道“大猪”总是碍于面子或责任心，不会坐而待之。

现实生活中，很多人都只想付出最小的代价，却得到最大的回报，争着做那只坐享其成、搭便车的小猪。在日常生活中，有一些人会成为不劳而获的“小猪”，而有一些人却充当了费力不讨好的“大猪”。

在企业中同样也是这样，有些企业也可以成为坐享其成的“小猪”。比如，某种新产品刚上市，在其性能和功用还不为人所熟识的情况下，如果生产该产品的不仅仅是一家小企业，还有其他生产能力和销售能力更强的企业。那么，小企业完全没有必要做出头鸟，自己去投入大量广告做产品宣传，只需要采用跟随战略即可。

是否可以轻松搭便车

有这样一种说法，一个和尚挑水喝，两个和尚抬水喝，三个和尚没水喝。本来人多力量大，应该更容易喝到水，但是人多了反而没水喝了。这是为什么呢？

当两个和尚在一起时，如果有一个和尚挑水，另一个和尚就会“搭便车”，慢慢地，挑水者就没有积极性了。

如果两个人轮流挑水，就会有个先挑后挑的问题。在问题简单的情况下，只要两个人好好商量一下，即“交易成本”低，很快便可以达成一起抬水吃的协议。“两个和尚抬水吃”，水由两个人共同占有、支配。但两人必须平均使用，否则就会因此而发生纠纷。

为什么“三个和尚没水吃”呢？因为三个和尚在一起，就产生了“搭便车”、成本和收益外部化的问题。

三个和尚，如果一个人先去挑水，就会有两个人坐享其成“搭便车”，而挑水者收益外溢；如果有两个人去抬水，就有一个人坐享其成“搭便车”，而两个抬水者收益外溢；如果三个人进行排列组合，每两个人交叉搭配轮流抬水，那么总有一个人先坐享其成“搭便车”。三个和尚谁都不愿意让别人而都想自己先坐享其成“搭便车”。推来推去、争来争去，都不愿意挑水或抬水，于是最终结果就是没有水吃了。

由此可以看出，中国人立身处世的态度——“各家自扫门前雪，莫管他人瓦上霜”，其最终结果必然会使整体利益受到损害。

实际上，作为有理性的人，没有一个人愿意甘冒风险而为别人带来好处。如果是这种情况，智猪博弈也就无法形成了。在智猪博弈的模型中，要摆脱大家都无法生存的困境，就要让双方的期望值不同，然后由一方做出现象上的让步。实际上，让步的这一方，只是在表面上看起来是谦让了。

但是，让步的一方并不是无原则无目的性地让步，而是出自自己理性的盘算和对期望值的估计，然后才采取看似让步的举动。

在某些工作场合会出现这样的现象，比如，在一个公司里，大家都耗在那里，谁也不动，结果必然是工作不能完成，最终挨老板骂。那些在一起工作多年的同事们，对彼此的性格、行事规则都非常了解。“大猪”知道“小猪”一直是过着不劳而获的生活，“小猪”也知道“大猪”的心思，不会坐而待之，会主动地去做工作。

因此，其结果就是总会有一些“大猪们”过意不去，主动去完成任务。而“小猪们”则会在一边逍遥自在，想干什么就干什么，反正工作任务完成后，奖金同样拿。

在智猪博弈中，“搭便车”的人利用别人的努力来为自己谋求利益，他是最大的受益人，因为“搭便车”不必付出什么劳动就能获得自己想要的东西。因此，关键就在于如何让别人心甘情愿地按照自己的期望去行动，去付出。

中国博弈论

博弈中不但有先动优势策略，还有后动的优势策略。在具体的博弈中，究竟是选择先动还是选择后动，是由博弈参与者的各方具体情形所决定的。在日常生活中，不管是先发制人还是后发制人，都只不过是一个策略的选择，而不是根本的原则分歧。到底是选择先发还是后发，在博弈论中，要先分析形势，遵循让风险最小、利益最大的原则，把风险留给对手，把获益机会把握在自己手中。

6. 警察与小偷博弈：猜猜猜与换换换

警察与小偷之间的博弈，属于混合策略，人们经常玩的“剪刀、石头、布”的游戏是更为形象的样板。在这样一个游戏中，不存在纯策略均衡。对每个小孩来说，出“剪刀”、“布”还是“石头”的策略应该是随机的，不能让对方知道自己的策略，甚至是策略的倾向性。一旦对方知道自己出某个策略的可能性增大，那么在游戏中输的可能性就比较大了。

混合策略均衡点下的策略选择

某个小镇上只有一名警察，他负责全镇的治安。为了作比较，现在我们开始假定，假定小镇的一头有一家酒馆，另外一头有一家银行。然后再假定该地只有一个小偷。因为分身乏术，警察每次只能在一个地方巡逻；而小偷每次也只能去一个地方。若警察选择了小偷偷盗的地方巡逻，就可以把小偷抓住；而小偷要想偷窃成功，就必须选择没有警察巡逻的地方偷盗。假定银行需要保护的财产价格为 2 万元，酒馆的财产价格为 1 万元。那么，警察如何巡逻才能使效果最好？

一个比较好的做法是，警察在银行进行巡逻，这样，警察可以保住 2 万元的财产不被小偷偷走。可是如果警察这样做，假如小偷去了酒馆，其行窃就一定会成功。那么这种做法好像也不是警察的最好做法。那么，有没有对这种策略改进的措施？

在这个博弈中，不存在纯策略纳什均衡点，而只有混合策略均衡点。这个混合策略均衡点下的策略选择是每个参与者的最优（混合）策略选择。

在这个故事中，对于警察来说，他最好的一种做法就是抽签决定去银行还是酒馆。因为银行的财产是酒馆的两倍，所以银行用两个签代表，比如如果抽到 1、2 号签去银行，抽到 3 号签去酒馆。这样警察就有 2/3 的机会去银行进行巡逻，1/3 的机会去酒馆。而小偷的最优选择是：以同样抽签的办法决定去银行还是去酒馆偷盗，只是抽到 1、2 号签去酒馆，抽到 3 号签去银行，那么，对于小偷来说，他有 1/3 的机会去银行，2/3 的机会去酒馆。

在警察与小偷之间的博弈游戏中，没有纯策略均衡。由此可见：纯策略是参与者一次性选取的，并且坚持他选取的策略；而混合策略是参与者在各种备选策略中采取随机方式选取的。在博弈中，参与者可以改变自己的策略，而使得自己的策略选取满足一定的概率。当博弈是零和博弈时，即一方所得是另外一方的所失时，此时只有混合策略均衡。对于任何一方来说，此时不可能有纯策略的占优策略。

生活中还有一种常见的混合策略样板，那就是猜硬币游戏。比如，在足球比赛开场时，裁判将手中的硬币抛掷到空中，让双方队长猜硬币落下后朝上的是正面还是反面。由于硬币落下地的正反是随机的，概率都是 1/2。那么，猜硬币游戏的参与者选择正反的概率都是 1/2，这时博弈达到混合策略纳什均衡。

君臣一日而百战

所有混合策略的均衡都有一个共同点：每一个参与者并不在意自己的任何具体策略。一旦有必要采取混合策略，找出你自己的策略的方法，就是让对手觉得他们的任何策略都不影响你的下一步。

有些人认为这好像是朝向混沌无为的一种倒退，其实并不是这样。因为它正好符合零和博弈的随机化动机：一方面要发现对手任何有规则的行为，并相应采取行动。假如他们确实倾向于采取某一种特别的行动，这只能表示他们选择了最糟糕的策略。反过来，也要避免一切会被对方占便宜的模式，坚持自己的最佳混合策略。

因此，采取混合或者随机策略仍然有很强的策略性，并不是不讲策略地“瞎出”，其基本的要点在于，运用偶然性防止别人发现你的有规则行为并且占你的便宜。

我国传统政治中，所谓的“君臣一日而百战”就是形容国君与大臣之间博弈的激烈程度。因为激烈，所以就出现了层出不穷的招式，这些招式也给博弈论的研究提供了丰富的案例。

古书《吕氏春秋》中记载了这样一个故事。战国时，宋康王整天喝酒，异常暴虐，行为非常极端。群臣中有来劝谏的，都会被他找理由撤职或者关押起来。大臣们也因此对他更加反感，经常非议他。宋康王十分苦恼地对宰相唐鞅说：“我处罚的人很多了，但是大臣们越发不畏惧我，这是什么原因呢？”唐鞅说：“您所治罪的，都是一些犯了法的人。惩罚他们，没有犯法的好人当然不会害怕。如果您要让您的臣子们害怕，就必须不区分好人坏人，也不管他犯法没有犯法，随便抓住就治罪。这样的话，大臣们就知道害怕了。”

宋康王是个非常聪明的人，听了唐鞅这个主意以后恍然大悟，深深地点了点头。不久，他就下令把唐鞅杀了，大臣们果然十分害怕，每天上朝时都战战兢兢，不敢再多说一句话。

虽然唐鞅提出的这个建议缺德了一些，但站在博弈学的角度，不能不说是深刻地把握住了混合策略博弈的精髓之处。能够预测的惩罚，大臣总会想方设法地加以规避，而无法预测的惩罚，却是防不胜防的，因而也是令人心惊胆战的。

此类博弈没有纯策略纳什均衡点，只有混合策略均衡点。这个均衡点下的策略选择便是每个参与者的最优（混合）策略选择。对混合策略的传统解释是，局中人应该用一种随机方法来决定所选择的策略。

中国博弈论

警察与小偷博弈启示：

1.在尚未把真正的问题找出来时就盲目采取行动，这是最愚蠢的做法；能够找出问题就可以说是把问题解决一半了。

2.解决问题需要先找出问题发生的原因，分辨情报的价值，彻底推行解决方案，观察事情进行得是否顺利。

7.猎鹿博弈：合作走向共赢

生活中，有很多人认为，当今是竞争社会，优胜劣汰体现了竞争的特性，合作共赢只是一种虚幻的理想。其实这种说法并不正确，合作共赢并不排斥竞争，事实上，只有引入竞争机制的合作，才能令竞争双方提升自身对环境的适应能力，从而在合作中获得更多。因为合作共赢是竞争环境中获得新生、完善自我的价值取向和必然选择。奇迹的创造，不是因为别的，只是因为合作，合作令其共赢。

猎鹿博弈中的帕累托优势

古时候，有个村庄里有甲和乙两个猎人，而当地主要的猎物只有两种——鹿和兔子。在古代，人类的狩猎手段比较落后，弓箭的威力也有限。而鹿比较大，眼力好、奔跑迅速、生命力强还有一对有力的角，两个猎人一起去才能猎获一只鹿。如果一个猎人单独作战，一天最多只能打到4只兔子。

从填饱肚子的角度来说，4 只兔子能保证一个人 4 天不挨饿，而 1 只鹿却差不多能使两个人吃上 10 天。这样，两个人的行为决策就可以写成以下的博弈形式：要么分别打兔子，每人得 4；要么合作，每人得 10。这样，猎鹿博弈就有两个纳什均衡点，那就是：要么分别打兔子，每人吃饱 4 天；要么合作，每人吃饱 10 天。

但其实上，猎鹿博弈不能完全由纳什均衡本身来确定。因为两个纳什均衡就注定要有两个可能结局。那么，究竟会发生哪一种情况呢？是一起去猎鹿还是各自去打兔子呢？

比较（10，10）和（4，4）两个纳什均衡，很明显，两个猎人合作猎鹿获得的收益将远大于分别猎兔。甲乙一起去猎鹿得（10，10）的纳什均衡，比两人各自去打兔子得（4，4）的纳什均衡更具有帕累托优势。

这里说到了帕累托优势，帕累托优势是博弈论中一个非常有名的定理，有一个准则叫帕累托效率准则：经济的效率体现于配置社会资源以改善人们的境况，主要看资源是否已经被充分利用。如果资源已经被充分利用，要想再改善我就必须损害你或是别的什么人，要想再改善你就必须损害另外某个人。一句话，要想再改善任何人就必须损害别人，这时候就可以说一个经济已经实现了帕累托效率。

还用猎鹿博弈来说吧，假设平均分配，甲、乙两个人分别做同一样工作时收益为分别为 4，假如两个人合作，每个人的收益都为 10。很显然，这两人合作所得利益要大于两人单独行动所得到的，我们就称两人合作所得（10，10）相对两人单独行动所得的（4，4）具有帕累托优势。（10，10）是一个理想状态下的结果，其实在实际生活中可能由于种种原因（资源、地理、能力、运气等等），两人的合作所得并不一定能平均分配，有可能会出现（14，6）或者（15，5）等情况。但不管怎么样分配，只要合作两方的所得收益都大于两人单独行动所得收益 4，两人就有合作下去的动机。所以 4 就是两人合作，也就是帕累托优势的临界点。我们称（16，4）这个状态为帕累托效率，一旦有一方的收益低于 4，虽然两人合作的总 10+10 仍然大于两人单独行动的总量 4+4，但双方的合作却是以损害其中一方的利益为代价的，这样，合作就无法进行下去了。

由上，可以得出一个结论：帕累托优势不在于总量增加的多少，关键在于每个人都从中得到改善。

以利益为切入点，实现合作共赢

所谓“合作共赢”就是指交易双方或共事双方或多方在完成一项交易活动或共担一项任务的过程中互惠互利、相得益彰，最终能够实现双方或多方的共同收益。

两位残疾人一起到外地做客，一位眼盲但四肢健壮，另一位眼明但腿脚不便，有一天，房间内突然起火，在明知道不能把火扑灭的情况下，两位残疾人进行了紧密的合作：先是在眼明人的指点下，眼瞎的残疾人赶紧拨打了火警电话，然后，在眼明人的引导下，眼瞎的残疾人背起眼明人赶紧离开房间。很快，消防车就赶到现场，一场可能祸及邻居的大火被及时扑灭了，两位残疾人也因为密切地合作而躲过了一劫。

合作令双方或多方共赢。合作共赢是一种思想、一种目标，也是一种方法、一种过程，同时，更是一种智慧、一种境界。

麦凯公司是美国一家著名的公司。有一年，这个公司要建一座新厂房，可当时公司规模还比较小，建立新厂房需要花费 25 万美元，公司只能拿出 17.5 万美元。于是他们去找银行寻求帮助，因为公司规模小没有什么可以作为抵押资产，所以银行不肯贷款给他们。对公司来说，厂房必须要建，可是到哪里去筹资呢？如果厂房不能如期完工，新的项目就不能按时投入生产，就会给公司造成很大的损失，而最主要的是，公司的长远利益将会因此而受到坏的影响。

哈维·麦凯是麦凯公司的老板，他为此事可谓是伤透了脑筋。最终，他想出了一个新办法。他找到一个建筑商，对建筑商说：“我保证如果你以 17.5 万美元替我把厂房盖好，我会成为你最好的业务员，在未来五年之内，我会充分运用各种人际关系，替你找到最少五桩大生意。我有不少朋友正处在类似我的扩展阶段，我是他们中间首先行动的人，他们冷眼旁观，希望我为他们探路摸索，好省下他们的资金和精力，得到现成的经验教训。所以等我盖好厂房后，他们会对我言听计从。你想想五桩生意可比我这一件好多了。”刚开始，建筑商并没有相信他的话，后来麦凯找来了自己的几个同行，他们证实了麦凯所说的是事实。建筑商也从侧面打听到麦凯公司的确是一家很讲信誉的公司。于是最终同意了麦凯的请求，但是他还是讨价还价。首先，他们要收 20 万美元，其次，要麦凯先替他找好两桩生意，麦凯想想也只好如此，再说筹措 2.5 万美元也是一件容易的事，于是双方达成了协议。

在遇到困难的时候，麦凯没有被困难吓倒，而是努力想出了解决困难的办法，这一办法使麦凯公司节省了 5 万美元资金，厂房如期完工，新项目也按时上了马。麦凯公司的经济状况也慢慢地好转起来。

在投资经营的过程中，出现一些困难是在所难免的，资金短缺的问题更是不足为奇。这个时候，除了借助于银行贷款和他人的帮助之外，还可以从自己的合作方入手，寻找到有力的援助。以对方的利益为出发点，实行双方利益的交换，通常能解燃眉之急，有利于走向成功。

中国博弈论

商场如战场，企业要想生存、成长、取胜，需要创新共生，需要合作共赢。其中，共生即走向联合、取长补短、互通有无，共同适应复杂多变的竞争环境；合作，即重在借力经营，形成战略联盟，优势互补、互利共赢、整合资源，赢取合作双方共同的更大利益；共赢即将存在于传统竞争关系中非赢即输的二维关系，改变为更具合作性、共同谋求更大利益的三维关系。

8. 酒吧博弈：混沌系统中的策略

酒吧博弈告诉人们，胜利者永远只是少数。尽管酒吧存在调协的可能，比如说可以发短信时时提醒，但成本恐怕也太高了。而如果是在其他场合，少数派可能会设置种种障碍阻止后进者的上升。也就是说，世界仍然操弄在少数派手中。幸亏这个世界不是模型，少数派的道路到底还是有迹可循的。老练的将军仍旧会在八卦迷阵中找到唯一的求生之路。若你也想要如此，那么你必须学会如何做一个更加老练的将军。

酒吧博弈，少数人的博弈

阿瑟教授是美国著名的经济学专家，他于 1994 年提出了少数人博弈这个理论。

少数人博弈的理论模型为：有 100 个人非常喜欢周末泡酒吧，这些人在每个周末都要做出是去酒吧活动还是待在家里休息的决定，但酒吧的容量是有限的，换句话说座位是有限的，如果去那里的人多了，在里面的人会感到特别不舒服。如果是这种情况，他们去酒吧还不如待在家中舒服。

假定酒吧的容量是 60 人，如果某人预测去酒吧的人数超过 60 人，那么他的决定是不去,反之则去。这 100 人如何做出去还是不去的决定呢?

在这个博弈中，其前提条件做了如下限制：每一个参与者面临的信息都是以前去酒吧的人数，所以说，他们只能根据以前的历史数据，归纳出此次行动的策略，并没有其他信息可以参考，他们之间也没有信息交流。这就是著名的“酒吧问题”，即少数人的博弈。

这个博弈的每个参与者都面临这样一个困惑：如果许多人预测去的人数超过60，而决定不去，那么酒吧的人数会很少，这时候做出的这些预测就错了。反过来，如果有很大一部分人预测去的人数少于60，他们因而去了酒吧，则去的人会很多，超过了60，此时他们的预测也错了。

因而一个做出正确预测的人应该是他能知道其他人如何做出预测。但是在这个问题中，每个人在做出预测时，他们面临的信息来源都是一样的，即过去的情况，同时每个人无法知道别人如何做出预测，因此所谓正确的预测几乎不可能存在。

阿瑟教授通过真实的人群以及计算机模拟两种实验得到了两个迥异的、有趣的结果。

在对真实人群的实验中，实验对象的预测呈有规律的波浪状形态，实验的部分数据如下：

周数	1	2	3	4	5	6	7	8
人数	44	76	23	77	45	66	78	22

从上述表格中的数据可以看出，虽然不同的博弈者采取了不同的策略，但是其中共同点是这些预测都是用归纳法进行的。我们完全可以把实验的结果看做现实中大多数理性人做出的选择。

在此实验中，更多的博弈者是根据上一次其他人做出的选择而做出这一次的预测。然而，这个预测已经被实验证明在多数情况下是错误的。那么，在这个层面上说明，这种预测是一个非线性的过程，意思是说，系统的未来情形对初始值有着强烈的敏感性，这就是人们常说的“蝴蝶效应”：在某地的一只蝴蝶动了一下翅膀，遥远的另一个地方就下了一场大暴雨。

阿瑟教授通过计算机的模拟实验得出了另一个结果：起初，去酒吧的人数并没有一个固定的规律，然而，经过一段时间之后，这个系统去与不去的人数之比接近于60∶40，尽管每个人不会固定地属于去或不去的人群，但此系统的这个比例是不变的。如果把计算机模拟实验当做更为全面、客观的情形来看的话，计算机模拟的结果则说明的是更为一般的规律。

少数人的博弈

日常生活中的“股票买卖”、“交通拥挤”以及“足球博彩”等问题都是这个模型的延伸。在现行的说法中，对这一类博弈统称为“少数人博弈”，其最简单的模型就是：失火时面对两个门，你将如何选择人数可能较少的生门？在这个模型中你的生死取决于你的选择。

举个例子来说，在股票市场上，每个股民都在猜测其他股民的行为，他们猜测的目的是为了做出与大多数股民不同的决定。如果多数股民处于“卖”的位置上，而你处于“买”的位置上，你买入的股票价格低，你就是赢家；而当你处于少数的“卖”的位置，多数人处于“买”的位置上，那么你持有的股票价格将上涨，如果你在合适时机以高价卖出，你将会获利。

但是，实际生活中，一个股民会采取什么样的策略，完全是根据以往的股市表现归纳出来的，而相同的股市表现，导致其他的股民所采用的策略完全是不确定的，也无法预测，所以，任何股民都无法肯定地预测自己是否处于“少数”盈利者的地位，股市存在的风险性也正是因为如此。

还有一些人喜欢用历史数据来分析，其实，历史数据也未必能提供什么帮助，因为假如股市的变化可以从历史数据中推导出来的话，那么大多数的股民都将会求助于大容量硬盘和高性能电脑了，他们只需要安装一个软件就可以获利了。但是，事实上即使是有这样一个炒股必赢的系统，那么所有人也必将处于一个无股可买的位置上，因为如果所有人都知道哪些是潜力股，哪些是垃圾股，也就没有人会抛出潜力股，自然也就没有人能买得到手。同时所有人都要卖出垃圾股，自然也就没有人能卖得出去了。

从这里可以看出，股市只有作为一个无法准确推测的混沌系统，才有它存在的可能性，也才能让那些无法预测到其他参与者策略的股民们，在“博傻”的过程中赚到钱。

除此之外，“少数人博弈”还可以应用于城市交通。现代社会，城市越来越大，道路越来越宽，但交通却越来越拥挤，压力特别大。在这种情况下，司机选择行车路线就变成了一个复杂的少数人博弈的问题。

在此过程中，司机的经验和个人的性格起着非常重要的作用。有的司机喜欢冒险，宁愿选择短距离的路线；而有的司机因为保守而宁愿选择有较少堵车的较远的路线；有的司机因有更多的经验而更能躲开塞车的路段；有的司机经验不足，往往不能有效地避开高峰路段。最终，不同特点、不同经验司机的路线选择，决定了城市交通路线的拥挤程度。

“少数人博弈”这个理论的提出，虽然不能为股民找到一个炒股必赢、赚大钱的方法，但它却为解决日常生活中的交通拥挤等问题提供了一个新的思路和方法。

中国博弈论

酒吧博弈（少数人的博弈）带给我们的启示：

1. 对一个非线性系统的整理来说，其变化往往是不可预测的，就好像混沌理论中的“蝴蝶效应”；

2. 对于身处混沌系统中的个体来说，在无法预测的过程中也可以采取恰当的策略，并且可以趋吉避凶。在这样的策略中“少数者策略”是值得我们重点关注的。

9. 枪手博弈：适者生存，而非强者生存

“隔岸观火”是三十六计中的其中一计，它的意思就是“坐山观虎斗，趴桥看水流”。在面对不止一个敌人的时候，切不可操之过急，不然会促使他们暂时联手对付你一人，这时正确的做法就是静止不动，等待其他几方的矛盾激化、相互倾轧、力量削弱时再出手，在博弈中有一个典型的例子——枪手博弈。

最强的实力，最低的存活率

枪手对决时，胜者为王，这需要一定的前提条件。一般情况下，枪手们知道，在多方决战的时候，最关键的事情并不在于先击中哪个对手，而是要先保全自己。

在美国西部的某个小镇上有三个枪手，他们相互之间有仇恨，甚至到了不能调和的地步，这一天他们在小镇的街上不期而遇，每个人的手上都握着枪，气氛紧张到极点……

三个枪手对彼此之间的实力相当了解：甲枪手枪法十分精准，十发八中，乙枪手也不错，十发六中，丙枪手枪法最为拙劣，十发四中。那我们来推断一下假如三人同时开枪，谁活下来的机会最大？

假如你认为是甲枪手，结果会让你大吃一惊：最后活下来的是那个枪法最拙劣的枪手丙……

假如三个人之间都彼此痛恨，那就不可能达成协议，那么作为甲枪手肯定要对付乙枪手。因此乙枪手对他的威胁最大，对准乙枪手是甲的最佳选择策略，这样，甲的第一枪就不会对准丙。同样，乙枪手也会把甲作为第一目标，很明显，一旦把甲打死，下一个和丙对决，他的胜算

比较大。丙呢？他自然要向甲开枪，因为不管怎么说，枪手甲都比乙强一些，如果一定要选择和谁进行对决的话，选择乙胜算更大些。于是一阵乱枪之后，甲活下来的可能性非常小，只有一成，乙两成，而丙则有十成的把握。也就是说一场混战后枪手丙最有可能是最后的胜利者。

不管怎么说，丙的运气都比他的实力要好，最起码他不会在第一枪被打死，而且，他很可能有在第二轮首先开枪的便宜。你也可能会感到奇怪，丙的最佳策略是乱开一枪，只要不打中任何人，不打破这个局面，他始终是有利可图。

枪手博弈告诉我们：在多人博弈中常常因为复杂关系的存在而导致出人意料的结局。

弱者生存的智慧

很多时候，一位参与者最后能否胜出不仅仅取决于实力，更取决于策略。

从枪手博弈可以联想到三国时期，在赤壁之战前，魏、蜀、吴三方的关系是这样的：曹操好比是枪手甲，孙权是枪手乙，刘备是枪手丙。在孙刘联盟中，孙权是抗击曹操的主要力量，并在赤壁之战击败了曹操，此时的刘备最佳策略就是趁机发展壮大自己。就华容道放走曹操一事，就说明孙刘联盟是不稳定的，曹操一死其势力也必然土崩瓦解。这时作为枪手丙的刘备的势力远不及孙权，曹操若死自己必亡。等到刘备占据两川之地，又进而攻占汉中的时候，实质上刘备已经由枪手丙变成了乙并有取代老大曹操的形势。在这时，已经沦落到枪手丙位置的孙权不应该向刘备一方进攻，他的最佳策略是让曹、刘相克，自己趁机壮大，修国养民。

弱者立于强者中，在人们看来，弱者注定会成为利益下的牺牲品，但事实上也并非如此。强者有强者的缺点弊端，只要弱者善于去发现并利用这些短处，一样可以将强者变为自己谋求利益的武器，弱者最终也有可能取得主动权。

沃尔玛在刚刚进入零售行业时，还只不过是一个小小的超市，它所处的市场就好比一个狼群，西尔斯就像是狼群的首领，好像一个主宰者和统治者。它们互相依存，却又互相威胁，这就是竞争所赋予它们的使命。沃尔玛也在时刻挣扎着，并小心翼翼地走着自己的每一步。沃尔玛的处境就好比是进入了“枪手博弈”，立于强者之中如何求得生存发展是首要考虑的问题。

也许正是弱者带来的优势，在强者的世界里并没有把它看在眼里，因此，沃尔玛在发展中避开强烈竞争锋芒，一边模仿像西尔斯这样的大型百货超市，一边进行改革创新。

西尔斯最终在竞争中越战越疲，实力越来越弱，当沃尔玛敢于露出锋芒时，几十年来积蓄的力量已使得那些“狼群”无力回击。

沃尔玛后发制人，成功地一飞冲天，直入云霄，成为全美最大的零售百货商店，而已习惯了以强大自称的西尔斯却不得不在生存的边缘上苦苦挣扎。

而沃尔玛之所以能成功，原因就是从真实博弈中得到的教训，当自己成为强者时，就要看清整体局面的走势，分清利弊，先发制胜，避免重复西尔斯的老路。

中国博弈论

在多数人的博弈中，各种状况都会有发生的可能性，所以，经常会有出人意料的结局。任一方能否获胜，都不仅仅是实力的问题，结果往往取决于对比关系，甚至取决于游戏规则。任何一个人，如果想要在博弈中取胜，都应该明白这一点。

10. 分蛋糕博弈：占先发优势与后发优势

经济学上有一个非常有名的理论用于解决分蛋糕的问题：如果有两个人要分一个蛋糕，为了体现公平，经济学家设计出了一个人切另一个人分配的方法，这样做实际上是无形当中规范了切蛋糕人的行为，切蛋糕的人为了得到他可以得到的最大份额，会尽量把蛋糕切的平均，这样就可以避免分蛋糕的人将小的那块给自己。如果有多个人需要分，那就切蛋糕的最后拿，原理还是一样的。

尽快制订出公平的游戏规则

有一家大公司在招聘员工时曾出过这样一道比较怪的题：要求应聘人员把一盒蛋糕切成八份，分给八个人，但蛋糕盒里还必须留有一份。面对这样的题目，有些应聘者绞尽脑汁，左思右想还是没有办法完成；而有些应聘者却感到此题非常简单，把切成的八份蛋糕先拿出七份分给七个人，剩下的一份连蛋糕盒一起分给第八个人。公司想借此题考察应聘人员的创造性思维能力。其实，从这道题中就可以明显地看出来。

这个故事的道理在许多领域都有应用。无论在日常生活、商界还是在国际政坛，有关各方经常需要讨价还价或者评判对总收益如何分配，这个总收益其实就好比一块大“蛋糕”，对收益的分配就是一个分“蛋糕”的问题。

这块大“蛋糕”究竟该如何分配呢？我们都知道，最有可能实现一半对一半的公平分配方案是让一方把蛋糕切成两份，而让另一方先挑选。在这种制度的设置之下，如果切得不公平，得益的必定是先挑选的一方。所以，负责切蛋糕的一方为了自己的利益，必须把蛋糕切得非常公平。

但是，实际生活中，这个方案极有可能是无法保证完全公平的，因为人们容易想象切蛋糕的一方很有可能技术不行或不小心切得不一样大，从而使先挑选蛋糕的一方得到比较大的一半的机会增加。按照此想象，两方谁都不愿意做切蛋糕的一方了。

虽然双方都希望由对方来切、自己先挑，切分蛋糕的事情也可能会因此而僵持，但是实际上真正为此僵持的时间也不会很长，因为僵持时间的损失很快就会比坚持不切而挑可能得到的好处大。意思也就是说，僵持的结果会得不偿失，会出现收益缩水的现象。

现实生活中收益缩水的方式非常复杂，不同情况会有不同速度。举个例子来说，很可能双方讨价还价如何分割的是一个冰激凌蛋糕，在争吵怎么分配时，冰激凌蛋糕已经在一边开始融化了。因此，在生活中我们会看到这样的事情：甲乙两人分吃桌子上的一个冰激凌蛋糕，甲向乙提议应该如此这般分配。假如乙同意，他们就会按照通过的方案来分享这个蛋糕；但假如乙不同意，双方会因此而持续争执，蛋糕将完全融化，最终他们俩谁也得不到。

现在，甲处于一个有利地位：甲使乙面临有所收获和一无所获的选择。即使甲提出自己独吞整个蛋糕，只让乙在他吃完之后舔一舔切蛋糕的餐刀，乙的选择也只能是接受，否则他什么也得不到。在这样的游戏规则之下，乙一定不满足于只分到的一点点蛋糕，他一定要求再次分配。这种情况下，分蛋糕的博弈就不再是一次性博弈。事实上，当分蛋糕博弈成为一个“动态博弈”时，就形成一个讨价还价博弈的基本模型。

谈判中的“先发”与“后发”优势

在经济生活中，不管是小到日常的商品买卖，还是大到国际贸易乃至重大政治谈判，都存在讨价还价的问题。

古时候有个破落贵族的后代叫张怡，家里穷困得实在没有办法过下去了，他不得不将家中祖传的一对玉镯拿到一个大财主家去卖。这对玉镯在张怡看来至少值500两银子，但财主认为这对玉镯最多只值600两银子。

按常理来判断，假如这对玉镯顺利成交，其价格应该在 500 ~ 600 两银子之间。下面来分析一下交易的过程：首先由财主开价，张怡选择成交或还价。此时，若财主同意张怡的还价，交易就会顺利地完成；若财主不接受，则交易结束，买卖最终不能做成。综上，这就是一个非常简单的两阶段动态博弈的方案。

我们可以用解决动态博弈问题的倒推法原理来分析这个讨价还价的过程。首先看第二轮也就是最后一轮的博弈，只要张怡的还价不超过 500 两银子，财主都会选择接受还价条件。

回过来，我们再来看第一轮的博弈情况，张怡拒绝由财主开出的任何低于 500 两银子的价格，这是很明显的道理。比如财主开价 490 两银子购买玉镯，张怡在这一轮同意的话，只能卖得 490 两；如果张怡不接受这个价格反而在第二轮博弈提高到 499 两银子时，财主仍然会购买这对玉镯。这两项比较，显然张怡会还价。

这个例子中的财主先开价，张怡后还价，结果卖方可以获得最大收益，这正是一种后出价的“后发优势”。这一优势在这个例子中相当于分蛋糕动态博弈中最后提出条件的人几乎霸占整块蛋糕。

事实上，如果财主懂得博弈论：他可以改变策略，要么后出价，要么是先出价，但是不允许张怡讨价还价。如果一次性出价，张怡不答应，就坚决不会再继续谈判，来购买张怡的玉镯。这个时候，只要财主的出价略高于 500 两银子，张怡一定会将玉镯卖给财主。因为 500 两银子已经超出了张怡的心理价位，一旦不成交，他一文钱也拿不到，只能继续受冻挨饿。

当谈判的多阶段博弈是单数阶段时，先开价者具有“先发优势”；它是双数阶段时，后开价者具有“后发优势”。

中国博弈论

此博弈的一个重要因素在于"时间就是金钱"，如果双方把谈判的时间拉得很长，谈判的对象——分割的"蛋糕"就会开始缩水。要想成为博弈的赢家，就要充分利用对手行为的可测性，并尽可能地让对方猜不中自己的模式。简单地说，就是一面藏起自己的弱点，一面利用对手的弱点。

11. 协和谬误：欲罢不能的困局

协和谬误即某件事情在投入了一定成本、进行到一定程度而后发现不宜继续下去，却苦于各种原因而将错就错，欲罢不能。沉没成本很可能会延续人们无畏的坚持。已经沉没的本该放弃，可惜大部分人都有赌徒式的心理，相信阿基米得的杠杆终将启动。可惜的是当他们还未爬到足够撬动杠杆的支点之前就已经窒息了。

协和谬误：容易陷入的困境

生活中，你做错了一件事，明知是自己的问题，却怎么也不肯认错，反而花一些时间来拼命地找借口，这又造成自己的形象大打折扣；这个道理和你被人骂了一句，却花了无数时间生气难过是一样的。为一件事情发火，不惜损人不利己，不惜血本，不惜时间地进行报复。这些情况就属协和谬误，即无法从沉没成本中自拔，陷入了一种欲罢不能的困境。

小雅是家里的独生女，父母对她疼爱有加，爸爸花 5000 元给她买了一架钢琴，可小雅生性好动，对音乐一点兴趣都没有，钢琴放在屋里时间长了，落了很多灰，看起来有点脏。不久，小雅妈妈的同事介绍说有一位音乐学院钢琴专业的老师可以给小雅做家教。这个时候你觉得小雅父母会做出什么样的决定呢？父母决定给小雅请家教，理由是："钢琴都已经买了，当然要好好学，一定要给女儿请一个老师，要不这个琴就白买了！"于是，每月1000元的付出又坚持了半年，最终还是因小雅不感兴趣，没收获而不得不放弃了。为了不浪费5000元的钢琴，小雅父母继续浪费了6000元的家教费。

当你做了一件不理性的事情之后，应当把已经发生的行为和你已经为此而支付的成本忘掉，只要考虑这项活动之后需要耗费的精力和能够带来的好处，再综合评定它能否给自己带来正效用。比如，当你想要进行投资时，一定要把目光投向前方，审时度势，如果发现这项投资不能赢利，应该及早停掉，不要惋惜已投下去的各项成本：精力、时间、金钱……

这就是小雅父母的教训，他们所陷入的困境，在博弈论上称为"协和谬误"。生活中，很多人往往会陷入类似的误区：做一件事情的成本越大，对它的后续投入就会越多。人们在决定是否继续做一件事情的时候，不仅要看它对自己有没有好处，而且也过于注意自己是不是已经在这件事情上面有过过多的投入，一旦有过多的投入，总是不愿意放弃，即使没有做好的可能性。

摆脱沉没成本的羁绊

经济学中把那些已经发生、不可收回的支出，比如时间、金钱、精力称为"沉没成本"。沉没的意思就是说，你在正式完成交易之前投入的成本，如果一旦交易不成功，就会白白损失掉。但如果对沉没成本过分地眷恋，就会继续原来的错误，陷入困境中，最终造成更大的损失。

英法两国政府在20世纪60年代曾联合投资开发大型超音速客机，也就是协和飞机。这种飞机机身大、装饰豪华而且速度快，开发这种飞机可以说是一场豪赌，单是设计一个新引擎，其成本就可能高达数亿元。这也是政府会被牵涉进去的原因，政府竭力为本国企业提供更大的支持。

此项目开展不久后，英法两国政府就发现了一个问题：继续投资开发这样的机型，花费会急剧增加，但这样的设计定位能否适应市场还不知道；但是停止研制也是不太现实的，因为如果一旦停止研制，那么以前的各种投资都将付诸东流。随着研制工作的逐步深入，他们更是没有办法做出停止研制工作的决定。最终，协和飞机虽然研制成功了，但由于飞机的缺陷太多，如耗油大、噪音大、污染严重以及运营成本太高等，不适合市场竞争，英法两国政府为此事蒙受了非常大的损失。

如果在研制过程中，英法政府能及早放弃，就可以使损失减少，但他们没有做到。最后，英法两国航空公司宣布研制出的协和飞机退出民航市场，这才算是真正从这个无底洞中脱身。

沉没成本会对决策产生很大的影响，以至于很多英明的决策者都陷入其中无法自拔。很多时候，人们开始做一件事，等做到一半的时候发现并不值得那样做，或者会付出比预想多得多的代价，或者他们有更好的选择。但此时他们认为为此而付出的成本已经非常大了，思前想后，总是不甘心，就只能将错就错地做下去。但事实上，做下去往往会带来更大的损失，最终不只是得不偿失的问题，甚至需要付出很大代价。

对于沉没成本这个概念，经常炒股的朋友可能更容易理解一些。因为他们或多或少都有由浅人深被套住的经历，其原因就在于最初的“不甘心”。如果在股票发生亏损后能够及时止损，一般情况下，就可以把损失降到较低的限度。而越是犹豫不决，日积月累，时间长了，沉没成本就会越来越大，就更不愿意做出壮士断腕之举，最终导致难以自拔，损失惨重。

中国博弈论

骑虎难下的博弈，及早退出才是明智之举。然而，当局者一般做不到，这就是所谓的当局者迷。具体说来，怎么才能让自己摆脱沉没成本的羁绊呢？一是在进行一项事情之前的决策一定要慎重，不可草率行事，要在掌握了足够信息的情况下，对可能的收益与损失进行一个全面的评估；二是一旦形成了沉没成本，就必须要承认现实，认赔服输，该中止就马上中止，以避免造成无法挽回的损失。

12. 信息传递：好酒也怕巷子深

中国有句古话，叫做“酒香不怕巷子深”，说的是只要酒香，巷子再深再偏僻，也不用担心，总会有人买的。实际上，这句话是经不起推敲的。如今竞争激烈的各行业，面对“僧多粥少”的严峻形势，再好的酒也必须要宣传，宣传才会有更好的销路。这种长久以来深入人心的想法，并不完全适应日新月异快节奏的现代环境。

好“酒”也需要宣传

现代商品市场中，产品本身品质优很重要，但营销运作似乎更为重要。再香的酒，如果藏得深了远了，就会被街头的五味遮盖，消费者就不会闻到酒香，自然就会无人能知，无人知就会造成不应有的损失。尤其是在现代社会，商品经济发展迅速，市场竞争十分激烈，“好酒”也需要宣传。

当然，“好酒”还需要有质量的保证，否则，再多的宣传包装也只是空话。

茅台酒享有“国酒”的美誉，但近些年来，无论是从销量上还是从口碑上来说，茅台酒都在不断衰落，百年的传统也不能保证其经营绩效。与其他许多新品牌在电视等媒体上的频繁亮相相反，茅台在宣传上显得老态龙钟，国酒的荣誉从何而来，恐怕现在许多年轻人根本就不知道。当其他许多品牌在通过各种方法打造自己的形象和市场时，茅台就很少有人关注了。老“国酒”孤芳自赏，自然会有新的“国酒”来代替。因此即使是中国的国酒，一样需要宣传，否则就会被各种低价位的酒所吞没，成为外国人不知道，老百姓喝不起，喝得起的不爱喝的尴尬局面。因此即使是历史悠久的优质名牌产品，也需要一改“皇帝女儿不愁嫁”的姿态，因为酒香也怕巷子深啊！

“可口可乐”是家喻户晓的国际饮料品牌，但可口可乐刚在中国出现的时候，90% 的人不了解，也不爱喝，说喝起来像是喝中药。东北人几十年来只认识“八王寺”汽水。可是 10 多年过去，“可口可乐”在中国仅仅采购原料就能花费约 65 亿人民币，销售量是全世界的第 4 位。再来看看“八王寺”，还有吗？可口可乐公司发展到如今规模，每年的广告宣传费就花掉 100 多亿人民币。激烈竞争的商海，不宣传自己就等于放弃了竞争，再优良品质的产品也是不会畅销的。因此，只有好的产品，好的经营管理模式是远远不够的，更重要的是要让更多的人知道你的产品，做好自己的品牌宣传，尽快让自己的公司从深深的巷子里走出来，走向全国、全世界。因为在现代社会，酒香也怕巷子深。

“酒香不怕巷子深”的观念也仅仅是产生在传统社会。从现代眼光来看这句话，真的是太缺乏效率观念和竞争意识了。退一步讲，尽管“酒香不怕巷子深”，但也需要以最快的速度让尽可能多的人知道“好酒”，买“好酒”。只有这样，才能在激烈的竞争中处于有利地位。“酒香不怕巷子深”这一俗语，现在真的应该改一改了。因为好酒也需要包装和宣传，这不是巷子深浅问题，而是巷子在哪儿的问题。

信息时代，掌握信息是关键

如今是信息的时代，掌握开启成功之门的钥匙在很大程度上取决于了解信息的多少。

当今市场的竞争，不仅仅是单纯的产品质量，服务质量的竞争。即使你有好的产品，好的服务，如果没有优良的渠道，没有让消费者了解产品的机会，再好的东西还是走不出自己家门，走不出家门，营业额自然上不去，更别谈什么获利了。企业要想推广自己的产品，展现自身的能力，得有能覆盖和控制整个目标市场的营销网络，除此之外，还得有能够保证这个营销网络有效运转的管理体制，这些其实也都是一些企业获得长足发展的先决条件。

同时，一个品牌如果想做成连锁品牌，做大做强，成熟的渠道网络肯定是必不可少的。品牌的成熟很大一部分靠的是口碑，靠的是人们的口耳相传（在当今的网络时代这种速度是很惊人的）。而成熟的营销渠道不但是企业营销的不二法门，同时也担当了企业的喉舌，把企业的每一点优势每一项最新技术每一个最新产品在第一时间传递给经销商和消费者。要及时获取和开发有价值的信息，这才是取得最佳经济效益的根本保证。

香港富豪刘文汉被称为“假发之父”，他的成功就来源于餐桌上的一条信息。1958 年，刘文汉到美国旅行。一天，他与两位美国人共进午餐，闲聊之际，得知戴假发正逐渐成为美国人的一种时尚。于是，他就立即去调查是否属实，经过调查美国人戴假发确实已经成为一种时尚，后来他返回了香港，马上就创办了假发工厂，他所推出的产品真的很快占领了美国各大市场。

21 世纪是个信息化的时代。全球信息技术的创新及广泛应用，使世界范围内生产方式、生活方式和经济发展观发生着前所未有的深刻变革。中国移动公司曾在电视上做了一个以主题为“信息就是力量”的广告。由于很多人都熟悉培根的名言“知识就是力量”，当然就更容易接受“信息就是力量”了。信息化已经成为21世纪经济发展的主要驱动力，成为最重要的经济发展模式和最显著的时代特征。谁掌握了信息，谁就拥有了未来，已经成为专家学者的一致共识。谁能在信息化上先人一步、高人一筹，谁就能够在激烈竞争中抢占制高点，掌握主动权。

中国博弈论

当前的信息时代，要主动掌握有价值的信息，绝不能消极等待一个偶然的过客发现。好酒需要酒香，更需要有发现酒香的鼻子，而我们要做的就是把好酒推到鼻子的有效嗅程之内。以最快的速度让尽可能多的人知道“好酒”，以便让他们购买“好酒”。同时，我们也可以借此主动占领市场，使自己在激烈的市场竞争中处于优势地位。因为，再好的产品也应有市场的属性，有宣传的引导，有信息的流通，有发达的交通、网络的支持，更有消费者的认知或认可。

第二章

透析中国消费，引领时尚理财

在日常生活中，每个人都离不开消费。不要小看这小小的购物，其中暗藏着很深的博弈之术。你可以观察身边的消费群体，从他们身上便可知道其中的奥妙。比如，为什么商家会选择“反季销售”？为什么大多数人都喜欢买打折的商品？为什么大多数 80 后，宁可选择租房也不愿意去买房？为什么中国人总是喜欢把钱存起来，而不是用来投资？这一切无不说明了中国人的消费观时刻都在变化。与此同时，你将领略到博弈之术在中国消费观念中发挥的作用。

1. “反季销售”成为商家“新宠”

在反季节销售中，消费者买到的往往是物美价廉的商品，而商家也能创造一定的销售额，这是一个双赢的交易。“反季节销售”并不像很多人所想的那样，是纯粹的“甩卖”和“清仓”。很多商家选择在产品的淡季降价销售，他们的目的并不只是回笼资金。稳住市场，保证销售额从而获得更多的打折权，保持产品的知名度等都是商家反季节销售更深远的策略。因此，即使在反季节销售中，也有很大的竞争，无论什么时候商家对自己的产品和销售计划都不能掉以轻心，而消费者也能从各种商战中坐收渔翁之利。

“反季节销售”中的双赢

最初的“反季节销售”是商家在产品销售的淡季，做出低价处理剩余商品的一种销售手段。商家之所以那样做，原因有两方面，首先，上季的剩余产品如果留到来年再卖肯定跟不上市场潮流，同样会面临降价甩卖的局面，再加上库存的成本，不如早日变成现金。而消费者也看到了其中的实惠，在各个商家做反季节销售时抓住机会“占足便宜”。

这种“反季节销售”其实就可以看成商家与消费者之间的博弈，在这种商业活动中，无论是商家获利还是消费者受益，都是一种积极的经济现象。然而，双方会“各怀鬼胎”，商家无论何时都想实现利润的最大化，而消费者则想在交易中得到最大的实惠。从表面上看，两者的利益是冲突的，但若用博弈的理论去解释其中的利益关系，是可以实现两者“双赢”的。

商家与消费者之间的博弈，双方都各自有两个选择。对于商家来说，一是在反季节进行降价销售，二就是在反季节销售中保持价格不降。对于消费者，要么买要么不买。如果在商家降价的时候，消费者积极购买，那么，商家的市场和营业额都会有所增长，这对于企业的发展是有利的；即使商家做出了降价的活动，消费者不买账，这对双方几乎没有任何影响，也不存在谁会有更大的利益的问题，当然，商家肯定会想方设法避免这种现象；当商家不做反季节降价活动时，消费者不会从中得到实惠，肯定不会购买。因此，要想在反季节销售中，使商家与消费者达到双赢，最好的办法就是商家降价并且消费者购买，当然前提是商家提供的商品必须在质量上让消费者放心。

8月份气温很高，商场里到处都是夏装。然而，一些精明的商家却在此时做起了反季节销售，一些羽绒服等降价服装引起了消费者的购买狂潮，而其中大部分是老年人。商店为了回笼资金，更是不惜亏本打出3折、1折的折扣，甚至有“全场88元起”的促销活动。消费者购买反季节商品确实能省很多钱，比如，一件女式长款羽绒服在正常情况下要价800元，到了反季节销售的时候只卖到300元，这样下来一件衣服就能省500元。

一些业内人士介绍，很多品牌的羽绒服在反季节销售时都会亏本，但商家对这种亏本生意照做不误。因为，一旦自己的商品从市场上退出，即使是在淡季的暂时退出，也会让别的商家钻空子，要知道，稳定的市场是企业存在的根基所在。因此，即使反季节销售没有很大的利润可图，各商家也不会对竞争放松警惕。

人们对品质的追求，带来的是商家的精益求精，没有品质信誉的企业无论在什么时候都站不住脚。因此，利益的前提是品质，商家要想获得反季节销售的预期利润就要做消费者信任的产品。只有这样，消费者才有可能在实惠的诱惑下购买反季节产品，而商家也能达到保住市场的目的。

“反季节销售”背后的“反季节生产”

经济发展到现在，人们的生活水平提高了，对于购买反季节产品也有了权衡利弊的理性思考。人们开始注重商品的质量和实用性，而对于商品的价格并不会像之前那样重视。这是市场经济的进步也是对众多商家的挑战，应运而生的就是“反季节生产”的竞争手段。

随着现代培植技术的发展和日渐成熟，各种蔬菜、水果、食用菌等的反季节生产越来越多，瓜果蔬菜已经没有了以往的季节限制，淡季与旺季的界限也就慢慢消失了。

据调查显示，在一些工厂中，一些季节性比较强的产品，在旺季到来之初，熟练工人的短缺使厂家承担了很大的损失，因此放弃大笔订单的现象是很常见的。很多厂家从中吸取了教训，在淡季也不停止生产从而留住工人，由于不合时宜，降价销售也是在所难免的。但是当这种亏本远远小于旺季的损失时，厂家一般就会采取反季节生产实现全年盈利的最大化。

由于消费者的要求越来越高，一些不合格的剩余残次品或成色不受欢迎的商品无论价格多低，也已经找不到大的市场了。如今出现在市场上的反季节商品很多并不是剩余的，而是厂家现加工的。人们都知道，同样的产品在淡季是卖不了好价钱的，因此商家的利润也会大打折扣，那么商家费尽周折捞不到好处，是对消费者的真情回馈吗？

其实，商家是不会做亏本生意的，他们在淡季销售的产品虽然不能实现即时效益，但其带来的长远利益却是一个不封顶的数字。首先，市场是企业生存的根基，为了不失去到嘴的肥肉，商家付出再多也是值得的，而唯一的办法就是让自己的商品不淡出消费者的视线。而消费者面对商家的反季节销售也有一定的主动权，两者之间的博弈就是基于对各自利益的考虑。

有“反季节生产”就会有“反季节销售”，无论这种生产是出于无奈还是一种竞争策略，最终要面对的都是与消费者之间的博弈。反季节销售的商品，最大的特点就是价格很低，这也是对消费者的诱惑之一。在吸引众多消费者的同时，商家也可以从他们身上获取很多信息。比如，了解消费者的购买习惯，分析下一季的市场潮流等，商家可以据此在原有产品的基础上进行创新，从而满足更多消费者的需求，开拓更广阔的市场。这样一来，商家的市场占有率会增加，利润也会随之上升，而消费者也在这个过程中得到了更好的服务，在不知不觉中商家与消费者的博弈就浮出了水面。

中国博弈论

“商品降价，消费者购买”也不一定能在这场博弈中获得双赢。商家在进行反季节销售时，如果不顾消费者的需求和切实利益，再便宜的商品也得不到消费者的青睐。而消费者面对商家的反季节销售，即使商品的价格再低，质量再好，也要保持理性的头脑，因为真正适合你的商品不应该是买来压箱底的。

2. 商品打折深得消费者喜爱

只要商家一打折，就会有消费者乖乖掏出口袋中的钞票，趁商家“大放血”时，一些需要的、不需要的商品都会买回家。商家打折促销，商品的单位利润就会降低，但总的销售额上去了，利润自然不成问题。无论怎样，在这场打折的博弈中，双方都有一定的利益可图。但是，其中难免会暗藏一些商家的手段，精明的商家懂得自己吃肉的同时给消费者留点汤，但又让其觉得占了大便宜。

消费者坐收渔利

打折让很多消费者疯狂，也因此得到了商家的青睐。逢年过节是商家最喜欢的日子，因为此时的消费会有所提高，在激烈的竞争中各卖场就掀起了疯狂的打折热潮。由于打折带来的销售额十分可观，即使是普通的日子也不难见到打折的商品。

当你看到一家商店明明刚开业不到一年就打出了“十年店庆，打折回馈消费者”等的旗号，不必奇怪，这是很多商家惯用的手段，一家店一年过好几次周年店庆也是很常见的。他们这样做的目的就是给打折一个冠冕堂皇的理由，以便让消费者打消顾虑。

在商品市场发展成熟、竞争激烈的背景下，同样的产品从价格上压倒对手已是大势所趋。因此在各商家之间以及商家与消费者之间就形成了一种博弈战争，这两种关系可以是双赢、双损的，也可以是此消彼长的，这种竞争没有绝对的输赢，也不一定会保持某种关系不变。

刚进入9月，不少商场就以国庆、品牌日、店庆的名义开始了打折活动。而且往年，打折是有一定期限的，但现在，这种活动似乎暂时不会结束，因为根本就没有标明截止日期。据业内人士透露，活动什么时候结束谁也说不准，那得看竞争对手的情况了。服装、鞋包、化妆品、家居用品等的打折活动更是一波接一波，从未停止过。

透过打折看商家的博弈是很明显的，在不扰乱经济市场秩序的前提下，对于同样的商品，假如各个商家都能达成一个协议，保持价格统一不变，那么他们之间的竞争就不会在价格上体现谁更具优势了，市场销售额会保持在一个较为平稳的状态；如果商家统一降价，他们之间的价格优势虽然没有差异，但是各自的销售额会相对上升；还有一种情况就是各商家之间没有任何的协议，价格的高低自由调整，那么，保持不变的商家与降价的商家相比就会失去一部分市场，处于相对不利地位。

即使商家的打折活动中暗藏猫腻，消费者还是能从中得到不少实惠。起码在竞争如此激烈的情况下，没有一个商场敢轻易哄抬商品价格，他们只能小心翼翼地把商品的价格适当降低，降价的方式有很多，打折几乎是商家最喜欢的一种，因为这样能让消费者“占便宜”的心理得到最大满足。但是，消费者不一定会对降价商品动心，此时，打折活动就没有什么意义了。只有在商家打折，而消费者又心向往之的情况下，商家与消费者才能各取所需，达到双赢。当商家这种价格战打得不亦乐的时候，消费者就能很轻松地坐收渔利了。

打折的背后，谁是最大的收益者

打折活动一般来说会让消费者从中得到一定的实惠，但市场上也有一些外表打折，实则会狠狠敲消费者一笔的情况。这种不动真格的打折看似让人捡了大便宜，其实人们付出的代价甚至会比一般的商品售价要高。

近日，一直关注楼盘优惠促销的很多天津市民仍然比较失望。小郑就是其中的一个，月收入 8000，想买一套婚房，从去年就开始关注房价，去年 5 月份他看中的一个楼盘价格是 11000 元 / 平方米，但当时犹豫了一下没买。今年，每平方米的房价增长了将近 10000 元，而商家却打出了优惠两个点的折扣。对于翻了一番的房价来说，这两个点的优惠又算得了什么？小郑表示，他对商家这种先哄抬房价再大加优惠的做法真是哭笑不得。

夏天到了，王女士想买一套薄点儿的被褥以便换洗，平时逛商场的时候就很关注各种优惠活动。一天，她看到一种品牌的被褥打折优惠，原价 300 元，打折后只需 180 元，毫不犹豫地就买下了。后来，在别家商场又看到同样的被褥原价 150 元，现价只要 79 元。王女士非常气愤，于是去找商家退货，营业员告诉她打折的商品是不退的，王女士无奈之余很后悔自己当初盲目贪图“便宜”。

房地产开发商与买房者之间博弈的加剧使房价走势扑朔迷离，二者的利益之争也在不停地进行着。房价上涨已经让很多人“望房生叹”，但房价并没有停止上涨，因为，房地产商认为随着房子的设施越来越齐全，肯定还能吸引很多懂得享受生活的群体。购房者的行为又为商家带来更大的底气，理论上讲，房价升高，买房的人会相应减少，反之则会增多，但事实恰好相反。房价上涨时，人们害怕价格会继续上涨，于是争相购买；好不容易房价有了下降的趋势，人们又开始观望了，期盼着房价再降一点。

“高价抢房与低价观望”的现象宠坏了房产商，即使有人叫苦不迭，他们也只是表面上仁慈一把，但实际上并没有给消费者带来真正的实惠。与房子的销售一样，其他商品也有这样的现象。商场每天都在打折，他们的利润何在？在打折的背后，谁才是真正的获益者？

商家对商品成本、利润的了解有绝对的优势，再怎么优惠也逃不过一“涨”。无论如何，商家都不会损害到自己的利益的。假如，商场打折是真正的优惠，而消费者又很积极的购买，那么双方都会有利可图；但商场的打折如果只是幌子，明降暗升，消费者又能轻易“上钩”，此时，受益的只是商家；如果消费者对商家的打折活动无动于衷，保持正常的消费习惯，双方的利益都会保持在一个正常的水平。在这场打折博弈中，商家最期盼的当然就是第二种情况，最害怕的就是出现第三种情况。不管市场上出现哪种情况，商家与消费者之间的利益都没有绝对的对立，也没有绝对的统一。

消费者只根据打折后的价格差来判断自己的利益是看不清事实的，商家利用的就是这种表面上的优惠去打破消费者脆弱的消费理性。只要一不小心就会掉入商家的“温柔陷阱”，“卖家总比买家精”，商家怎么会抛开自己的利益去满足消费者真正的利益？

中国博弈论

消费者面对打折，坐收渔利并不是绝对的；商家之间不仅仅存在相互残杀，在利益面前，只要能争取到自己的那一份，即使与对手合作也会很愉快。对于商家来说，他们希望通过不动真格的打折诱惑消费者前来“占便宜”；而对于消费者来说，他们始终想看透打折背后自己到底会不会得到实惠。在这种情况下，没有哪一方能把所有利益都装进自己口袋。

3. 景区联票，受益者谁

景区联票是一种薄利多销的经营手段，游客也能从中享受到一定的实惠，这个交易过程中也有博弈的智慧在发挥作用。商家看似让利很多，但他们做的肯定不是赔本的买卖，这样做是以考虑到最终的盈利为前提的；由于联票有一定的限制条件，购买者必须在规定条件下使用，如果能做到就能真正享受到实惠，但在不方便的情况下，联票很可能会变成废票。因此，谁能在联票制度下得到更大的利益并没有固定的答案。

联票——景区与游客之间不休的博弈

商家的竞争越来越激烈，手段越来越精明，消费者的消费理念也越来越理智。因此，这两者之间的博弈也越来越精彩，越来越让人捉摸不透。一般情况下，人们每进一次景区就要单独买一次门票。为了吸引游客前来参观，各大景点联合推出了联票，只要持有这种票就能在一定期限内免费进入规定的各大景点。

很多景区在旺季的接待都面临很大的压力，而到了淡季则会面临门可罗雀的尴尬。因此，他们推出的联票往往会把时间调整到景区营业的淡季，这样就能有效地使景区游客接待量“削峰填谷”，即使在淡季也能出现新的旅游热。商家打的如意算盘确实高，但也不一定能轻易哄骗过旅游者。也许有些游客会因为诱人的低价而购买“不合时宜”的联票，但也不乏不买账的旅游者。

2008年奥运会使各大体育场馆备受人们的青睐。国庆节期间，鸟巢、水立方、国家体育馆、国奥村国际区每天销售的门票总和最高能达到12万张左右。如果买单票，鸟巢50元，水立方30元，国家体育馆20元，国奥村国际区20元，总共下来就是120元。但是相关部门推出的四个场馆的联票是100元，深受游客的欢迎。

河南省发布的《超级旅行·景区联票》内含省内30多家知名景区的门票。单买的话这些门票的总价值是1244元,但如果买100本以上的联票，一本仅需100元，每本能节省1144元，100本就能节省114400元，如果购买1000本以上就能以每本50元的价格买到,节省的费用就更加可观了，但账不是这样算的，数字的背后还有金钱无法衡量的限制条件。

景区与游客之间的博弈，孰胜孰败，没有一个人能回答出来，在联票的背后谁获益最大，事实上也没有固定的结果。对于景区来说，游客有目的的出行有效增加了景区的人气，中国社会的“扎堆效应”给景区带来的直接好处就是把无限的人气转换成不可估量的财气。同时，由于联票广告式宣传，无论买联票的游客是否会来到景区参观游览，都能对景区起到很好的宣传作用。而对于游客来说,联票大大降低了其出行成本，从而提高了其出行欲望，游览后得到的是经济和精神上的双丰收。

景区和游客双赢的前提是，当景区推出优惠很大的联票时，游客争相购买并按计划前往。但现实中，这种理想的状态是很难达到的。事实是双方在利益面前的互相牵制以及一些客观条件的限制，很难找到能让双方利益平衡的点。

但是，双方仍然会站在自己的立场上为自己争取最大的利益，因此，在生活中才会有各种各样精彩的博弈。景区要想用联票吸引游客除了价格之外，还要有自己的核心竞争力，可以是服务，可以是与其他景区不同的独特景观，也可以借势造势，总之只要游客进来就能带来可观的利益。而游客在购买联票的时候也要谨慎，警惕个别景区的欺诈行为，同时，也要考虑到自己的时间以及景区的具体情况，不要只为贪图联票便宜盲目购买不适合自己的联票。

卖家永远比买家精

在因景区发售联票而引发的一系列问题中，根源还是在于景区，景区这样做只有一个目的，那就是赚钱。在博弈的开始，景区就把握了主动权，消费者要是买联票便正中景区下怀，只要把票卖出去，商家的利益就会突显出来。

如果游客购买了联票而没有实际到景区“捧场”，对商家来说就是拿到了游客的钱却不用为其服务，天上真的掉馅饼了；若游客买了联票也去了景区，这是理所当然的，虽然联票卖的价格是低了些，但是景区中的配套服务可不全是免费的。无论怎样，看似划不来的生意，实则景区是不会在联票上亏本的。

小刘是一个普通小职员，很热爱旅游，总想走出去看看祖国的美好河山，但是由于能自由支配的时间不是很多，再加上自己的收入并不高，这种想法始终只是一个遥远的梦。有一天，他在网上看到一则广告，“500元游遍中国”，原来是一种年票，上面有50个国内知名景点，平均算下来一个景点也就是10元。小王看到这则广告，就好像看到了自己即将完成的梦想。但他冷静下来又陷入了沉思，门票便宜是没错，但是上面的景点过于分散，令自己犯难的是不菲的交通费用，而且50个景点对业余时间不是很丰富的自己来说,一年几乎不可能全部看完。经过冷静的思考，小刘没有买那张充满诱惑的联票。

有些游客看到联票如此诱人的低价，再看看相比较而言昂贵的单票价格，为了降低出游的成本就会先买下联票再说，至于能不能用得到就会变成比较薄弱的思考环节。而精明的游客面对这样的诱惑已经有了一定的理性，他们能像商家一样从最大最实际的利益出发选择到底接受不接受景区给的优惠。

要是每个人都能像小刘一样看清事物的可执行性，抵御住不切实际的诱惑，就不会让自己钻进商家的圈套甚至越陷越深。当然，不可能所有人都能如此理性，因此才会出现商家与消费者之间无休的博弈。

中国博弈论

在整个旅游服务与旅游活动中，景区与游客之间存在维护各自利益的博弈。而双方也各自有一套行动组合，即对于旅游企业来说是选择提供高质量的服务还是低质量的服务。对于消费者来说就是选择高价还是低价的服务。各旅游企业的旅游市场是否有效就取决于其提供的服务是否能与游客付出的价值相符或高于这个价值，简单来说，只要游客付出一定价值后，企业能提供相应的服务或适当更高规格的服务，那么实现良好的经营业绩就是一件自然的事情。

4. 为何一元店如此受欢迎

一元店为顾客提供了很多价格低廉的商品，虽然质量不是最好的，但确实能让消费者得到很多实惠。由于店里商品的价格一般在一元左右，人们可以在这里尽情猎取自己需要的超级廉价的商品，让消费者一次省个够。这是人们经常光顾一元店最浅显的原因，而在这种看似简单的经济现象背后也存在消费者与商家的博弈。

一元店如何赚"小钱"

目前，在各大城市的大街小巷出现了很多一元两元店，这种商店的定位很明确。由于店内的商品价格低廉，品种齐全，奇迹般地在各大超市和便利店之间挤出了自己的一片生存天地。对于投资者来说，一元店的投资起点低，运营环节比较简单，因此受到了创业者的青睐。而对于消费者来说，能在这里买到比超市更实惠的小商品就是为他们提供的最大便利。

“老板，鞋垫怎么卖？”

“两块钱。”

“太贵了吧，便宜点！一块五好吧？下次还来你这里买。”

“赚不了几个钱的。算了，以后常来就是了。”

这是在小张店里常见的一幕。走进她的小店，店面宽约3米，长约5米，三面墙上，都钉满白色的小格网，店面的中间是一排1.5米高的货架。别看布置简单，可在小网格、货架、门口，都密密麻麻地陈列着小商品。小张说，总共有上千个品种。众多商品都分类摆好，左边的墙上是儿童玩具，右边是女性饰品，中间货架主要是文具和小五金，两头则主要是生活用品。店内的商品不一定是一元或者两元，但大多都在10元以内。

据小张介绍，小店2007年5月开张，当时的空铺转让费是1.2万元，进货用了3万元，预付6个月的每月1160元的店租费。算下来，开始一共投资了大约5万元。平时的开支除了房租之外，还有100元左右的水电费、25元的垃圾费以及相应的税费。小店一般每天的营业额在400元左右，遇到学生开学或周末，有时每天能有1000元的进项，生意不好的时候一天只有一两百的收入。大多数的商品利润都在20%～30%。

一元店受到投资者欢迎的同时也受到了广大消费者的欢迎，在这当中就出现了两者之间的博弈。对于店主来说，最关注的就是店里的利润，而对于消费者来说除了关心商品的价格外还是很注重商品质量的。

一元店赚“小钱”的秘诀就在于商品与消费者之间的博弈，商品质量有高有底，一些关键商品质量高成本高，无关紧要的质量相对较低成本相对较低。这样，无论是高质量的商品还是低质量的次品，都会有其市场份额。人们都知道便宜没好货，但还是有人会买质量没有保证的商品。

首先，一元店商品的价格确实低到让人无法抵挡其中的诱惑。其次，消费者从一元店购买的商品对质量要求并不是很高，一些日常用品如垃圾篓、胶带、抹布等，即使质量差点也不会对人的健康和生命安全构成威胁。对于一些质量无关紧要的商品，能在一元店买到便宜的当然不会去大超市浪费钱财了。这就是一元店挣钱的根源之一，虽然这里的商品很便宜，但很多都是更换频率或消耗率比较高的商品，消费者经常来购买会形成一种稳定的市场，积少成多，小钱慢慢就变成了大钱。

一元店暗藏残次品，购买需谨慎

由于一元店的商品价格一般都很低，要想同时保障质量是很难的。据相关部门的调查，一般一元店的商品多是通过种种关系从生产厂家进的残次品，或者是从一些私营的黑厂购进的过时货，只有一小部分是一些大商场、大超市处理的清仓货。大多数商品根本没有厂名、厂址、生产日期等，更不用提质量标准和检验报告了。即使是这样的商品还是会有人买，这当中除了商家的价格经营吸引人外，还有部分消费者的特殊需求。

质量技术监督12315打假举报投诉中心的一名工作人员以顾客身份来到一家“一元店”，当问及商品是否可开发票时，老板称“一元店”里都是削价商品，从来不开发票。随后的几日内，工作人员对长春市二十多家零售小商品的“一元店”进行了明察暗访，结果显示，“一元店”虽价廉但物不美，产品质量很难得到保障。

专家介绍：“一元店”的出现，反映了城市多元化的消费需求，尤其是给工薪阶层和低收入困难家庭带来了实惠，但无论商品的价格有多低，都允许出现。“一元店”的商品也应符合国家的有关质量标准，但事实上，大多数一元店里都暗藏着很多残次品，要是购买时不谨慎就会上当受骗。专家还强调，如果在“一元店”里购买到“三无”商品，对自身造成伤害，想投诉也没有门路。因此，在购买时就应该谨慎，以防买到残次品。

从博弈的角度分析，商家与消费者在进行交易时都会从自己的利益出发，对于商家来说就是低价还是高价出售商品，对于消费者来说就是买还是不买。其中不变的规律就是，当商家高价出售商品时，消费者最佳的选择就是不买，反之，消费者的最佳选择就是购买。当消费者想购买某种商品时，如果商家的售价太高，即使消费者买了心理也会有不满，购买的次数就会下降，商家赚的钱也就少了。如果消费者不买，一元店廉价的商品也占用不了多少资金，商家也不会有多大的损失。因此，无论消费者买与不买，一元店都不会亏本。

商家对这种博弈关系研究得很透彻，无论其提供什么样的商品都会将生意维持下去。而残次品的购进成本显然比较低，因此，商家会考虑在众多的商品中混入一部分质量不过关的产品。当然，精明的商家就是再贪图便宜也不会将自己店里的商品全部变成残次品的。消费者既然要实现自己利益的最大化就要具备识别商品的慧眼，在一元店里只买有质量保证的商品，对于一些重要的商品，当一元店不能满足你的需求时，就要到正规的商场去买。

中国博弈论

在这场博弈中，商家与消费者心中都有自己的算盘，算来算去，消费者是算不过商家的。但也不能心甘情愿被商家宰割，这就需要选购商品时保持一定的理性，睁大眼睛看清楚其中的猫腻。商家总是在为自己的利益算计，其实最长远的方法并不是如何算计让消费者入套，而是在自己的产品和服务上找到能与消费者共同获益的平衡点。

5. 买车还是打车

这是个注重效益的时代，打车还是买车不能仅从经济角度考虑，还要兼顾时间因素。拥有一辆私家车确实能给生活带来很多便利，但事情都是两面的，私家车带来的烦恼也让很多人叫苦不迭，于是很多人选择了打车。有人说，买车容易养车难，一笔经济账算下来，打车有时会比买车划算。买车与打车之间的博弈，没有固定的方案，只能说对于不同的人来说，买车与打车付出的代价不同。

买车与打车，哪个更实惠

任何问题都不能一刀切，车对于不同的人有不同的用处。如果只作为上下班的代步车，一般打车比买车要划算，而对于业务比较繁忙，需要东奔西跑的人来说，还是，买车比较划算。随着“养车难”问题的出现，买车与打车之间的博弈越来越受到人们的关注。

从事信贷工作的刘先生，开的是一辆蒙迪欧自动挡精英版，排量为2.0。保险费3000元、停车费1200元、维修保养费2000元、高速过路费约1000元，合计7200元，平均每天的花费在20元左右。

刘先生的工作以跑业务为主，一年下来，爱车共跑了近2万公里，平均每天要跑55公里左右。油价上涨前，刘先生一个月的油费是600多元，油价上涨以后，每个月的油费涨到了800元，平均每天就是27元。

刘先生买车时共花了17.7万元，以每年折旧费1.1万元计算，每天的折旧费就是30元。也就是说，刘先生每天跑55公里的费用是77元(20元+27元+30元)。如果55公里全部打的（分5趟），按照目前出租车的收费标准（不考虑堵车增加车费的情况），总费用就要达到135元（27元 ×5）。如此一算，像刘先生这样的车主，还是买车比较划算。

如果选择打车，也有其方便之处，不用买保险，不用交各种各样的费用，也会省去大笔的养车费，不用担心停车费的问题，不用怕交罚款，更不用担心自己的车被盗。总之，不买车会省去很多乱七八糟的费用，打车烦了也可以乘坐公交车。不过打车也有一定的局限性，当你顶着大太阳或忍受着凛冽的寒风在等车时，无论你口袋里有多少钱，无论你的生活品味有多高，在上下班高峰期与别人抢车或许是免不了的。如果要去比较偏远的地方，不一定有人愿意做你的生意，假如每天都要从偏远的地方出发，是很难打到车的。此时人们就会想，如果有自己的车就不会受这些委屈了，买车究竟有哪些方便和令人烦恼的地方？

当然，买车还是打车不能仅仅算经济账，生活水平的提高，很多人开始关注生活的品质和效率。靓车的诱惑，有多少人能抵挡得住。有了自己的车随时都可以去自己想去的地方，还可以独自享受爱车给你提供的舒适空间。更重要的是，在某些人眼里，有一辆私家车还是生活品质提高的象征，抛开虚荣心的满足，私家车确实为人们的出行带来了很大便利。

因此，在人们的心里都会有关于买车还是打车之间的博弈。至于怎样选择还要因人而异，无论是买车还是打车，都要付出一定的经济代价。把钱分给税务局、石油公司、售车商还是出租车司机，怎样选择还要看哪种分钱方式能给自己多留一点，即代价低一点。由于经济能力的限制，买车能给人们留住更大的经济利益，就选择买车；打车能省更多的钱就选择打车。

面对经济博弈，打车划算吗

随着人们生活水平的提高，拥有一辆私家车已经不是一件新鲜事了。很多人工作几年后就会考虑加入“有车一族”的行列，但是随着油价上涨和其他社会资源的稀缺，也成为很多人买车的障碍。一些对买车持保守态度的人，更愿意选择打车来解决交通问题。那么，打车与买车，究竟哪种消费更适宜呢？

王先生是一个享乐主义者，抬脚出门必须打车，一天60元，一个月需1500～2000元，一年需要1.5万～2万元。小赵是个实用主义者，出门办事因时间、天气、交通等原因必须打车，一个月需要800元～1000元，一年需要1万元左右。刘梅是一个计划经济者，出门先算开支，不得已才打车，一个月的消费也就300元左右，一年3000元也就足够了。

出门打车能省去很多烦恼，不用再忍受开车时的腰酸背痛，完全可以悠闲地坐在车里，边听悦耳的音乐边欣赏路边美丽的风景和观察形形色色的人。也不必为寻找停车场、加油站、修理厂而烦恼，自己鼓起来的腰包不会一下子瘪下去，打的的确是一大乐事，真是"无车一身轻"！如果假期偶尔要与三五个朋友出游，租台车临时专用也是不错的选择。普通轿车如富康、捷达等，每天的租金也就是200元左右，花几百元就可以痛快地玩了。

当然，打车并不是十全十美的。当你想去的地方太偏僻，出租车司机摇头摆手时，当你半夜三更家中突遇急事而找不着出租车，你就会很羡慕有车族的惬意。但是，鱼与熊掌不可兼得，关键看你的消费观念了。

总之，买车消费也好、打车消费也罢，各有优劣。买车消费显然花费较多，但是使用起来很方便、快捷；打车省事、费用低，但是有急用的时候真是叫天天不应、叫地地不灵！买车打车，并不会因钱的多寡而影响自己的生活，金钱乃身外之物，如果打车能让你感觉到比较舒适的话，何乐而不为呢？

中国博弈论

买车、打车各有利弊，怎样选择要根据自己的具体情况而定，在算好自己经济账的同时也要使自己的生活更舒适。这场博弈不提倡所有的人都买车或打车，即使生活方式相同，需求也相同，但每个人的消费观念不同，如果硬从经济角度出发，同样买车或打车的话，肯定会有人花了钱，却没有得到精神上的补偿。

6. 学点讨价还价的本领

在这个物欲横流的社会，各种商品充斥着人们的眼球，消费者也越来越辨认各种商品的价值。因此，人们在购物时免不了要与商家讨价还价，这是一场心理博弈。要想在这场战斗中捞到更多的好处，就不能让对方看透自己的想法，同时若能正确判断对方的心理也能让自己处于有利的地位。

讨价还价，为自己争取更多的利益

在人们的生活中，只要有交易就会涉及讨价还价，小到日常用品的选购，大到国际贸易的谈判。以最低的价钱买到最好的商品是每个人都想要的结果，因此，人们就开始不断研究讨价还价的技巧。

从双方的利益出发，在讨价还价的过程中存在一种博弈的心理战术。只要能利用这种博弈找到还价的技巧，就能实现自己利益的最大化，同时会让对方的利益减到最低，简单说就是要学会怎样“把自己的快乐建立在别人的痛苦之上”。

小王下周要去参加一个面试，这份工作对他很重要，他表现出一种志在必得的心态，于是决定到商场为自己选一套西装。小王相中了一套西装，标价888元，这对于待业的他来说无疑是个天文数字。他小声嘀咕了一声：“这么贵啊，要是能便宜一点就好了。”营业员听到了他的话，也看出他很喜欢这套西服，于是问他：“那您觉得什么样的价位能接受呢？我们可以给您一定的优惠。”小王迫不及待地说：“500元怎么样？”营业员稍稍做了一下考虑就爽快地答应了，小王随即就后悔了，但也不好意思得寸进尺。后来，小王在另一个商场看到一套西服与自己买的那套一模一样，标价只有600元，而且还打五折，就是说只要300元就能买到的衣服小王却花了500元。不过，小王最终得到了那份待遇很好的工作，他也安慰自己多花点钱也值了。

事实上，如果小王懂得一点博弈的技巧就不会吃这么大的亏了。如果从博弈的角度考虑，小王应该先让营业员说一个比较的价位，根据对方开的价格初步判断这件商品还价的最大余地。在这里营业员显然要比小王精明得多，她试探出了小王的心理价位，这个价位自己也能接受而且还有很大的利润空间。

这里面的博弈到底是什么呢？交易的时候，在原来标价的基础上双方开始就彼此都觉得比较合适的价格进行商讨，假设双方说的价格都没有大到对自己最有利的程度。如果买方先说出自己能接受的价格，卖方一般就会嫌买方开得价格太低，就会在此基础上再加价，显然获益最大的就是卖方；如果卖方在买方的“逼问”下先说出商品最低能卖多少钱，买方肯定会在这个基础上再次杀价，最后，买方就能得到比较大的利益。可见在这场心理价格博弈中，最初保持沉默的一方只要能先让对方说出一个价格，自己就会把握一定的主动权，也就是博弈的“获胜者”。

利益博弈，以静制动

买方与卖方在价格博弈中，利益决定了双方就是“你死我活”的关系。涉及自己的利益，人们想到的第一个策略就是先下手为强，但这个策略却是讨价还价的大忌。要学会从容，以静制动，变被动为主动。如果迫不及待要争取自己的利益就会因此失去更多的利益，这也是讨价还价博弈中最精辟的地方。

美国著名的发明家爱迪生可谓是一个“讨价还价高手”。爱迪生发明自动发报机后，想把它卖掉，为自己筹建一个环境好点的实验室。由于不懂行情，于是就与妻子商量，卖多少钱合适。妻子也不是很懂，但她认为应该卖得价钱高一点，就对爱迪生说：“那就找买家要2万美元吧。”爱迪生一听，回答道：“这也太高了，会有人买吗？”

几天后有个商人听说了爱迪生要卖自动发报机的消息，于是登门与爱迪生谈这笔生意。经过简单的了解后，商人问爱迪生想卖多少钱，爱迪生想了想之前与妻子商量好的价格，但还是觉得那个价位太高，因此也不好意思开口，始终保持沉默。后来，商人有点沉不住气了，就直接问爱迪生：“您看10万美元怎样？”爱迪生听到这个数字后便欣喜若狂地答应了，当场就把生意敲定了。

这看起来像是偶然，但却是智者长期形成的一种做事习惯，简单来说就是不打没有把握的仗，其实这也是一种必然。

每个人都会从自己的利益出发，竭力去猜对方的心理和策略，把方方面面的可能性都考虑到，但智者千虑必有一失。以静制动看似没有做任何努力，其实沉默也是一种很高的境界，相信当利益就在面前而且有人与你争时，没有几个人能沉得住气。

以静制动的可贵之处就在于当别人开始急躁时找机会出奇制胜。对于买方，购物时的具体做法就是面对自己已经深深爱上的商品，不要马上表现出自己的喜爱。不妨先挑点毛病，或者声东击西对与之类似的商品大加赞扬。总之，不到关键时刻绝口不说你心仪的那件商品。即使提到那件也要保持镇静，当商家心急地把他的“最低”价格说出来后，你杀价的机会就来了。

对于卖方来说，精明的店员很实用的经验就是，遇到有杀价的买主，重点不在于表达这件商品如何适合他。既然他已经相中了，要买的概率肯定已经很大了，这时店员就要想方设法把自己的利益抬到最高。当顾客相中一件商品时，告诉他这个卖得很好，已经是最后一件了，让对方有一种危机感，加大购买此商品的欲望。

在讨价还价的博弈中，双方都会揣摩对方的心理，根据自己的判断做出对自己有利的决策，而每个人又都会有很好的掩饰招式，几个回合下来也不见得自己能赢得很多的利益。与其斗得你死我活，不如从容接受别人先下手，然后给自己创造机会抓住对方把柄，后下手争取自己的利益。

中国博弈论

在交易的过程中，买方与卖方都希望自己是获益最大的一方。人们在买东西的时候往往会与商家进行一番激烈的讨价还价，但商家也会站在自己的利益角度上权衡，肯定不会做出很大让步，当得不到买家的满意时，买家就会认为自己吃了很大的亏。很明显，买家总想让价格降低，但卖家却总希望能以比较高的价格把商品卖出去，这就形成了人们生活中一种精彩的博弈。

7. 为何很多 80 后选择租房而不是买房

在中国人的传统观念里，一直都存在幸福感和归属感的博弈。但是，面对中国房价的飞速上涨，80 后作为这个社会上的主流人物，是会选择买房还是租房呢？据有关调查显示，大多数 80 后宁可选择租房，也不愿意去买房。原因在于，买房往往使他们背上沉重的包袱，每天不得不疲于奔命地生活着。可是，作为新时代的主流，他们不想将这种包袱早早地背在自己身上，因为他们还没有享受到属于自己的幸福生活，所以，大多数 80 后，选择租房而不是买房。

“蜗居”真的好苦

时下热播的一部电视连续剧《蜗居》，描述了在高房价重压下的人生百态。可能是似曾相识的经历刺痛了许多人的神经，“蜗居”成为太多都市人的心头之痛。大多数人不禁感叹：“蜗居”好苦啊！

人们为了买房子而背上沉重的包袱，由此每天不得不疲于奔命地生活着。剧中女主人公海萍的一段话也颇为经典，更折射出了当下许多都市人的生活窘境：“我每天一睁开眼，就有一串数字蹦出脑海，房贷六千，吃穿用两千五，冉冉上幼儿园一千五，人情往来六百，交通费五百八，物业管理三四百，通话费两百五，还有煤气水电费两百。也就是说，从我苏醒的第一个呼吸起，我每天至少要进账四百，这就是我活在这个城市的成本。”这一切都源于买房子后所带来的无尽辛酸。

由此可知，买房给大多数都市人带来了沉重的生活压力。尤其对于刚刚步入社会、收入一般、属于“月光族”的80后来说，买房可以说是一种奢望。因为他们的工资等于或低于平均水平的工资，几乎为零积蓄，而高房价又让他们望而却步，更何况，他们更不愿意早早地成为“房奴”，拮据十几年或者几十年，甚至一辈子。但是，对于80后的人来说，他们更倾向于租房，而不是买房。

杨帆就是80后队伍中的一员，大学毕业已有两年，在一家合资企业工作，月收入5000元左右，在公司附近租了个房租为1000元的家电齐全的一居室。除生活开支必需外，他还能从容地出入高级酒吧，而且还可以很潇洒地陪女友逛街……

按照杨帆的说法，“居者有其屋”并不等于居者一定要买屋。其实，租房居住有很多的优点，而且租房也有很大的选择余地：可以选择交通便利的繁华地段，也可以选择远离闹市的郊区，只是租金略有差异。最主要的是无债务负担，生活自由选择的空间较大。但是，如果买房的话，不但要拿走父母的养老钱，而且还可能欠下银行贷款，不仅生活有了压力，心里也就不可能再像不买房那么轻松了。

不难看出，杨帆虽然没有买房子，但却找到了属于自己的幸福感。《蜗居》女主角直到N年后才买到一套属于自己的房子，有了归属感，却也给生活带来了很大的压力。

从现在房价的情况来看，买一套房子对80后的人来说，并不是一件容易的事情。因为，买一套房子，先不提首付，仅仅每月的月供，足以将生活水平拉至低端。按照国际惯例，银行向购房者发放房贷，一般要求购房者的月供按揭费用不超过其月收入的30%。在我国，为了解决市民的住房问题，这个标准进行了适当放宽，一般要求月供费用不超过其月收入的50%。但实际上，很多购房者通过各种手段，将这个标准拉大再拉大，有的甚至达到了百分之八九十。于是很多人有了房子却没了口粮，更别提惬意的生活。那么，“80后”作为新时代的主流人物，是选择租房还是买房呢？

“租房”活得更潇洒

在繁华的大都市，房价之高，已经远远超过了一个普通上班族的能力所及。贷款买房虽然是一条路，可是消费者再怎么算，也不会算得过商家。高额的还款额和利息，将成为贷款购房者最为沉重的枷锁，当利息还没还清、尾款还没交付，你能说这个房子完全是属于你自己的吗？

在现实生活中，“蜗居”之所以在大都市中不断上演，归根到底还是因为人们的购房观念存在着巨大的误区。长期以来，人们都无法摆脱买房这一根深蒂固的观念，甚至许多刚刚工作不久的年轻人也把买房作为解决自己居住需求的唯一手段，这是不正确的。从房地产市场未来发展看，人人拥有房产是不现实的，其市场格局必然是部分人购房居住，而那些无力购房的，则可以通过租房来解决居住需求。

对于“买”房还是“租”房，大家可以算一笔账。

假设在市区买一套75平方米的房子，按照5000元/平方米计算，需要37.5万元。首付3成11.25万元，贷款26.25万元，按等额本息还款法，当前利率计算，贷20年本息合计47.55万余元，月供1981元，而且还不算装修、家具的费用。而同样一套75平方米的房租约600元，20年房租约14.4万元。算下来，20年贷款买房比租房要多付出33.15万元。

从上面数字来看，是“买”房还是“租”房，聪明的人一看便知。对于这么大一笔数目的钱，如果把它存在银行里，也将有一笔可观的利息。而且房租是每月缴付，剩余资金可以拿来创业或用于其他阶段性收益更高的投资，很明显在房价高涨的阶段，租房无疑比买房更省钱也更合适。从目前现实情况来看，房价、利率都在不断飙升，而工资水平上涨却十分有限。所以，租房要比买房更省钱也更合适。

其实，买房与租房哪个更好，谁也说不出明确的答案，因而成为人们一直讨论的问题。“买”或“租”无非是在不同的房价和利率周期内，再从成本与获益来比较一下哪种方式是最佳的选择。纵使国家出台宏观调控政策，众多的年轻无房族还是徘徊在高房价和众多的出租房源之间。从博弈的角度来分析，“买”或“租”，这步棋到底放在哪儿？有限的资金才是决定性的因素。

如果我们进行一下换位思考，租房有着买房无可比拟的优点。比如，居住地点灵活、经济负担较轻以及规避楼市风险等等，大家可以根据自己的实际情况对号入座，比如初入职场的年轻人、工作流动性较大人群，收入尚不稳定的人等等，考虑租房是一个很不错的路径。其实，走出“蜗居”并不难，只要你能转变一下观念，就一定会让生活变得精彩起来！

中国博弈论

中国传统的幸福感与归属感的博弈延伸为是买房还是租房的博弈。买房还是租房是中国新经济时代产生的一种博弈战争。在这场博弈战争中，面对如此上涨的房价，“80后”的人更多地倾向于去租房，因为房价的不断飙升，让他们对买房望而却步。“80后”作为新时代的主流，有着独特而前卫的思想，他们认为，现在与其为买房背上沉重的锁链和镣铐，还不如租房居住解放自己，让生活变得轻松起来，远离“蜗居”去拥抱生命之美！

8. 女人总嫌化妆品贵为何还要去买

女人慢慢变成了经济市场上消费的一大主力军，为女人精心打造的商品令人眼花缭乱。很多女人的原则就是对自己好一点，在消费中大多靠的是感性而不是理性。最常见的就是没有几个人能抵挡得住化妆品的诱惑，因为每个女人都想让自己变得更漂亮。这是一种投资也是一种享受，但有时候这种享受要付出很高的代价，可爱的女人们对此很无奈，但依然不会放弃，实在令人费解。

嫌货才是买货人

在交易没有达成时，对于商品的各个方面，顾客都可能提出异议，一旦顾客对商品没有任何异议就预示着这次交易是很难实现的，事实也证明了这点。顾客之所对商品挑三拣四，总有地方不满，说明他对这件商品感兴趣，有兴趣才会认真思考，也就会提出很多意见。相反，如果他对卖方的介绍无动于衷，没有丝毫异议，往往代表顾客对你的商品还没有购买欲望。

“这么小一支口红就要200元，也太狠了吧，一点都不实惠，150块卖不卖？”小李在化妆品专柜前看中了一支精美的口红，她觉得这支口红哪都好就是价格太高了。

店员看得出她对口红的喜爱，微笑地回答道：“对不起小姐，我们一直这样卖的，如果150元卖给您我们怎么向200元买这支口红的人交代啊。再说，虽然贵一点，但它对唇部皮肤的伤害是很小的，花钱买个健康和放心是最划算不过了。”在店员的劝说下，小李心甘情愿用200元买下了这支口红。

面对小李的嫌东嫌西，店员没有任何抱怨反而笑脸相迎。事实上小李之所以对商品有那么多不满是因为她确实想买，既然自己要买就希望商品是完美无缺的，即使这是不可能的，但表达一下自己的愿望总是可以的，很多消费者都会有这样的举动。

消费者在选购商品时，一旦相中某件商品就会表现出像小李那样的抱怨，如果商家能看透这层含义只要对商品稍加赞扬一番就能坚定对方购买的决心；相反如果商家面对潜在顾客的抱怨无动于衷或干脆与顾客争个是非，煮熟的鸭子也会飞的；如果顾客对商品不感兴趣，商家再劝，其购买的可能也不会很高。从另一角度来说，消费者一般会认为，只要自己对商品大加挑剔，商家就会让步。这种想法并不是事实的全部，精明的商家能看到消费者的真实想法，这样商家得到的利益较大；而有的卖家就会真的做出让步，从而让消费者获得较大的利益。这就是博弈，没有绝对的胜负，谁能得到更多的利益，要看双方的行为。

女人买化妆品也有这种博弈，即使嫌贵还是买了。当商家能看透“嫌货才是买货人”这个道理，买化妆品的女人再挑，也不能让价格降得太低。如果商家没有看到这其中的博弈关系，女人的挑剔就会起到很大的效果。因为喜欢，即使挑剔也会买的，这几乎是注定的。

女人买化妆品——感性消费

女人作为化妆品市场的绝对消费主力，在消费观念上经历了从感性到理性，再从理性到感性的阶段，这充分证明了女性消费心理的变化是很复杂的，也显示了在不同社会背景和物质条件下女性的需求也有很大的差异。

风靡全球的时尚少女潮流品牌韩国黛恩蒂运用成功的动静6+1复合营销模式，独有的产品以及经营创意，迅速火暴大江南北。

女性消费是感性的，“美丽经济”不能停留在简单的钱与物的交易层面上，针对16～28岁的时尚一族，运用互动营销模式，从而使黛恩蒂（D&D）专卖店销售额比普通彩妆店大幅度提升，韩国黛恩蒂炫彩时尚馆产品涵盖了韩流彩妆、新奇护肤用品、美丽用具、香水系列、香薰系列、美甲用品等数千个品种，高品低价。进入中国市场以来，深得时尚爱美女性的青睐。

商家不但要把握住消费者的实际需求，还要迎合其更高的精神需求。“女人的钱好赚”这种说法是毫无疑问的，因为女人对生活品质的追求是永无止境的，对美的追求更是不计代价的。

马斯洛认为，人们的需求可以分为五个层次，并由低到高依次得到满足。生理、安全、社交、尊重、自我实现五个要求，只有前面的需求得到满足，人们才会去追求更高层次的需求。随着经济的发展，很多人的生理、安全、社交的需求已经基本得到了满足。在消费方面，单纯的满足使用需求的理性消费已经不能再满足女人们的需求了，人们对精神生活的高要求使感性消费再次主宰女人们的消费观念。

化妆品再贵也会有人买，这个对女人很重要的商品要是变得很便宜不一定能收到更好的收益，因此，在化妆品这个行业降价策略几乎是没有用的。女人的消费变得越来越感性，还有一个原因就是生活水平的提高，物质生活丰富了，就有了更高层次的追求，这也是人之常情。

中国博弈论

对于商家与女人感性消费之间的博弈，商家得到的是切实的经济利益，而女人得到的所谓的利益则是精神层面上的享受。既然女人对享受的追求是没有穷尽的，那么就有无限的商机等着众商家去发掘。

9. 为何中国人总喜欢把钱存起来，而不是用来投资

当今世界中国的富有不为人所知，号称最富有的美国欠了全世界很多债，据统计每一个美国人平均从中国就借 4000 美元来消费。一个自己的诸多需求尚未得到满足的国家，会让这 1 万亿美元从一个朝气蓬勃的地方流向一个成熟富有的地方。不但是美国人想不通，很多中国人也很疑惑。

中国人“藏富于国”

中国人喜欢存钱是国际上共知的，很对人对此难以理解。由于没有全面的安全保障，中国人缺乏安全感，所以存钱防老、防病、买房等等。社会制度还没有健全，只有存钱防备了。在金融海啸期间，国家政策专注于扩大内需，鼓励百姓消费，但是在没有足够保障之前，中国老百姓不会轻易花钱。

在这个庞大的国家，虽然很多保障制度并不是很完善，但不代表这个国家很穷，也不代表这个国家的人民很穷。相反，中国人自给自足的能力也许是世界上所有国家都无法比的，之所以没有发达国家人民的生活水平高，这其中存在很大的观念差异。

印度的储蓄率约为 25%，这表明印度人民消费了他们共同生产东西的 75%。美国的储蓄率有时候为负数，这意味着他消费的东西多于生产的东西，不足部分通过进口弥补。

中国的储蓄率是 50%，实在是令人惊愕。中国人乐于存钱和数钱，

而不是花钱，在和平时期，任何国家都没有这样的先例。这并不意味着平均每个家庭储蓄其所得的一半，尽管中国的个人储蓄率也很高，大部分中国国民收入是以几乎看不见的方式被“储藏”起来的，以外币的形式保存在国家手中。不是去改善生活环境和条件，而是忍受生活的煎熬。

国家的财富是靠人民的共同努力堆积起来的，当人们富起来的时候，有的会选择让钱生钱，当然这样有很大的风险；有些人则会选择把钱存起来，虽然不会有很多收益，但是自己的钱放在银行里就是觉得踏实，相对保守的中国人大多都是这样的想法。

要是从博弈的角度来分析这种现象，就是一种个人内心的观念博弈。每个人都希望自己的财富越来越多，而投资与储蓄都能带来一部分效益。不同的是，前者的回报更高更快，但风险也比较大，采用这种方式可能一本万利，也可能到头来血本无归；而后者显然风险十分渺小，但带来的效益是十分有限的。大多数中国人选择了后者，看中的是利益的保障。

在中国，银行都是国家直接管的，银行是国家的，老百姓存钱就是把钱交给国家保管。国家对银行的存款有一定的使用自主权，钱进入银行就相当于让国家富了起来。

投资与存钱的博弈，不是经济问题

未来是无法预测的，人们通过存钱来获取一定的安全感，比如应对将来的失业和突发情况，而且通过金钱的大量积累可以买到比较重要的大物件，例如房子、汽车等，这比把刚到手的钱花在一些琐碎的物质上更有价值，因此，中国人不亦乐乎地存钱也是可以理解的。

投资就是为了将来能得到更多的回报，几乎没有一个人对不菲的回报不感兴趣，但要得到如此高的回报是要付出一定代价的。投资最大的代价就是提心吊胆让辛辛苦苦攒下的钱去冒险，不成功便成仁，但这也是让钱变多的最快方法。

存钱与投资都是一种理财方式，只是前者是保守的，收益低但有保证，后者更加冒险，但成功后给人带来的好处与快乐也更大。要采取什么样的理财方式并没有绝对的对与错，关键在于自己的能力和投资理念。

2009 年 11 月 9 日，英国经济学大师、伦敦商学院教授理波茨在接受记者采访时说，中国当前的一个问题是消费不足，解决这个问题行之有效的办法是提高中国人的工资。这话本来不错，但央视新闻频道在播完这则消息后，主持人邱启明却直接做出以下评论："其实工资一直都在涨，关键是中国的老百姓喜欢存钱，你发得再多，人家都存起来，不用。"

邱启明此话一出便引来骂声一片，但中国人爱存钱却也是不争的事实。

中国人喜欢存钱也是有一定渊源的，中国的农村居民所占的比例超过全国总人口的 57%，也就是说超过一半以上的中国人还是农民。农村人存的钱并不是多余的钱，因为他们挣的钱本来就不多，但用钱的地方却很多，盖房子、娶媳妇、孩子上学、生老病死等，如果不存钱将来的日子就没法过；对于大多数城市人来说，最大的问题恐怕就是买房了，就这一项就要花掉不知多少年的积蓄；还有一个游离在农村与城市的特殊群体就是农民打工族，他们基本上都是月光族，既要考虑赡养父母又要考虑抚养子女，他们也需要靠存款过日子；富人的存款虽然只占他们收入很小的比例，但其数字是相当可观的，对于他们来说，还是投资带来的收益高，他们就是靠此发家的。

经过仔细分析，在存钱与投资之间，大多数中国人选择了前者，并不是人们不想挣大钱，只是还没有足够的资本。但说到底，其实这不是经济问题，更确切的来说这是个社会问题。如果追究中国人爱存钱的根本原因就是社会保障体系不完善，不足以给人们以一定的安全感，既有燃眉之急又有后顾之忧，如果不存钱日子就没法过。个人存款的增加对于国家的经济建设来说并不是一件好事，同时，存款对于存钱的本人也是不利的，由于市场上的通货膨胀是不可避免的，也就是说其实存款得到的是负利息。

中国博弈论

无论是存钱还是投资，对于不同收入水平的人来说都有一定的好处。存钱与投资之间的博弈其实是人们收入、理财观念以及社会保障体系之间的博弈。中国人爱存钱不是这个民族独有的理财方式，却是这个民族最佳的理财选择，不仅仅是经济问题，也是一定的社会原因造成的。

10. 为何物以稀为贵

物以稀为贵，商家掌握了稀缺产品，也就掌握了企业的核心竞争力和利润的源泉。在营销的过程中，充分利用消费者“物以稀为贵”的心理，制造市场饥饿的氛围是商家在与消费者博弈中的妙计。无论是什么样的商品，只要能让消费者感到稀缺，他们就会不顾一切想得到，这也是商家最想看到的。

消费者“物以稀为贵”的心理

随着科技和市场经济的发展，很多企业开始不断开发新的市场。市场细分与目标市场是最关键的，要是能让企业的目标客户对新产品有一种“机不可失失不再来”的期待，就能在市场竞争中得到自己的容身之处，并渐渐发展壮大。

“物以稀为贵”每个消费者都会这样想，并且也很少有人能在“稀罕物”面前无动于衷。企业只要能好好利用消费者的这种心理就能在未来的竞争中得到很大的利益。商家与消费者的博弈充满了整个交易的过程，从分析消费者心理开始，商家最重要的出发点就是利益的最大化。

1998年，海尔冰箱销售了200万台，海尔冰箱比一般的冰箱贵，为什么却卖得这么好？秘诀就在于，海尔根据不同消费者的需求，将冰箱市场进行了细分，为不同国家和地区的不同家庭做出了令人意想不到的贴心设计。更加可贵的是，海尔在市场细分的基础上，还加大了对新产品的研发。据统计，海尔平均每个工作日就能研发出一项新产品，并申请两项专利。这种根据不同市场将产品进行划分的策略，使海尔的产品更加当地化、人性化。一般，一种海尔产品上市就有十几种规格供消费者参考，这样就能满足不同人群的个性化需求，因此，当消费者相中某个规格的产品后是很难再改变主意的，即使当时缺货，他们宁愿等也要买到自己喜欢的产品。

这也算是一种惜售的策略，因为惜售而受到消费者的追捧，这样的现象在营销中也是很常见的。海尔的这种做法，在客观上造成了市场对海尔产品的饥饿感。而这种饥饿感，不但成就了日产稳固的市场地位，也使海尔达到投入产出的最优边际效益。

意大利有个莱尔市场，专门出售新产品。一些很畅销的新产品，许多顾客都会抢着购买，没抢到手的，要求商家再次进货，可得到的回答竟是：很抱歉，只售首批，卖完为止，不再进货。

有些顾客对此很不理解，但从此以后，来这里的顾客中意就买，决不犹疑。不难看出，莱尔市场的“惜售”是个绝妙的创意，它能给顾客留下强烈的印象——这里出售的商品都是最新的；要买最新的商品，就得光顾莱尔市场。同时，它还带给顾客一种“饥饿感”，总想知道最新的商品是什么，并且希望据为己有。

强势的品牌、好产品加出色的营销手段是利用消费者“物以稀为贵”的基础，有了这些，加价限量只会卖得更好。产品一旦处于供不应求、加价销售的市场状态，其品牌无形中会得到很大的宣传，其价值和号召力都会成倍地放大，为今后的持续热销打下基础，并建立忠诚度更高的客户群体。

稀缺产品让营销者做到“奇货可居”，形成其他商家不可与之媲美的竞争优势。惜售可分主观和客观，像案例中的海尔就是在市场细分的过程中，客观上制造了消费者的饥饿感。这也提示营销者，要让自己的产品真正达到“奇货”的标准，就不能单凭营销者炒作，制造“奇货”的噱头，而要让产品自己发言。毕竟，消费者的眼睛是雪亮的，如果产品不是真正符合了自己的消费需求，消费者是不会购买的。对于消费者而言，在这场博弈中，越是稀缺的产品自己越是要千方百计得到。

创造市场饥饿的气氛

所谓“饥饿营销”，就是商品提供者有意调低产量，从而希望达到调控供求关系，制造供不应求的假象，维持商品较高售价和利润率的目的。

饥饿营销通过调节供求两端的量来影响终端的售价，达到加价的目的。表面上，饥饿营销的操作很简单，定个惊喜价，把潜在消费者吸引过来，然后限制供货量，造成供不应求的热销假想，从而提高售价，赚取更高的利润。但“饥饿营销”的终极作用还不是调节了价格，而是对品牌产生的附加值，但这个附加值分正负。

日产汽车公司推出一种被称为“极具浪漫风采”的名为“费加洛”的中古型轿车。日产公司在新闻发布会上宣布：这种车只生产20000辆，保证以后不再生产这一车型。公司将在一定时间内接受预订，然后抽签发售。消息传出后，在全国引起轰动，前来申请的人超过30万，能中签买到车的人当然欣喜万分，没有中签买到车的人千方百计去搜索二手车，令二手车的行情比原价高出1倍多。

这种限量刺激的创意，无非就是使市场上出现一定的“不饱和状态”，利用消费者“物以稀为贵”的心理，来刺激购买欲。

饥饿营销运行始终都贯穿着“品牌”这个因素。首先其运作必须依靠产品强势的品牌号召力，也正由于有“品牌”这个因素，饥饿营销会是一把双刃剑。剑用好了，可以使得原来就强势的品牌产生更大的附加值；用不好将会对其品牌造成伤害，从而降低其附加值。同时，也是商家与消费者之间的博弈。当市场利用“饥饿营销”的手段时，如果消费者争相购买就让商家轻易达到目的，并对商品加价，最终获得更大的利益；如果消费者对此能有一个清醒的认识就不会盲从，商家也就不会抬高物价，消费者的利益就不会被商家抢走。

中国博弈论

所以，饥饿营销不能简单地理解为“定低价、限供量、加价卖”，强势的品牌、好的产品、出色的营销才是关键和基础。不了解对手，不认清自己，简单地去操作，会有很大的风险。总的来说，“饥饿营销”利用的就是产品的稀缺性，营销者通过惜售向消费者传达产品稀缺的信息，达到“物以稀为贵”的效果。

第三章
破解社交棋局，打造完美人际关系

人生在世，免不了要与人打交道。其实，在与人打交道的同时，也是在进行一场博弈战争。如果你会交朋友，走到哪里都有朋友。那么，如何才能破解社交棋局，打造完美的人际关系呢？这就要求，遇到不同场合的话题，采用不同的策略，见什么人说什么话，遇到什么人办什么事。只要需要，就能使任何人成为你的朋友。如此一来，在人际交往中，你将成为一位社交高手！

1. “吃亏”反而让你更有“面子”

在吃亏还是占便宜这个问题上，相信大多数人的心里还是不愿意吃亏的，因为在他们眼里，吃亏就是老实、好欺负的表现，而且吃亏还会让人很没面子。于是越来越多的人喜欢为了一点利益而争个面红耳赤，他们不以吃亏为福，反以占便宜为荣。然而就在人们为吃亏还是占便宜进行博弈时，有人却选择了前者，更令人意想不到的是，选择了吃亏后的他们反而在以后的人际关系中变得游刃有余，这到底是为什么呢？用博弈学又该怎么解释呢？

是选择吃亏还是占便宜

中国人的处世之道，往往都是着眼于不吃亏，于是在不愿吃亏的基础上便有了更多的想去占便宜。一个人从一出生，就在这种为人处世之道的熏陶下成长，于是我们为人处世的攻与防，往往都在不吃亏与占便宜之间展开。例如，中国有句古话叫：“害人之心不可有，防人之心不可无”，就是说在不害人的前提下，要防着与人交往吃亏。一般来讲，一个心智较低的人肯定会比心智高的人更容易吃亏，所以为了提防自己不吃亏，于是在人际交往中，越来越多的人开始善于耍心机。

在吃亏与占便宜之间，相信选择后者的人肯定要多于前者。然而当更多善于防御和善于占便宜的人走向社会后，无形中便提高了社会的运行成本。举个最简单的例子，大学生可以凭学生证购半价火车票，这也是国家给大学生这类弱势消费群体的一种优惠政策。但是有的人却认为自己吃了大亏，为了占便宜，也弄来一个假学生证，这无非就是想占一个半价的便宜！结果，他们的这一行为却让铁路部门在卖票时不得不为了检验学生证的真伪而忙得“不亦乐乎”。这类爱占便宜的人，在加重了社会运行成本的同时，也给自己的人际关系上了一道枷锁。他们在人际交往中，总是怕自己吃亏，于是常常会提防这个，提防那个。他们在面对会让自己吃亏的事情时，往往会费尽心机去占得便宜，结果便宜是占了，可最终的结局也许并未如愿以偿。而有的人在吃亏与占便宜的博弈中却选择了前者，看似吃了大亏，最终却获得了出乎意料的利益。

张明和王强同在一家跨国公司上班，张明在两周前与相恋三年的女友刚刚完婚，而王强却由于眼光过高，至今仍是单身，然而他的这种单身现状却因公司的一次公派活动，彻底发生了改变。

由于业务需要，两个月后公司需派两个人去北欧。公派对象的条件有两个：一是平时业绩好，工作能力强；二是必须已婚。面对此次的出国机会，很多人都心动了，这里面就包括王强。面对公司开出的条件，第一条自己完全是符合的，因为自己连续两次的营销计划被公司通过，而且都取得了相当好的成绩，因此，他也获得了公司领导的器重。然而面对第二个条件，王强却傻了眼，自己至今连个女朋友都没有，面对这个条件，王强显然是吃了大亏的。然而他却不甘心把如此好的机会拱手让给别人，况且出国一直也是自己的梦想，于是他想到了“闪婚”这一计策。一个月后，他和一个刚刚见了三次面的女孩结婚了。在他的百般争取下，终于得到了其中的一个名额。然而自此之后，公司的人都在私下议论他闪婚的非常手段，从此王强的人缘极度下滑。

与王强相反的是，公司的领导虽然主动找到张明，想把其中的一个名额给他，因为公司开出的两个条件他完全符合，且张明为人厚道，人缘极好。然而，面对如此天大的好事，令人意想不到的是，张明却婉言谢绝了。原来张明看到如此多的人都在紧盯着这仅剩下的一个名额，如果此时自己把这个名额占下来，他就会失去在本公司的受欢迎度，况且北欧那边的业务还是与这边有很大的关联，如果与这边的关系搞砸了，自己反而会得不偿失。自从他放弃了公派去北欧的机会后，公司同事们再见到他时投来的都是一种友好、敬佩的目光。这也为他今后工作的顺利开展打下了良好的基础。

同样是面对一件事，两个人却做出了完全不同的选择。王强在这件事情上显然是占了便宜，然而结果却十分出乎他当初的意料，他拿自己一次的出国机会，换来的却是全公司同事的讽刺、挖苦。甚至到了北欧后，他也始终没有得到大显拳脚的机会。然而张明看似吃了大亏，最后却成为这场博弈的胜利者。自此之后，他每年的业绩都会上个新的台阶，两年后直接调往北欧成了王强的顶头上司。

一时的吃亏往往会更有面子

人们往往怕自己吃亏，除了会考虑自己的利益受到损害外，还怕因吃亏而丢面子，而被人嘲笑为“傻帽”。但做人是不能怕吃亏的，如果你为了争取面子而变得斤斤计较，一点亏都不想吃的话，那么到头来，你或许会失去更多的面子。相反，有时一时的吃亏不但会让你在处理人际关系时变得更得心应手，而且还会获得更多的面子。

有一个典故足以说明这个道理。在除夕之夜，皇帝因一时高兴，要赏赐每位大臣一只羊。然而在分羊时却遇到了麻烦，羊自然是有大小、肥瘦之分的。于是赏赐时，皇帝犯难了，他可不想看到大臣们因为分羊这件小事而产生隔阂。而负责分羊的大臣更是左右为难，他既要把羊分得公平，以保全面子，又不能得罪任何一个人。就在众人面面相觑之时，这位负责分羊的大臣吩咐自己的随从牵走了一只最瘦小的羊。众大臣见此，也都纷纷效仿，不加挑剔的牵走一只只羊。于是原本一件难办的事情一下子迎刃而解了。在分羊这件事情上，这位大臣虽吃了点亏，但他却为自己保全了面子，除赢得了众大臣的尊敬外，也得到皇帝的器重。

试想，如果当初这位大臣不是让自己吃了点亏，牵走了一只最肥的羊，也许事情会是另一种结局。如果他没把羊分出去，在众大臣面前肯定是要失去面子的，搞不好惹怒了皇上，还会招来杀身之祸。如果他不肯吃亏，就算把羊分出去了，也是会得罪到某些人的，自己以后的日子肯定也是不好过的。所以无论是上述哪种情况，他所遭受的损失都会比牵走小羊所遭受的损失要大，所以在经过一番思量后，他选择了自己吃亏，牵走了那只最瘦小的羊，然而也正是如此，事情又完全变成了另一种结局。

中国博弈论

在吃亏与占便宜的这场博弈中，如果能吃点亏既能赢得他人的尊重，以显自己的肚量，又能使自己更有面子。这样，吃亏者的人际关系自然会比别人好，当你遇到困难时，别人也乐于向你伸出援助之手。所以吃点小亏既可使自己的事业有好处，又能获得良好的人际关系。如果我们留心一下历史和身边的人也不难发现，凡成大事者，无一不是那些忍别人所不能忍和吃别人所不能吃得亏的人。相反如果是总想占便宜，机关算尽之后，到头来只会是聪明反被聪明误。

2. 放下成见，化敌为友

人际交往中，我们难免会因自己的一己偏见，而对他人做出错误的判断，如果我们不及时做妥善的处理，就会发展成为矛盾。俗话说：冤家宜解不宜结。当对他人有成见时，不妨从自身找找原因，放下成见，化敌为友，避免矛盾的激化。和谐的人际关系对我们有百利而无一害。只有消除对他人的成见，与身边的人和睦相处，你的人际关系才会更上一个台阶。

放不下成见，只能多个敌人

人与人之间的交往，往往讲求一个和谐与合作，然而一己的成见却会打破这个交往的原则，使原本两个完全可以合作共赢的朋友却因一时放不下对对方的成见，而转变成敌人。而这样在你生活和事业发展的道路上只会多个敌人，对己百害而无一利。

公司新上任一位部门经理，他平凡的外表，朴素的穿着，令部门人员大跌眼镜。再经仔细打听，此人大学没上完，以前在一家化妆品公司任销售经理，这不免更令人感到失望。再面对这位新上任的经理时，部门的众多人员对他更是满脸的不屑，凭什么此人各方面都不突出，就能直接出任经理这一要职，而自己在公司辛苦打拼几年，还是没有出头之日。

有这种想法的人不乏其数，其中就有王杉，他的反应也最为强烈。他在面对这位新经理时满脸的不服气，尽管在许多事情上，这位经理的能力还可以，但他就是事事想与他作对，就连自己的工作也不好好做，以表抗议。在接下来的一次季度销售计划中，这位新经理出乎意料地拿出了一个令全部门人都十分满意的营销方案，但王杉却不屑于执行。然而他的不屑并没有影响整个营销计划的进行，令他做梦也没有想到的是，这个貌不惊人，背景一般的经理人的营销方案竟一下子取得了成功，令公司的业绩上了一个新的台阶。在庆功晚宴上，王杉推脱有事没去，而这位经理却宣布了两件事，一是全体人员加薪，二是王杉将被解雇。对于王杉被解雇这件事，公司人员并不惊讶，因为王杉不知道从大局出发，不知道尊重集体利益，这样的员工留在公司也只是让其他员工多了一个“敌人”。

我们不知道王杉接到这样的通知会作何感想，但有一点我们却可以断定，如果他当时能消除对新经理的成见，能看到他人身上有超出自己能力的地方，就会与新经理好好合作，共同提升公司的业绩，这样事情又会是另一种结局。

在人际交往中，难免会遇到形形色色的人。如果总是戴一副有色眼镜看人，总是对这个有成见，对那个有成见的话，相信你的人缘也不会太理想。要知道在这个世界上，多个朋友多条路，多个敌人多堵墙，所以为何不消除那些对人对己都不利的成见呢？如果放下对他人的成见，那么在你的事业和生活中又多了一位朋友，这样的结果何乐而不为呢？

消除成见，合作才可制胜

成见，往往是依个人狭隘的经验来判断一个人，是一种个人的偏见，也是错误的。所以在人际交往中，我们要想办法提防成见的出现。而要想消除对他人的成见，我们就需要用更广阔的视野去思考问题。

曾无意间看到过这样一个报道：国务院总理温家宝大力鼓励外资以并购方式参与到企业重组中来，并购的对象包括国有控股企业与私营企业。这项政策的出台无疑是消除了以往对外资的各种成见，以前对于外资进军中国，很多国内企业家都难以接受。他们担心在引进外资之后失去对公司的控制，或是自信地认为以自身力量就可以不断发展。然而，如今的世界只有合作才能共同发展，只有共同合作，协同创新，企业才能更长远发展。

人与人之间的交往要讲求合作，企业与企业之间、国家与国家之间的交际也是需要合作才能共同发展的。

我们不妨做以下分析，外资进军国内企业，可能会使一些企业的控股权落到外资手中，但同时他们还会给国企带来以下好处：一、带来先进的技术；二、带来高效管理方式；三、带来创新管理；四、带来全球化经营理念。如果国企能够利用好外资带来的这些好处，还怕企业的控股权落到他们手中吗？那么国企在权衡利弊之后，还会排斥外企吗？况且以上这四条都是国企孤立发展所不能够拥有的，所以在全球化的今天，还是需要合作以求共赢的。

企业和国家之间尚且如此，更何况我们个人呢？如今的社会，人要想在事业上有所突破和发展，就需要更多的人脉和关系。不要因一点成见，整天对别人耿耿于怀，那样的话只会影响到自己事业的发展。

有一个名牌大学毕业的大学生到一家公司去实习，总是自恃清高，认为那些老员工的学历及其他方面都不如自己，于是便不愿意虚心请教，只是一味“闭门造车”地进行研究。两个月眼看就要过去了，可自己的工作仍是没有一点进展。于是不得不听从朋友的意见，消除以往对那些老员工的一些成见，虚心地向他们请教工作中的一些问题。结果他却发现，自己的学历虽高，但学校里学的很多东西在工作中并不实用。相反那些已经有几年工作经验的员工，他们的技术都十分过硬，且由于经验丰富，许多错误他们往往一眼就能看出。自己一个多月都没琢磨出来的东西，在他们的帮助和合作下很快就有了眉目，而自己也因此得到了继续留在这家公司工作的机会。

这就是两种不同的心理所产生的两种不同结果，放不下成见，就只会使自己处于孤立无援的地位，但只要稍微改变一下心态，消除对他人的一些偏见，事情就能得到顺利的发展。

中国博弈论

成见是可怕的，有了它就会多个敌人，从而严重影响自己工作和生活的发展；而如果没有它，你就可以多个朋友，也就多了得到他人帮助和与他人合作的机会，从而使自己的事业蒸蒸日上。而这些也是处理人际关系的一种博弈，选择前者，你就会平添许多的麻烦和困扰，工作也不能顺利展开；然而选择后者，你就能成为一个好员工，好领导，从而为自己的事业增添一个制胜的砝码。

3. “圆滑的人”总是受人欢迎

这里所说的“圆滑的人”并非指那些曲意逢迎、善拍马屁之人，说的是一些能在人际交往中做到灵活周到、游刃有余的人。这类人在处理事情时总是很周全，所以面对各种情况的时候，他们总能很巧妙地应对，难免会给别人留下“处世圆滑”的印象。但也正是这种“圆滑”才能在保全自己的情况下，使事情得以顺利进行，他们的处事中透露出的是一种大智慧。

不懂变通只会给自己带来麻烦

处世圆滑并不是要你学会“见人说人话，见鬼说鬼话”的技能，它只需要你懂得适时地变通，在不给自己带来麻烦的同时，又能使事情向好的方向发展。现在社会人与人之间的信任度越来越低，戒备心也是越来越强，这个时候你就需要“圆滑”一点，才能适应社会大环境的变化。如果你不懂得变通，不懂“圆滑”，只会给自己带来许多麻烦。

生活就如一颗沙粒，它将人身上的棱角打磨成条条圆滑的弧线。所以为了适应生活，就必须学会“圆滑”，以求得生存。生活本身就是极其复杂多变的，在多元化的知识经济社会中，学会一种生存技能是一件刻不容缓的事。别忘了那些懂得“圆滑”，懂得变通的人，远远要比那些过于耿直的人受欢迎。过于正直，不懂人情世故，只会给自己招致不幸和麻烦。

在员工大会上，老总作为代表，发言时闪烁其词，漏洞百出。在与员工交流意见时，绝大多数人都是人云亦云的随声附和。这时却有一位直率的年轻员工在别人围着老总说尽好话时却站起来，大胆地指出老总的错误，并不失时机地发表了自己的个人意见。虽然当时老总表面上不动声色，可内心却恨透了这位员工，几天之后，这位员工便以莫须有的罪名被解雇了。

事情出现这种结局，难道是这位年轻的员工错了吗？虽然说员工及时指出老总的错误，并提出自己合理的意见并没有错，但他错就错在了不该当着如此多人的面毫无忌讳地指出老总的错误，相信如果你是那位老总，面子上肯定也是过不去的。如果年轻员工懂得变通一下，不是当着如此多的人指出老总的错误，而是私下找老总谈心，委婉地指出老总的错误，再提出对公司有利的合理化意见。相信如果是这样，不但不会被老总开除，说不定还会被视为公司的忠实员工，甚至还会得到提拔。

所以生活和工作中需要懂得变通，该“圆滑”之时，就不要过于直率。如果一个人凡事都过于直率，相信总有一天会因为自己的直率而付出惨痛的代价。既然变通能让事情往好的方向发展，为什么我们不能适时“圆滑”一点呢？

虽然在我国向来以其优良的传统美德而闻名于世，但又有谁敢说“圆滑”就是一种不道德呢？随着生活环境的变迁和人文思想的转变，圆滑也好像成了人类赖以生存的一种技能，也普遍被大家所接受和承认。“圆滑”不仅没有触犯法律，而且是如今生活中的一条生存法则，如果不遵守这一法则，只会让自己的生活和工作陷入一种难堪的境地。所以只要是在不触犯道德底线的基础上的“圆滑”，我们都无可厚非，而且这类懂得处世“圆滑的人”更是充满了大智慧。

人际交往需保持适度的“圆滑”

在中国人的传统观念中，只有天真无邪的烂漫才算是人性的纯真，只有心地单纯、性情率直才称得上是美德，而那些八面玲珑的处心积虑则会遭到鄙夷。然而随着社会的发展，人际关系的日益复杂，只有那些“圆滑”之人才更受人欢迎，相反，那些单纯率真的人反而无法在社会上立足，于是我们不得不重新思考生活、工作中“圆滑”的重要性。

凡是要想成就大事的人必须具有比较“圆滑”的性格才行，如果无论遇到什么事都讲耿直，肯定是行不通的，如果遇到和自己意见不一致的人就和人家争得脸红脖子粗的，肯定也是成不了大事的。“圆滑”是一种能力，是一种经历过风浪后的开悟，更是一种做人的境界。如果没有几年的亲身实践和深厚的传统理论做基础，一般人是难以达到这种做人境界的。中国是个具有儒家思想的国家，而儒家讲的就是中庸之道，说白了也就是教人无论做什么事既不可太落后，也不可太出格。

一次公司举行庆功晚宴，大家玩得都十分开心，酒足饭饱之后，部门上司走到李枫身边说：“你最近表现不错，有见识、有能力，更有前途，可称得上是我们部门的得力干将。趁大家玩得高兴，咱一起去唱个歌好吗？”上司是个卡拉OK的高手，而李枫平时却是个十分低调的人，更是不善于唱歌。

这时摆在他面前的只有两条路，一个是奉陪，一个推脱掉。明明自己五音不全，如果硬是奉陪，领导是不会得罪了，但却会在公司众人面前出丑，丢了面子；若是不陪领导，肯定会扫了领导的兴致，面子是保住了，但自己今后的日子肯定也不好过了。相信如果是一个刚踏入社会的人，肯定不知道该怎么办了？但李枫虽平时做人十分低调，但在社会上打拼了几年后，也深谙一些处世之道。于是谦虚地对领导说：“老实说，在唱歌这方面您是行家，我还真不会唱什么歌，不过今天有机会跟您学习，也是求之不得啊。”这样一来，大家都知道他不太会唱歌，虽然唱得不怎么样，但大家还是挺佩服他的胆量，所以此举既保全了面子，又迎合了领导，不得不说是一种处事的智慧。

所以人际交往中，还是要保持适度的“圆滑”，只有这样才能在做事时不受人际关系的牵绊，做起事来也才能更得心应手。

人的一生会接触到形形色色的人，难免就会遇到一些你喜欢的人和一些你看不惯的人。对于那些你看不惯的人也不要轻易和他成为敌人，因为说不定哪天这个敌人就成了你事业发展的一个绊脚石，要与他的交往保持一种中和，既不远也不近。时间一长，不习惯就会改变成习惯，其实这是人类生存的一种技能。如果有人在你面前说某人坏话，千万不要添油加醋，即便那个人你也十分厌恶，这时你需要保持微笑就够了。

当在背后议论某个人时，一定不要说别人的坏话，而是坚持说别人好话，别担心这好话传不到当事人耳朵里。所以要做一个既有原则又有点圆滑的人，这样无论你走到哪里，都会受到人们的欢迎。

在中国传统的直率、认真与当今的“圆滑”、变通的博弈中，毛主席给出了我们答案，他就曾说过这样一句经典的话：“干啥事就怕认真二字啊。”这也是在教育人们做什么事都不可过于认真，凡事过于认真、不懂变通的人只会处处碰壁。在当今社会，如果你想把工作和生活的一些事好好处理，这时你会发现，过于认真、率真是办不了事的，只有适度的“圆滑”，才能让事情得以顺利进展。因而，中国传统观念所排斥的“圆滑”，如今也是一种宝贵的财富，它可以让人少走许多弯路，以最快的速度和最高的效率达到既定目标。

中国博弈论

在现代社会，做人应该像铜钱一样，外圆内方。其实，做人理当这样。处世圆滑，内心中正，一直以来都是做人的一种社会境界。如果一个人能把做人做到这种境界，相信也一定是个极其受欢迎的人。

4. 示弱有时也是一种软弱的聪明

中国是个充满了智慧的文明大国，然而中国人也懂得示弱的处世之道。在如今这个人际关系越来越复杂的社会中，争做强者只会受到众人的排斥，相反那些懂得示弱的人更会受到人们的支持和同情，从而能够在示弱中求生并得以发展。而这类懂得低头示弱的人往往也是人际交往中的明智之人。

过于张扬逞能只会聪明反被聪明误

在现实生活中，很多人就是因为不懂示弱，而过于逞能，过于张扬，把人际关系搞得一团糟，有时甚至会给自己带来许多不必要的麻烦。

当今社会一条铁的生存法则就是永远不要在自己的同事和领导面前显示自己的高明。需要人们明白的是，自以为是的高明总是讨人嫌的，也特别容易招惹同僚和上司的嫉妒。因为大多数人对于在运气上被人超过并不太介意，却没有一个人（尤其是领导人）喜欢在智力和能力上被别人超过，而如果你时常在他人面前表现自己“聪明”和“创意”，总会让别人产生不悦。因此，永远不要与他人比智力，更不要在智力上哗众取宠，刺激你的上司，这样只会让你的上司尽失颜面，冒犯了自己的上司无异于犯下“弥天大罪”。

每个人都有好胜心，在与人交往的时候，应该重视对方的自尊心，抑制自己的好胜心。好胜心太强，不尊重别人的才能，可能会招致不必要的麻烦。

从前有个显宦，十分喜欢下棋，自认为是常胜将军，没有人可以比得过他。一次门下新来一名食客，于是显宦想在新人面前显露一下自己下棋的本领。然而，没想到的是这位食客一开始就表现的咄咄逼人，逼得显宦心神失常，满头大汗。食客见对方焦急的神情，格外高兴，故意留一个破绽。显宦误以为自己有了转败为胜的机会，谁知该食客突出妙手，局面立时翻盘。食客很得意地道：“大人，还不认输吗？”显宦从未遭此刺痛打击，因而心中十分郁闷，于是起身拂袖而去。回去之后，显宦怎么也忍受不了这种刺激，从此对该食客有了成见，而之后该食客仍不懂收敛才华，总是有事没事之时便找人下棋以显示自己棋技的高超。而他的这些表现更是令显宦怀恨在心，总是想法找这位食客的过错，后来因为一直没有找到，心中不禁大怒，竟暗中派人把他杀害了。

而这位食客就是因为太过于张扬，克制不住自己的好胜心，忽略了显宦的自尊心，因此而丢了性命。虽然当今社会不再会出现历史上那种草菅人命的事情，但是妒贤嫉能的人却大有人在，所以自认为自己有几分聪明的人一定要懂得收敛、懂得示弱。要懂得在你上级面前示弱。总之就是要尽量保持低调，千万不要逞强，要知道是星星就永远不能比月亮更亮。否则一味地逞强、显示自己的聪明只会聪明反被聪明误，给自己招致一些损失或灾难。

懂得示弱也是一种明智之举

示弱绝对不是怯懦和窝囊的表现，而是一种自我保护；示弱绝对不是妥协，而是一种理智的忍让；示弱也绝对不是倒下，而是为了更好、更坚定地站起来，它更是一种处世的智慧。相反，如果一个人不懂示弱，总爱出风头的话必定会给自己带来伤害。所以，聪明的人都懂得适当地选择示弱和低头，因为这是一种灵性的觉醒，是一种生存智慧的显现。

在这里我们不妨来看看勾践卧薪尝胆的故事，这个故事也最能体现示弱是一种明智之举的道理。勾践被吴王夫差打败之后，不得不遵从吴王夫差的要求，怀着满腔的羞愧，带着送给吴王的美女及金银财宝，带着自己的王妃虞妲，去吴国做囚徒。同情弱者是人性一大辉煌，也是一大弱点，人都有恻隐之心，吴王虽贵为皇帝但也不例外。

勾践知道自己如果要复国，除了忍让之外，还要以示弱的方式来博取夫差的怜悯。勾践在吴国辛勤养马放牧,表面上看去没有一丝怨恨之色，渐渐的吴王对他放松了警惕。于是勾践便获得了操练兵马，为国复仇的机会。最后一举打败了夫差，完成了复国大业。

勾践之所以能够复国，无疑是因为他利用示弱使夫差放松了对他的提防，从而使自己从一个丢国弃民的人再度成为一方之主。试想，如果当初勾践不是以示弱的方式获取了夫差的同情，而是在吴国继续摆自己的君主架子，纵使自己再怎么努力复国，相信吴王也是不会给他这个机会的。结果不但不能完成复国大业，说不定连自己的性命也难以保住。

永远要记得一条规则，示弱并不是软弱。向人示威相信每个人都会，但是却有极少数人懂得向人示弱，因为这需要勇气，更需要智慧。示弱最能表现出一个人的耐心、明智、深邃，它是一个人心理素质和涵养的体现，它不是委曲求全，而是通融、协调、具有弹性。示弱，使越王勾践“卧薪尝胆”，最终打败吴国。示弱并不会丢失人格和尊严，它只是一种生存的手段，有些时候也只有通过示弱，才能够取得成功。

其实在生活和工作中，适当地示弱是一种生存技巧，也是对待生活的一种坦诚态度。示弱可以帮助我们赢得他人的信任与同情，从而使自己生活和工作的道路变得更加平坦。与陌生人相处，适当示弱可以使他人消除对你的提防，从而赢得他们真诚接纳的态度。但大多数时候都已习惯于在别人面前展示坚强美好的一面，自然地想掩饰自己脆弱不堪的一面，却不知道向他人示弱更有助于自身的发展。有社会心理学家指出，如果能在他人面前适当地表现你脆弱的一面，容易使别人想接近自己，从而拉近彼此心灵间的距离。

与敌人相处时，能够适时的示弱更是一种生存的策略。示弱只是为了迷惑对手，使对方麻痹，然后选择时机，出奇制胜。勾践若没有用白天的装巧卖乖来掩人耳目，那么他的卧薪尝胆，励精图治便不能顺利实施。自古至今，以示弱的方式麻痹对方，再反戈一击取得胜利的例子不胜枚举。

在自己的领导面前示弱更是一种生存的本能。对于刚踏入社会的年轻人，他们往往不懂示弱中所蕴藏的大智慧。一开始便以恃才傲物的姿态阻断了先辈向自己传授经验的机会，这就为他们以后的发展留下隐患。当然示弱并不是奴颜婢膝地献媚，它只是一种让对方松懈的策略。向你的上司示弱，让他和你在一起时没有威胁感，这样也利于自己前途的发展。

中国博弈论

在示弱与逞强的博弈中，前者往往比后者蕴含着更多的做人处世的大智慧。适当的示弱可以让别人与你相处起来更轻松，因为人们往往有同情弱者的心理。在这个世间，没有绝对的强和弱，只要是对自己有利的示弱，我们为何不去尝试一下呢？其实懂得示弱、敢于示弱的人才是真正强有力的表现，也才是聪明和智慧的表现。

5. 急于求成不如欲擒故纵

人际交往是一门学问，需要我们耐心地去琢磨、研究才能够参透其中的真谛，使自己在处理人际关系时变得得心应手。然而很多人由于不懂人际交往中的一些策略和手段，常常是一腔热情对人换来的却是冷漠和拒绝。有些事急于求成，反而使事情欲加难办，要想更好地办好一件事，就要懂得使用“欲擒故纵”的策略，它可以帮助你更有效的达到目的。

急于求成反而难于成事

无论做什么事都不可操之过急，要知道急于求成反而欲速则不达。尤其是在与客户谈判的过程中，切不可过于急躁，要学会用语言技巧来控制整个谈判局面。同时还要充分发挥你对事态的判断能力和通过语言把握客户心理的能力，以做到欲擒故纵，不可急于求成。

无论是做哪方面产品的销售，如果在推销产品的过程中，一味地游说顾客购买自己的产品，只会让顾客产生抵触情绪，你说好，顾客偏偏认为不好。其实换位思考一下就不难知道自己错在哪里，这和我们平时去超市购物是一样的道理，如果导购太过于热切地推荐哪种产品，我们就会考虑到这些是不是过期的产品，或者是这些产品是不是不好卖。所以，我们在平时挑选的商品，往往不是导购所推荐的产品。这就是急于求成的后果，太急于求成只会让事情往相反的方向发展。

推销人员与顾客的谈判过程也是一个卖与买博弈的过程，在这个过程中，谁能掌握其中的要领谁就能制胜。在销售中有一种策略叫“欲擒故纵”，也就是说你想卖出去哪一种产品，切忌不可操之过急去推荐这种产品，否则只会适得其反。

一位漂亮的小姐来到一家珠宝行想购买一条项链，然而在白金与黄金之间，她一时游离不定，不知到底该选择哪种色泽。而张红作为这家珠宝店的服务生，怕时间久了会影响顾客的购物欲从而走上前去对这位小姐说：“小姐，您这么漂亮，皮肤又这么白，黄金与白金都适合您，黄金能使您皮肤更白，而白金能显得您更高雅。我建议您最好还是买白金，因为她更能突出您的气质。”因为当时白金的价格比黄金高，所以张红想把价格更贵的白金项链推销出去。然而这位小姐却不这样认为，她认为张红急着把白金推销出去肯定是白金不好卖，于是她最终选择了一件黄金项链。顾客的选择结果令张红很是不解。

其实在接受服务人员推销产品的过程中，顾客都有种喜欢背道而行之的心理,他们往往不认同服务生所推荐的东西。张红若想把白金卖出去，她应该在介绍了白金的优点之后，再恰当地为顾客推荐一下黄金，这就叫“欲擒故纵”，如果事先能想到这一点，相信就能推销出去自己想卖的东西了。

销售产品如此，交友更应如此。如果你想接近一个人，刚开始就要和他保持一定的距离，这既让对方没有了紧压感，又能保持彼此间的神秘感，这样对方就会不由自主地想接近你，自然也就实现了当初你要接近他的目的。交友时，让彼此更近一些的方法，就是与对方保持一定的距离，确定一个双方都觉得安全的距离，一般的朋友距离远一些，生死之交和道义上的朋友距离可近一些，但关系再好，彼此也应保持一定距离，这样的友情才能够更加的长久。

欲擒故纵更有助于成功

人际交往中蕴含着许多为人处世的谋略和计策，如果懂得运用它们，则会收到事半功倍的效果，也更有助于你取得成功。

如果你想得到别人的肯定，切不可毫不顾忌地自夸，尽管你说的都是事实，但别人却不一定买你的账，不但达不到预定的目的，反而会招致别人的反感。这时正确的做法就是要进行自我贬低、自我解嘲。这种战术也是最高明的，因为贬抑会收到欲扬先抑、欲擒故纵的效果。这样别人会认为你是过于自谦，他们将会在哄笑中把你抬得很高。欲擒故纵的贬抑，既有助于活跃气氛，又能更好地博取他人的好感，何乐而不为呢？

此外，欲擒故纵只要运用得当，还有助于使你的事业发展。尤其是在销售中，要想使客户更快地买你的产品，采用欲擒故纵的战术会达到意想不到的效果。

张凡是厂家的销售代表，他的主要任务就是和自己所负责的市场的各个分销商进行谈判，让他们批发更多自己厂家的产品。很多分销商大都愿意与厂家直接合作，实现这点并不难，可难就难在如何让他们的批发量更大。张凡心里很明白：要想顺利搞定这一个个精明的分销商，使自己完成任务量，就必须采取一些策略。

当他找到一家分销商时，先是故作神秘地询问他是否有和厂家直接合作的意愿，此商家一听，表现出了极大的合作兴趣，这一切都在张凡的意料之中。但接下来他又略作思考，马上做醒悟状，然后非常为难地告诉他："不过可能性也不会太大，因为您提货量太小，肯定不符合与厂家直接合作的要求，还是算了。"分销商家一听急了，抱怨道："市场就这么大，卖多少又不是我说了算，进多了一时半会儿也卖不掉，不过你放心，我肯定会多批发点的，也会尽全力去卖。但是还是达不到直接合作的标准怎么办？"听对方这么一说，张凡知道自己的计划已经成功一半了，他突然一拍脑门说道："我有办法了，除非……""除非什么？"商家急切地问。"除非你不要发票，我就让你享受出厂的价格。"商家一听哈哈大笑："这有什么，不要发票就不要。"张凡顿时心中乐开了花，就这样，他轻松地攻克了一家家的分销商。利用这种欲擒故纵的方法使他轻松完成了任务量，而且还得到了不开发票的意外收获，这又为公司节省了一部分开支。

试想，如果张凡急于求成，一味地给分销商介绍自己的产品，让他们多提自己厂家的货，那么可想而知，肯定会招致他们的反感，更不会买他的账。这样就会出现一种完全相反的结局。所以凡事不可急于求成，有时欲擒故纵反而会收到更好的效果。

中国博弈论

在急于求成与欲擒故纵的博弈中，相信选择后者的人一定会比选择前者的人能够收到更好的效果。因为急于求成往往会令事态向相反的方向发展，而欲擒故纵，看似是一种放纵，实际上能更好地实现目标。如果能将这种智慧在工作中加以运用，相信一定有助于你事业的发展。

6. 在明处吃亏在暗中得福

我们传统所受的教育就是："吃亏是福"，如果能帮助他人，自己吃点亏也就算了。但是如果一味地为了息事宁人而选择吃暗亏，别人又不领情，自己也只能是"哑巴吃黄连，有苦难言了"。所以吃亏也要讲求技巧和方式，否则只能是白吃亏了。在吃亏时一定要选择把亏吃在明处，至少要让对方意识到你的吃亏就为了成就他，这样的吃亏看似是吃亏，实际上却是一种因亏得福了。

暗亏与明亏之间的博弈

生活中有一些人过于怕事，过于老实，又不懂运用吃亏的技巧，结果往往是吃了亏也不讨好，而这样的人只会让自己的生活和工作陷入一种有苦难言的境地。三国时期的孙权就曾犯过这样的错误，他为了夺回荆州要地，便假意把自己的妹妹嫁给了刘备，不曾想却在诸葛亮的巧妙安排下，孙权不仅赔了妹妹，又折了兵。到最后荆州还在刘备的手中，这样的亏吃的是一点都不值。

总吃暗亏的人，充其量只能算个好人，有时还会被人取笑为太怕事，太过于老实，这样的做人岂不是太过于失败。然而如果懂得了运用吃亏的技巧，刚开始虽吃点小亏，但最终却能把暗亏转变成明亏，从而让对方明白自己的良苦用心，这才不失为一种明智之举。

著名武打明星成龙在一次拍电影时脚部受了点伤，当助手们把他送到医院时发现排队挂号的人实在是太多了。当他的一个助手表示要找人帮忙时，成龙却阻止了他，毅然排在了队伍的最后面。好不容易挨到自己了，这时只见一名青年直接从外面插到了自己的前面。他的助手十分愤怒，欲要找年轻人理论时，成龙还是轻轻摇了摇头。年轻人挂完号径直走了，根本就没理会成龙的一片好心。

等到挂完号等待看病时，成龙发现排在自己后面的人正是刚刚插队的那位年轻人。当排到成龙时，成龙并没有急着进去，而是对那位年轻人说了句："Please！"意思是让他先进去。虽然成龙来之前几经乔装打扮，但这时还是被年轻人认了出来。只见他满脸羞愧地看着成龙一时不知怎么说才好。最后，他走到成龙身边伸出手说："很喜欢您拍的电影，没想到在现实中，您的为人处世更让我敬佩，不论怎么说，我欠您一个人情！"说完，病没看就匆匆地走了出去。

当周围的人问及成龙为何宁愿自己吃亏也不肯指责年轻人，还让他先进去时，他笑了笑说道："是的，我是吃亏了，但是第一次我吃的是暗亏，而这次吃的却是明亏。我想这位先生第一次肯定觉得不欠我什么，但这次应该欠我了吧！"这时周围人顿时明白了成龙为什么刚才没有责怪年轻人，反而先让他进去的原因了。

在中国，有句妇孺皆知的老话：哑巴吃黄连，有苦说不出。在与人交往时，有的人为了息事宁人，往往吃暗亏，结果吃了也白吃，别人不知道或者也不领情。正如成龙第一次排队，有人插到了自己前面，他没有制止，是吃了哑巴亏，但第二次却主动出击，主动吃亏，让亏吃在明处，至少要让对方意识到，你这个亏是为他吃的。虽然都是吃亏，但结果却是完全不一样的，前面成龙自己吃了亏，但年轻人并不领情，而后面的吃亏既让年轻人意识到自己错了，又领了成龙的情。这样看起来是吃亏了，其实却因内心的宽容，使自己变得更加坦然。

亏在明处会因亏得福

相信每个人都不愿意吃哑巴亏，因为即使你遭受再多的损失，别人也不知道或者根本就不领情，所以吃亏一定要吃在明处，最起码也要让对方知道，这样他就会觉得欠你一个人情。这样的吃亏既是一种做人的气度，也是做人的一种谋略。

与朋友交往，虽然需要适时吃点亏，但是可以维持双方之间良好的关系。但切忌把亏吃在暗处，你要让对方意识到，你吃亏是为了帮助他。这样因为吃亏，你就成了施舍者，朋友则成了受者，看上去是你吃了亏，但从中得了福。在这个世上，人情不是用金钱可以衡量的，在将来的某一天，也许就因为你曾经为他吃了点亏，到头来他反而会帮助你更多。

陈成与纪伯是邻居，纪伯总认为自家的院子太小，而看着邻居陈成的院子如此宽敞，内心充满了嫉妒。有一天夜里，纪伯偷偷地将隔开两家的篱笆向陈家移了一点，以便让自己的院子宽敞一些，而这一切恰好被半夜起来的陈成看到了。但是陈成并没有声张，而是等纪伯走后，又把篱笆往自己这边移了一丈，这样一来，纪伯的院子反而比陈成家的院子更宽敞了。第二天，纪伯发现后，内心充满了愧疚，不但还了侵占陈家的土地，还向陈成道了歉。

之后有一天陈成有事出门，院子里晒了许多玉米，然而不巧的是中午时分却下起雨来。在大雨还未来临时，纪伯恰好看到了陈成晒在院子里的玉米，他不顾一切地抢先把陈成家的玉米给收了，而自家的玉米却被大雨淋透了。等陈成慌忙从外面赶回来时，却发现自家的玉米已经被收了，而且没淋到一点雨，再看看纪伯家院子里湿漉漉的玉米，陈成明白了一切，心中对纪伯充满了感激。从此以后，两家的感情也是越来越好。

纪伯之所以不顾自家的东西而帮助陈成收玉米，正是因为当初陈成的主动吃亏，让纪伯内心充满了愧疚，产生了“以小人之心，度君子之腹”

的感觉，于是自此欠下了陈成一个人情。后来即使还了这个人情，但每当他想起这件事时，内心还是充满了愧疚，总觉得无法报答陈成。

每个人也许都有犯错误的时候，所以，我们要学会主动吃亏，把亏吃在明处，要为朋友文过饰非，既让他知道自己做错了，还能让他觉得欠你的人情，所以在明处吃亏也是搞好人际关系的好机会。很多时候，这种明亏都是在帮助你，尽管你先前吃了亏，但最终你的朋友会觉得亏欠你，反而会报答你。

中国博弈论

在亏在明处与亏在暗处的博弈中，相信每个人都会欣赏前者，因为亏在暗处实在不是为人处世的一种明智之举，自己遭受莫大的损失，别人却不领情，相信每个人心里都不是滋味。而亏在明处，看似吃了点亏，实则是一种因亏得福。

7. 看破别人的心思也不要点破

当今社会上聪明之人不乏其数，有的人确实聪明，聪明到可以看透别人所看不透的东西。这类人往往能看到别人的所思所想，但有的人却因此而在工作和生活上屡屡受挫，这是为什么呢？难道是他们还不够聪明吗？当然不是，正是因为他们太聪明了，聪明到总是点破他人的心思，聪明到不懂得保护自己，以致使自己愚蠢地走上了绝路。过分外露自己的小聪明，注定了在如今这个尔虞我诈的社会中成不了什么大气候，也注定了自己在通向成功的道路上只能是个失败者。

耍小聪明只会招致不幸

聪明虽是一笔可贵的财富，但关键要看你如何运用它，运用得当会有助于你成功，运用不当甚至会为自己招致不幸。有智慧的人会使用自己的聪明和智慧隐而不露，就算看透了他人的心思，也不会轻易去点破。然而与人相处时，很多人却不懂得收敛自己的聪明，总喜欢点破他人的心思，以显示自己的聪明，殊不知这种尽显精明的做法，不仅不会帮助自己取得成功，反而只会给自己招来不幸。

从古至今，在为人处世中，处处耍小聪明都是要不得的，如果碰到嫉妒心强的人反而会给自己招致灾难。

三国时期，有个叫杨修的人恃才傲物是出了名的。虽然他是个聪明绝顶的人，往往能够参透他人的心思，但就是因为不懂收敛自己的才华，过于显能，以致招来曹操的嫉妒，自己也因此命丧黄泉。

有一年，工匠们为曹操建造相府的大门，当门框做好，正准备做门顶的椽子时，恰好曹操走出来观看。曹操看完后在门框上写了一个“活”字，便扬长而去。工匠们一时丈二和尚摸不到头脑，不明白丞相所写的“活”为何意。杨修见状，对工匠们说道：“丞相在门框上写个活字，意思是‘门’中有‘活’即‘阔’字，就是说门做得太窄小了，要再大一点。杨修确实够聪明，竟然准确地揣摩出曹操的心里所想，但也正是他的聪明，招来了曹操的嫉恨。

曹操与刘备争夺汉中的大战中，惨遭失败。一时曹军不知是该进还是退，曹操便以“鸡肋”二字为夜间口令，将士们都不解其意，只有杨修明白：“鸡肋就是吃起来没什么味道，丢掉又觉得可惜，丞相的意思是要撤兵啊！”于是大家都收拾行装，随时准备撤兵。没多久，曹操果然下令撤军了。当曹操知道是杨修事先把机密公布于众时，他也终于找到了为自己铲除心患的机会，便以“泄漏机密，私通诸侯”的罪名，将杨修杀了。

从杨修之死，我们便可以看出，小聪明几乎是一定会招致灾祸的。

这样的人算真正的聪明吗？显然不算。他跟随曹操多年，他被提拔得很慢，显然是曹操不喜欢他的缘故，而他自己却始终没有意识到这一点。虽然曹操对他的厌恶、疑心越来越深，但他仍没有意识到，这就是说，该聪明时他反倒真糊涂起来了。如果他迎合曹操，不总是点破曹操的心思，不表现他的小聪明，那么他极可能是会受到曹操的重用。

也许有人会说，杨修的死主要是由于曹操过于嫉贤、过于多疑所致。但是，我们不妨试想一下，作为上级谁也不大愿意总是让部下知道自己的心思和用意。这种人不懂得大智若愚道理，不知道如何保护自己。那么，除了灾祸降临，他还会有什么结果呢？曹操是何等聪明之人，在他的面前过多显露才能，便有“功高盖主”之嫌。所以，真正聪明的人会掌握显示聪明的一个“度”。如果你真的聪明，真能看透他人的所思所想，尤其是你上级的想法，就千万不要点破，更不可把它宣布于众，这样只会是聪明反被聪明误！

隐而不透他人的心思对己更有好处

如果你懂得为人处世的一些策略和原则，就不会再总是点破他人的心思，以表现自己的小聪明了。因为这样做，对你自己实在是没有任何好处。如果能在知道对方心思的情况下，还继续为其保密，这既不会招致不幸，又能让上级体会到你的忠诚，岂不对自己更有利！

对于点破他人的心思与隐而不透他人的心思，我们不妨做以下对比，便可以清楚看到其中的利弊。

点破他人的心思，以表示自己的聪明，只会带来两种结果：第一，他人与你在一起时没有安全感，因为自己的所想所思都会被你猜到；第二，你在点破他人心思之时也是在耍小聪明，这会招致对方的不满和嫉妒。而以上这两条也会带来两种结局，要么对方疏远你，要么就是排斥你。而这些，也都是对自己不利的条件。

隐而不透他人的心思，也会带来两种结果，但不同的是两种结果对自己都是有利的。第一，你会赢得对方的好感。因为如果你真是个聪明人，不用时时表现出来，别人也会感觉到，而你这种隐而不透他人心思的聪明，恰是对他人的一种尊重；第二，隐而不透他人的心思，会让自己更有内含，做人也更有深度。

所以，将两者一对比，自然每个人都能看出其中的利弊。所以真正聪明的人是不会轻易冒去点破他人心思的这种风险的，而这种人也是真正的智者，他们往往也是人际关系博弈中的胜利者。当然精明还是非常需要的，但要在“浑厚”中悄悄地运用。因为古往今来得祸的人绝大多数都是精明的人，很少有人因浑厚而得祸的。所以说，明白这个道理也是很有必要的。

中国博弈论

在耍小聪明与隐而不透自己聪明这两者的博弈中，真正聪明的人是不会轻易去耍小聪明的，他们往往更懂得如何自保，更懂得如何把聪明运用到实处。他们的心中清楚地知道点破他人的心思，以表现自己，只会有两种灾祸，一个是被人猜忌防范而招祸；另一个就是自己会把事情办砸，而不是成功。所以人际交往中，真正的智者是从不去点破他人心思的，他们更懂得如何尊重他人和隐藏自己。

8. 以其人之道，还治其人之身

在日常生活中，难免会遇到一些人利用会话、动作隐含来侮辱人或故意刁难他人，当然听话的人自然是不难听出或看出的，如果直接辱骂对方，只会显得自己没有修养和内涵。所以，听话人不仅要善于听出对方的恶意，而且必要时还要“以其人之道，还治其人之身”，给对方一个含蓄的回击。这样既可以免结仇家，又可以让对方理亏，无地自容。

“以其人之道，还治其人之身”能让你更有面子

在人际关系中，如果别人对自己出言不逊，这时如果我们再去反唇相讥，再去驳别人的面子，这种处理事情的方法既有失风度，又容易得罪人，结仇家。此外，原本是别人有愧于你，如果再“得理不饶人”，到头来别人只会说是你的不是。所以，“饶人”不能生硬，要懂得说话的技巧，利用话里藏话来暗示他人，巧妙地实现自己反击的目的，这也就是我们通常所说的“以其人之道，还治其人之身”。

周恩来总理曾与某外国总理会见，握手后，外国总理掏出一块手帕把手擦了几下，装回口袋。周总理见后，取出一块雪白手帕，擦完手后，直接丢了！当时，新中国刚刚成立，被很多外国人看不起，而外国总理用手帕擦手这一行为，实意就是在看不起中国，同时还想蓄意侮辱我们的总理。但他没想到的是，周总理像丢掉消毒的棉球一样丢掉了手帕，自己的阴谋不但没得逞，反而丢了面子。

在接下来的会谈中，外国总理总想着如何挽回面子，于是就在与总

理闲谈时说：我们两个人有一个共同点，都是国家的总理；我们也有个不同点，你是出身于资本家，我是出身于工人家庭。周总理如此聪明之人，怎会听不出外国总理的不怀好意，于是紧接着补充道：你说的并不全面，我们还有一个共同之处，就是我们各自背叛了自己所出身的阶级。外国总理原本想让周总理在公众场合出洋相，因为当时国际上也十分讲究出身，但是却不料被周总理反戈一击，反而让自己出了洋相。

我国是礼仪之邦，最懂得处理与他国之间的关系。在这点上，周总理可谓是个典范，既保住了面子，没给国家丢脸，又让国际上那些对中国不怀好意的人意识到中国人也不是好欺负的。

但是这种“以其人之道，还治其人之身”的处事之道，并不是每个人都能运用于心的。它不是什么伎俩，也不是什么雕虫小技，而是一种智谋和大智慧。

在一次中美作家会议上，一位美国记者不怀好意地对中国作家蒋子龙说：“蒋先生，请您猜个谜语，怎么样？”蒋子龙微笑着点点头。不料这位记者接着又说：“我这个谜语可是讲了20年，一直没人能破得了的！”继而他的脸上显现出一副得意而又狡猾的样子。蒋子龙明知有诈，但却不甘示弱地对他说：“我从3岁开始就会猜谜语，至今还没碰上猜不破的谜语。”“那好，谜语是这样的：您如何把一只2.5千克的鸡从一个只能装0.5千克水的瓶子里取出来，您有什么好办法吗？”蒋子龙只是略加思索，便笑着向对方说：“那么请问您是怎么放进去的呢？您如何放进去的，我就能怎么拿出来。既然您只单凭一张嘴巴就能把一只重2.5千克的鸡装进一个只能装0.5千克水的瓶子里，那么我也能只用一张嘴巴再把鸡拿出来。”这位美国记者没想到对方会做出这样的回答，顿时无言以对，但为了维护自己的面子还是竖起了大拇指对蒋子龙说：“谢谢，您是第一个猜中这个谜语的人。”

蒋子龙明明知道这是一个没有答案的谜语，也知道这是外国记者不怀好意的刁难，但如果自己拒绝回答，只会让对方阴谋得逞，如果直接拆穿对方的用意，反而会激怒对方，对自己没任何好处。所以最终蒋子龙“以其人之道，还治其人之身”，收到了比以上两种假设都要好的效果，而他之所以能够做出这样的回答，完全是得益于他的冷静和智慧的言语策略。

反唇相讥只会让自己处境尴尬

虽然“以其人之道，还治其人之身”能收到更好的效果，但并不是每个人都懂得运用或会运用这种技巧，因为它是需要有丰富的人生阅历和过人的智慧才能做到的。

如果有人蓄意刁难和挑战你时，你的处境就会很尴尬，也会进退两难。有的人面对这种情况，善于运用“以彼之道，还施彼身”的技巧，迅速地找到对方的思考逻辑，从而轻易改变自己当时的处境。但是有的人却是一遇到这种事情就会大发雷霆，既不会冷静地分析问题，又不懂运用技巧，最终只会让自己的处境更加困难。

有这样两个相同的情景，却因为不同的处事方法而出现了两种完全不一样的结局。

一位著名的作家在一池塘边钓鱼，一位过路人凑上前去问作家：“先生，你在钓鱼？”“是的”作家回答道。“那么，请问先生，你知道我是干什么的吗？”过路人又问。“不知道。”作家回答。于是过路人便说：“我就是这个鱼塘的管理人员，因为你私自钓鱼，所以现在罚款八十元。”听过路人这么说，作家并不慌张，反而冷静地说：“那么请问，你知道我又是干什么的吗？”“不知道。”过路人满脸狐疑地答道。“那好，现在我来告诉你，我是写小说的，在虚构这方面，我比你更拿手。”作家笑着说道。过路人知道自己的计谋被识破，于是灰溜溜地走了。而这位作家则继续享受他钓鱼的情趣。

而在另一个地方也发生了同样的情景，但不同的是，作家一听过路人想敲诈他不禁火冒三丈，于是指责他：“你仅是个过路的，凭什么管我。”过路人知道自己的阴谋被识破了，不由气急败坏地对作家说：“明明是你错在先，你私自钓鱼，违反了鱼塘的管理制度，瞧，那张牌子上明明写着：擅自在此钓鱼，罚款八十。”作家虽知自己理亏，但却不肯示弱地说：“就算如此，也由不得你在此乱加指责。”过路人气得直发抖，指着作家的鼻子说：“等着，看谁厉害。”令作家没想到的是，两分钟后，一群自称为池塘管理人员的人出现在他的面前，作家无奈只有交出八十元钱，灰溜溜地离开了。

这就是两种不同的处事方法所导致的两种完全不同的结局。前者通过冷静分析对方的思维逻辑，从而找出应对的方法，“以其人之道，还治其人之身”，从而使自己轻松摆脱了尴尬的困境。而后者却不懂得人际交往中的一些处事之道，而且又过于冲动，和对方大动肝火，结果使自己的处境更加尴尬，甚至是“赔了夫人，又折了兵。”

中国博弈论

在反唇相讥、鲁莽和“以其人之道，还治其人之身”的博弈中，每个人都希望自己能够摆脱前者的不明智行为，而多点后者理智的行为。因为前者会使自己的处境更加尴尬，甚至是惹火上身；而后者则是采取了同样的手法，以其人之道，还治其人之身，给对方有力的一击，使对方知难而退，从而化解难题，达到了取胜的目的，这样才不失为一种明智之举。

9. 重视小人物的作用

小人物并非我们日常所说的“小人”，他们是两个完全不一样的概念。“小人”指那些心胸狭隘、善于在别人背后使阴招的人，而“小人物”则不同，指那些无权无势毫不起眼的芸芸众生，他们和我们眼中那些光芒万丈、呼风唤雨的“大人物”相对应。小人物的范围很广，在我们的生活中无处不在，如厂里看门的大爷，街头打扫卫生的阿姨，市场买菜的阿婆，刚毕业的大学生都可划入小人物之列。但也正是这类小人物，往往能在关键时候发挥他们的作用，所以千万不可忽视我们身边的任何一个不起眼的小人物，否则有时他会让你承受莫大的损失。相反如果重视小人物存在的作用，则更有助于你的成功。

忽视小人物往往会遭受大损失

如果有人问及是谁决定我们职场上的前途与成败？相信大多数的回答肯定是老板、上司等一些大人物。当然，老板和上司的器重是自身成功不可或缺的因素，可是在当下，当所有的职场人士都把注意力集中到如何讨上司欢心上时，却没有人愿意把目光投向那些和自己地位相当，甚至地位比自己低一点的同事身上，而这些对自身的成功都是十分不利的。

要知道，一个人能否取得成功，并不完全取决于你自己和你的上司，或者是你的团体，有时在很大程度上，还往往会受到你身边的那些小人物的影响。所以，我们不可忽视身边的任何一个小人物，否则将来的某一天也许正是因为这个小人物会让你惨遭莫大的损失。

三国时期，有个叫张松的小人物，他既没有武力，又没有权力。可是就是这个小人物，因为一直得不到曹操的重视，所以后来转而投靠了刘备，也正是靠他的帮助，使刘备夺取了刘彰的地盘，也让曹操统一中原的计划推迟了若干年。

小人物虽然人微言轻，从不会讲什么豪言壮语，更没有足够的金钱像富豪一样一掷千金，他们只是默默地在世界的每一个角落为生存而奔波忙碌。因为没有光环，因为默默无言，以至于我们太多时候竟然已经忽视了他们的存在。而现实生活却总是喜欢同那些忽视小人物的人开玩笑，他们越是忽视小人物存在的作用，越是容易受到命运的捉弄，以至于错失事业发展的良机。

身为公司业务部骨干的李磊，其人不仅思维十分活跃，而且巧言善语，同时公司不少出色的行销计划都出自他的手笔，可谓为公司的发展立下了汗马功劳。可是这类人往往恃才傲物，看不起身边的一些小人物，而李磊就是其中之一。平时他对其他部门的同事不冷不热，别的同事遇到什么难处找他帮忙时，他总是找各种理由推脱。而他对同事的这种态度自然招来了很多人的不满。但李磊自觉无所谓，因为他认为自己只要埋首工作就一定能成功，跟他们这些小人物没必要浪费太多的时间。可令他怎么也没想到的是，正是这些在他看来不起眼的小人物，竟然一次次的在关键时刻让自己处于进退两难的尴尬境地。

一次，李磊被派往外地谈一笔生意，由于对方提出的价格十分优惠，所以他们希望能获得一笔预付款，为了尽快拿下这个供货商，李磊立刻打电话回公司申请紧急调派资金。可是两天很快过去了，资金却迟迟没有汇出来。当他打电话质问财务部，对方的态度却是十分冷淡，挂电话之前，还以一种嘲笑的口吻说："你不是很厉害吗？那还求我们干什么，不如自己想办法吧。"显然，这位财务人员还在为之前李磊对她的态度而耿耿于怀。虽然最终由上司亲自出面解决了事情，但自此之后，上司却有点质疑李磊的办事能力了。

如果说这件事不算什么大事，那么新岗位选举的失败，却给了李磊当头一击。由于老总监调任副总裁，所以企划总监的岗位空了出来，公司领导经商议原本打算让业绩出色的李磊去做，可却没想到的是，这一决定却遭到了公司 80% 人员的反对。自此公司领导人彻底看到了李磊糟糕透顶的人际关系，虽然他的业务能力很强，但公司高层最终还是另选了他人。希望破灭了，这时李磊才翻然悔悟，意识到正是因为自己平时太忽视了小人物存在的作用，才最终导致了自己的失败。

在这个世界上，小人物不会永远只是小人物，他们往往能在特定的关键时刻发挥重大的作用。所以千万不可忽视了身边的一些小人物，否则只会让自己遭受惨痛的损失。

重视小人物有助于成就大事

正如上述我们所说，在社会人际交往中，我们不应该忽视周围任何一个人，尤其是小人物。如果把团队甚至社会比作一辆汽车，大人物自然是开车的人或者是发动机，而小人物则是汽车的细微部件，例如齿轮。也许你开车的技术很厉害或者是发动机的性能很强，但倘若他们在关键时刻给你“掉链子”，那么你也无法让汽车挪动半步。所以一定要重视身边这些小人物的存在，重视他们可能发挥的各种作用，只有这样，才能避免在小河沟里翻船，也才能更有助于事业的成功。

公司里的冯寒虽是博士生毕业，但为人却是十分谦逊，身上没有一点一般高级知识分子惯有的那种傲气。他对谁都很好，就连扫地的阿婆也不例外。有时下班后看到她提水桶有些吃力，还会上前帮忙。进公司半年后的一天，部门经理突然找他谈话，说董事会已经下了调函，让他到新公司负责一切技术问题。冯寒怎么也想不到，自己进公司的时间并不长，公司为何就将如此重任委加于自己身上，不过这对于自己来说也是一次难得的机遇。他安慰自己，或许是好运气真的到了吧。当然，冯寒心里也十分明白公司如此器重自己，背后肯定是有什么原因的。

果然，在一次和董事长的交谈中，他告诉了冯寒这其中的原因。原来，公司里扫地的那个阿婆是董事长的亲戚，她经常在董事长面前夸耀这位刚进公司的博士生。这样一来，董事长便自然对冯寒产生了兴趣。经过一段时间的暗中考察，他也发现了冯寒的人品确实不错，不仅技术过硬，而且办事也是十分得力，是个值得重用的有为青年，于是便和他的部门经理商量，把他调派到新公司并委以重任。

冯寒之所以被公司重用是缘于公司的保洁阿婆，于是他不由感叹不已，没想到自己仅出于举手之劳，对一个小小的保洁员提供了一些微薄的帮助，竟会得来如此好运，这对他日后事业的发展无疑是十分有利的。

在现实社会中，那些普普通通的工人或清洁工与那些专家、学者、总裁等名流相比，确实是些很不起眼的小人物。但是，"尺有所短，寸有所长"，正是这些小人物的存在推动了经济的发展、社会的进步，是社会"链"中不可或缺的一个重要"环节"。然而我们经常听到或看到一些报道：某些企业，由于对员工重视不够或待遇不佳等原因，导致熟练技术工严重流失，出现了不缺技术和管理人才，而缺熟练技工的现象，从而使生产遭受莫大的损失。由此可以看出，"小人物"的作用是不可小觑的，他们的作用虽小，但却容不得轻视，轻视他们的作用只能贻误事业的发展。

中国博弈论

纵观中国古今，在轻视小人物与重视小人物的博弈中，那些忽视或轻视小人物的人往往难以成就什么大事业，相反，那些懂得尊重和重视小人物的人往往是声誉和事业双丰收。也许他们在与小人物打交道的过程中，会被一些人取笑，嘲笑他们没有远大的目标，然而殊不知，他们的这点正是一种高瞻远瞩、大智慧的表现。

10. 即使很痛苦，也要笑得很甜美

在人际交往中，微笑是十分具有感染力的一种表情，它胜于一些恭维、讨好的语言，可以说是个放之四海而皆准的“人际交往的高招”。微笑往往能拉近人与人之间的距离，因为微笑能表达出你的善意、愉悦，更能给人春风般的温暖。相反，痛苦、悲观的表情只会让周围的人躲着你，因为这样的表情也会感染到他人，从而影响别人的心情。如果一个人无论处境多么艰难，多么痛苦，都能笑得很甜美，足以说明这个人是一个极其乐观的人。这类人因此也会赢得他人的好感，拥有一个良好的人际关系。

痛苦时与其怨天尤人，不如以微笑示人

有人说，一个人的面部表情很重要，甚至要比他的穿着还要重要十倍。确实是这样，如果一个人常常面带笑容，即使是他处于很痛苦的境地时也能保持笑容的话，那么他的这种微笑和乐观就能照亮和感染到其他人。当他人看到这种笑容时，就像看到了久违的太阳，别人的心情也会很愉快。同样是处于痛苦的境地，有的人表现则不同，他们不是乐观待人，而是一味的悲观和埋怨，这样的结果只会让更多的人疏远你。

甲和乙同是一家公司的销售员，由于两人来公司都不久，而且之前又都没有什么经验，所以工作一直进展得不太顺利。当甲再次遭到了客户的拒绝时，立即一脸痛苦地质问客户为何拒绝自己，最后干脆向客户诉起苦来。可想这样的表现只会让客户更加反感，没等他说完，客户就转身走了，留下一脸痛苦和茫然的甲。

而在同一个时间的另一个地点，乙也遭受了客户的拒绝，但乙却没有像甲表现得那么悲观。尽管他心里也十分难受，他想反正是被人拒绝了，与其走人不如留下来听听客户对自己的意见，这对自己也是一次难得的提高机会。于是他一直面带微笑地听客户说完了拒绝自己的理由，结果乙的真诚和乐观深深地打动了客户，在最后的时刻却和乙签了单。

这就是两种不同的态度所带来的两种完全不同的结局。所以，人处在痛苦的境地时，与其一味地怨天尤人倒不如以微笑示人，这样既能让对方更好地接受你，又不至于让自己更加痛苦。

痛苦时依然保持微笑的人更可能成功

在现实生活的待人接物中，如果遭受了他人的拒绝和冷漠，若能依然保持以微笑示人的话，这肯定比任何语言都具有感染力，从而肯定会转变局势，取得圆满结果。

要知道，待人接物时不同的态度和不同的工作方法可以产生完全不一样的效果。如果能对他人真诚而又乐观，那么别人就会容易愉快地接受你的观点。然而一副痛苦的表情，客套的言辞，只会让对方产生逆反的心理。没有心理上的沟通做基础，即使再有理，也不一定能使人信服。如果能在说话时面带微笑，并对他人动之以情，晓之以理，这样就极容易从情感上来征服对方，使他不由自主地成为情感的“俘虏”。

与人打交道要以情为先、攻心为上，以自身的情感优势化解对方的顽固，能够达到事半功倍的效果。而在运用自身情感优势时，就要用到微笑，哪怕你再痛苦，也一定要笑得很甜，只有这样才能让他人成为你情感的“俘虏”，从而使自己的事业更成功。

一位小伙子来到一家单位推销他们公司的电脑清洁纸巾，他微笑着说：“对不起，打扰一下，我是某某公司的驻地代表，请问你们是否需要电脑清洁纸巾？我可以给你们优惠。”由于见惯了众多形形色色上门推销的商贩，工作人员并不买他的账，并一脸冷漠和不悦地要求他离开。但这位小伙子并没有因此而变得沮丧，而是仍然微笑着说：“不买也可以啊，允许我给你试一下产品好吗？”没等工作人员同意，他就很快地拿出一包纸巾擦拭起电脑有污垢的部位，动作虽然十分投入，也很娴熟，但工作人员就是不买他的账。小伙子见状，仍不失礼貌地笑了笑说了声“再见”，转身离开了。但是没过多久他又回来了，并对大家说：“你们领导说了，需要这种产品，请你们再考虑一下好吗？”一位工作人员开玩笑地对他说：“领导需要你就让领导买去呀，我们不需要，请你还是走吧！”小伙子看大家语言如此坚决，似乎没有一点商量的余地，于是只好离开了。

第二天一大早，人们发现这位小伙子又来了。还是满脸的微笑和诚恳，但他再次被冷漠的工作人员拒绝了。第三天他还是以同样的时间来到了这家单位，显然他得到的还是同样的遭遇。都说凡事只有再一再二，没有再三再四，工作人员以为这位小伙子吃了几次闭门羹后，以后肯定是不会再来了。可令所有人都没想到的是，第四天他又出现在办公楼内，依然是满脸的微笑。结果领导出面决定购买他500元的产品。小伙子的坚持终于换来了成果，临走时，该单位的领导对他说：“原本我打算让保安把你带出去的，可你知道为什么，我不但没这样做，反而买了你的产品吗？”小伙子回答道：“是我的坚持吗？”“是你的微笑，其实你每次来我都在观察你，虽然我的员工每次都冷言相待你，然而你不但没有生气，反而每次来仍然是满脸的微笑。这深深打动了我，一个人几经拒绝，心里已经是很痛苦了，能像你这样仍然保持微笑的人并不多，所以最后我决定买你的产品，而且以后只要我们公司有需要，我都会给你打电话。”

小伙子原以为是自己的坚持打动了领导，却没想到是自己的微笑让自己坚持有了成果。由此可见，一个人在困难境地能保持微笑有多么的重要。经常保持微笑在事业上也一定最有可能取得成功。

其实在生活中，时常保持微笑并不难，但如果一个人能在处境十分痛苦之时仍能保持微笑就难了。相信很多人都做不到这一点，他们甚至连平时都不能时常把微笑挂在脸上，更谈不上痛苦时依然面带微笑了。

中国博弈论

人生处在痛苦时所选择的处事态度，也是怨天尤人与保持乐观微笑的一种博弈。痛苦时的怨天尤人，只会平添痛苦，也会让更多的人疏远你，因为没有一个人愿意和一个整天满腹牢骚、埋怨的人在一起。而一个在痛苦时仍能笑得很甜的人，肯定是最乐观的，他们在与人的交往中，往往以微笑开头，最后仍以含笑结尾，不管处于什么样的境地，他们都能乐观地处事，而这样的笑是无价的。

11. 成功者往往表现得比别人更低调

一个人不管他成功与否，也不管他取得了多么大的成就，不管他名声有多么显赫，地位有多么高，在纷繁复杂的人际交往中，都应该保持低调。然而并不是每个人都能参透其中的真谛，往往是取得了一些成就便按捺不住心中的喜悦，开始四处张扬。这些人根本不算是真正的成功者，充其量也就是个成名者。真正的成功者往往比一般人表现得更低调，因为在经历过一番奋斗和磨难后他们更加懂得了“地低成海，人低成王”的道理。

不懂低调的人只会给自己招致不幸

低调不仅是做人的一种境界，一种风范，它更是一种思想，一种哲学。只有那些历经世事磨砺的人才能感悟到低调的重要性，也才能达到这种境界，而这类人也才算是真正的成功者。而那些不懂低调，取得了一些成绩就四处显摆，往自己脸上贴金的人只会为自己招致不幸，有时甚至还会为自己无知的行为付出惨痛的代价，而这类人也根本谈不上成功。

生活中我们常常会见到一些人因发了财或在事业上取得了一些成绩，便四处显摆，忘乎所以。有的人写出一两本畅销的文集，便以大师自居，今天登报纸，明天上电视，自吹自擂，直炒得大红大紫，仍不罢休，还要持之以恒地大肆宣传鼓吹，以使自己长享盛名；有的人在某次的比赛上获得头名，便开始睥睨世界，牛皮吹得震天响，认为自己从此可以打遍天下无敌手了；有的人靠走后门捞了个职务，便摆起了架子，满口官腔，以往的穷朋友也就不看在眼里了；有的人靠一时的运气一夜暴富，生怕别人不知道，便整天显富摆阔，逢人便乱夸海口……

以上这些人，大都是被好运冲昏了头，或太过浅薄，或自视过高。不管怎么样，他们都有一个“通病”，那就是不知“人外有人，天外有天”，不懂低调，更不懂得人事的易变和命运的无常。而人一旦患有此病，便容易因某个方面的成功而变得狂傲自大，目空一切，其结果，必然招致周围的人厌恶，有的人甚至因干了蠢事，栽了跟头，闹得身败名裂，为世人耻笑。所以做人一定要懂得适当的保持低调，尤其是自己发了一点小财或有了一点名气后更要低调，否则就极有可能为自己的无知行为付出惨痛的代价。

公司新来的同事沈重，由于技术非常好深得老板的重视，但在为人做事上却十分不懂得低调。平时没事时总喜欢和公司的其他同事比技术，常常搞得其他同事十分难堪，于是公司的人慢慢地都不愿和他接近。然而对于这点，沈重并没有意识到，还以为是因为自己的技术好，没人敢与之比拼呢。有次在与同事的谈话中，他竟夸下海口说自己的技术公司没人比得上。而这话恰好被他们部门的张经理听到了，张经理平时就是个容不得别人说自己半点不好的人，听到沈重如此目中无人，他内心十分怨恨。于是在以后的工作中，他总想着找沈重的茬，也好杀杀他的威风。

机会终于来了，一次由于任务过重，时间又太紧，沈重的编程出现了一点错误。这事要是放在别人身上，张经理肯定不动声色地找到本人改动一下也就算了，然而这事发生在沈重身上就不一样了。张经理立马召开全员开会，会上主要批评沈重工作的不细心，还说此次项目有多么重要，沈重的这一点小错误就可能会给公司带来极大的损失。接着还宣布了惩罚制度，扣除沈重三个月的奖金。公司的其他同事本来都不喜欢沈重平时目中无人的高傲样子，这下根本没人替他讲情，反而看着沈重当时目瞪口呆的样子都在心里偷笑呢。

这就是太过于炫耀卖弄、高调行事所要付出的代价。这类人之所以会如此高傲、炫耀无非是想赢得他人的尊重和重视，可结果往往事与愿违，不但不能如愿以偿，反而会遭到周围人的嫉恨，从而受到他人的诋毁和攻击，使自己的生活和事业蒙受挫折和损失。而这些都是他们不懂低调所必须付出的代价。

成功者的低调往往会使他们更成功

当今社会，人际关系错综复杂，所以与人相处时，一不小心就会招致很多麻烦。轻者，会使自己工作不愉快；重者，还会影响自己的职业生涯。因此，与人相处，切不可过于高调。中国有句谚语：“低头是谷穗，昂头是谷秧。”低调做人、低调处事，低调是立世的基础。为何坚硬的牙齿碰落时，而柔软的舌头却完好无损？这不是柔软的舌头能胜过坚硬的牙齿，而是因为舌头处于低谷。

低调做人，既可以保护自己，还能使自己暗蓄力量，在不显山露水之中成就一番伟业。而这类人在成功之后也不会表现的过于张扬，因为绝大多数成功者，或多或少都受到过这一哲学思想的启示，“树大招风，低调做人”。所以低调不单是普通人的处世圣经，它在一些成功人士的身上表现得更加明显。

在一般人的心里，他们更愿意凡事表现自己，做什么生怕别人不知道。而与此相反的是，那些越是成功的人越是愿意表现得低调一些，低调的为人处世也成了他们的行事规则。在这个世界上，任何人都不可能把风光占尽，把风采夺尽！如果有谁想试图占尽这一切，那么他就违背了低调做人的原则，就会因此而撞墙，跌跟头，碰霉运，丢面子。世界之大，人际关系又是如此复杂，自己的趾高气扬和威风八面就有时成为招惹别人嫉恨你、厌恶你的原因。所以又何必把自己往风口浪尖上抛呢？

在我们的现实生活中，有很多取得了成功的人仍保持着低调的处世态度。一些成功的企业家，从不接受媒体的采访，更是谢绝文人为他们写发家史，他们更愿意脚踏实地、从不张扬地实施他们新的计划，争取更大的成功；一些作家也更是不屑于炒作，而是埋头写自己的新作，努力超越自我；一些科研人员，从不会因自己取得了一些显著的成就到处为自己做宣传，而是一如既往地在自己的实验室里钻研，以求取得更大的成果……这些成功人士的低调，使他们免受了外界的干扰，有更多的精力专心于自己的事业，从而取得更大的成功。这样的人往往也能受到更多人的敬重。因此，低调并非是每个人都能做得到的，它需要的是智慧与理性，更需要宽广的胸襟和远大的志向。

中国博弈论

在成功后的低调处世与高调做人的博弈中，那些太过于炫耀，太过于显摆的人只能成为这场博弈的跳梁小丑。而真正的成功者选择的往往是放低身段，放下架子，以免受到他人的嫉恨和轻蔑，从而也能为自己争取更多的时间去获取更大的成功。此外，这类人也能受到人们的欢迎和尊重，所以低调不失为成功者的一种智慧处世原则。

12. 会说话的人总是人见人爱

在我们的生活中，每个人都离不开说话，可以说它是人们进行思想和感情交流的最重要的工具。但说话也是有很大讲究的，会说话的人常常能赢得周围人的喜爱，朋友自然就多一些；相反，不会说话的人常常会造成不欢而散的结局，因此也常常会得罪一些人。然而，什么是会说话呢？什么是不会说话呢？会说话的人并不一定是口若悬河，出口成章的人，但他一定是一个能够旁征博引，既不得罪人，又能讨得周围人欢心的人。而那些不会说话的人则刚好与之相反，他们因太不会说话而得罪人，有时甚至会惹祸上身。所以我们每个人都应学会做一个会说话的人，做一个人见人爱的人。

不会说话的人总是得罪人

说话是一门艺术，是一种学问。运用得当会令自己的事业和生活进展得更加顺利，但运用不当只会得罪人，从而影响我们的事业和生活。“一句话把人说跳，一句话把人说笑。”说的正是这个道理。会说话的人总会在适当的场合讲合适的话，从而赢得他人的欢心。而有的人说话毫无顾忌，有什么说什么，不善于隐藏自己的内心想法，即使是对别人的缺点，也毫不留情地指出来。这样的人，一方面是因为性格的原因，属于“直肠子”型的人；另一方面因为没有什么处世经验，属于“初出茅庐”型的人。但不管是什么样的原因，都属于不会说话的人，他们一张口往往会得罪人。

职场上，我们每个人都不免要与同事、上司打交道，而在这个打交道的过程中，就需要用到说话。那么说什么、怎么说，什么话能说、什么话不能说，这些都能够反映一个人对说话艺术的掌握程度。很多时候，有些人的工作进展得不顺利正是因为他们不懂得如何说话，不知什么样的场合该说什么样的话，从而使自己的事业陷入一种进退两难的境地。

王仪在一家公司任办公文员一职，由于性格内向，而且秉性较直，所以没有几个要好的同事。她每天除了做好自己的工作外，很少与其他人打交道。一次，有个女同事穿了件新裙子，别人都称赞“漂亮”“合适”之类的话，可当她问及王仪时，王仪却直接说：“你身材有点胖，不适合。”她完全没有注意到同事脸上的表情变化，甚至还加了一句：“这颜色你穿有点艳。”这话一出口，这位女同事的脸立马变得通红，而且从那之后，再也没理过王仪。

后来虽然王仪感觉到可能是自己把话说得太直了，可很多时候，她照样会说些让同事们无法接受的话。久而久之，同事们有什么事情就很少去征求她的意见。如果有些事确实需要征求她的意见时，她还是会管不住自己，又把别人最不爱听的话给说出来。现在王仪在公司的人缘极差，女同事都疏远她，男同事更不愿搭理她。王仪甚是苦恼，她虽知道大家不喜欢她的原因，但就是不知道该怎么说话才好。

这就是不会说话所带来的后果。也许有人会认为王仪说的都是实话，原则上没什么错。但正是她这句实话却严重伤害了对方的自尊心，要知道说实话可以，但要分清场合，分清楚对象。俗话说：“打人不打脸，揭人不揭短。”而她的这句话却触到了对方的短处，相信遇到这种事，每个人心中都不是滋味。所以像王仪这样不会说话的人在与人沟通的时候，总会有问题出现。所以每个人都应重视说话这门艺术，学会在适合的场所里、适合的对象面前说适合的话。

会说话的人往往是人际交往的胜者

一个人生活在社会上就要与各种各样的人打交道，而一个良好的人际交往又是保持信息畅通，提高工作效率的前提，同时也是一个人生活幸福和事业成功的重要保障。

一个人生活在社会上难免要与各种各样的人打交道，面对别人的优点，会适度地给予衷心的赞扬，用真诚的口吻夸赞别人；面对别人的缺点，会委婉地加以提醒，给别人留有足够的面子。而要想做到这点，还需要有丰富的社会经验和生活阅历，只有这样，才知道面对什么样的人说什么样的话。他们与别人面对同一件事情时，总能从不同的角度去解释，以获得比他人更好的效果。这样的人，才是真正会说话的人。

有这样一个故事，说古时候有个国王，一天夜里他做了个奇怪的梦，竟梦到自己满嘴的牙都掉了。国王心里很不安，于是，他就找到一位解梦的人问道："为什么我会梦见自己满口的牙全掉了呢？"这个解梦的人就说："皇上，这个梦的意思是，在你所有的亲属都死去以后，你才能死。"国王一听，不禁龙颜大怒，命身边的人把解梦人拖出去杖打了一百大棍。

第二天，国王又召见了一个解梦人，然而与前面那位解梦人不同的是，这位解梦人听国王说完后，对国王说道："吾皇万岁，这个梦的意思就是，您将是您所有亲属当中最长寿的一位呀！"国王听了不由得心花怒放，便赏了这位解梦人一百枚金币。

从上面的小故事我们可以看出，同样一件事情，同样的内容，一个挨了打，而另一个人却受到了嘉奖。显然，这是因为挨打的人思维太直，不太会说话，而受奖的人懂得说话的艺术，会说话而已。

会说话的人总是人见人爱，他们无论走到哪里，都深受人们的欢迎，也都能给那个地方带来笑声，带来愉快和欢乐。因此，他们的生活也总是充满了快乐。他们在业余时间里，往往能够与朋友或家人相处得十分融洽，使大家得到更多的乐趣。在工作上，他们总能在适当的场合，把话说得十分得体，恰到好处。因此，会说话的人，在生活和工作上也都能取得更大的成功。

中国博弈论

人生在世，要想与人和睦相处，沟通是最重要的。而在会说话与不会说话的博弈中，会说话的人总会有一个良好的人际关系，总能取得更大成功。但是会说话也许并不像我们想象的那么容易，它需要我们不断地领悟与实践，只有这样你才可能成为一个会说话的人，从而在生活和事业两个方面事事亨通，称心如意！

第四章

看穿职场阴谋，方能左右逢源

人们常说，职场如战场，稍有一点做得不好，就可能会误入歧途。职场生涯犹如深邃幽暗的隧道，常常使人站在洞口的时候就忐忑不安，不知该怎样迈开第一步。在职场上，人人都想获得成功。但事实上，真正能够取得成功的人，却是少之又少。原因就在于很多人没有真正领悟到职场的玄机。所以，要想在职场中有所作为，就必须看穿职场中暗藏的阴谋，方能左右逢源、游刃有余，进而做到知己知彼、运筹帷幄，从而决胜于职场。

1.“场面话”不能信

中国人讲究“察言观色”，即“见人说人话，见鬼说鬼话”。人生在世，不可能不与别人打交道，要说的很多话也只是面子上的问题，客套一番，过后也就忘记了。无处不在的“场面话”充斥在人们的生活之中，即使是再亲密的人也会有说“场面话”的时候。职场更是“场面话”最“活跃”的地方，很多人都把它当做是社交礼仪的一种方式。“场面话”的可信度有多少，自然是不得而知。但是如果你相信了，只能说明你这个人不是太灵活。

魅力“场面话”

初次见面，需要说“你好”，分别的时候，需要说“再见”，“场面话”就如同这两个词一样随意，但是绝对不简单。每个人的想法不同，对“场面话”的理解就不同了，有人认为它是社交礼仪的一种方式，是出自于对人礼貌；有人认为它是虚伪的表现，因为那些场面话从不实现；有人认为，那只是笼络人心的一种手段，是为了让更多的人臣服。但是不管怎样，它都无处不在。

尤其是对于身处职场的人而言，“场面话”是交际时候不可缺少的部分。不管是对陌生人、领导、同事、客户，有些话是不得不说。对待陌生人，你要学会用“场面话”去打开对方的话匣子；对待领导，你要学会用“场面话”去取得领导的认可；对待同事，你要用“场面话”去学着和同事和平相处；对待客户，你要用“场面话”去取得客户的信任。这就是“场面话”的魅力，它会让你在职场之中游刃有余。

吴鹏在一家广告公司工作，经过几年的努力，他终于坐上了总监的位置。俗话说：新官上任三把火。他的第一把“火”就是召开了一个小型餐会，每个人都对他的这种做法表示赞同。餐会上，每个人都端着酒杯向他表示祝贺，他也笑着一一回应。最后，他说：“我能有今天，大家都功不可没，我在此谢谢大家。以后大家也要一起努力，有什么功劳大家就一起分享。”

看似简单的两句“场面话”，却能让人们心里舒服。首先，他会先稳固人心，他的成功离不开大家的帮忙，如果没有大家，他是不会达到今天这样的位置；然后又进一步地巩固自己的地位，得到的奖赏愿与大家分享。无人考究他的话是真是假，因为基本上是不会有人记得他曾说过这样的话。生活依旧，工作依旧。

无论在什么时候，人们都说着“场面话”，即使是亲密的朋友，见面的时候也会问“最近过得好吗”，没有谁会直接把心里的话掏出来。尤其在职场中，职位越高，“场面话”用得次数就越多。在交往中，人们更愿意跟侃侃而谈的人说话，即使说的是一些没有任何意义的“假话”。“场面话”是人们的一种生存手段，也是一个人智慧的体现。

真假大考验

打着“官腔”的“场面话”可信度有多少，相信只要是在职场中的人都知道：不可信。因为那只是应付人的一种手段，场面上如果不说“场面话”，那还有什么场面可言。所以“场面话”是非说不可，否则会对自己的交际有所影响。

一家公司的老总要请各部门的经理吃饭，正好在电梯上遇到了市场部的经理，就顺口告诉他。看到经理旁边还有一位，老总问：“这位是……”，经理说是刚到他们那个部门的新人，老总就随口说了一句："那你也来吧。"新员工一路上都在思考，到底去不去呢，毕竟是老总发出的邀请。最后还是决定去了，可到了一看，傻眼了，吃饭的都是公司的高层，他赶忙出来，说自己走错了。到现在他才明白，那只是老总的一句"场面话"，不必当真。

很多初入职场的新人，都会对领导说的"场面话"深信不疑，认为那是一种对自己的重视。其实领导平时应酬惯了，说的"场面话"也多了，根本不知道这句话对一个人的重要性。所以，这个时候的"场面话"千万不要相信。

"场面话"只是敷衍了事的行为，了解人情世故的人都会说"场面话"，碍于面子的压力，有些话不能当面说或者是拒绝，只能用"场面话"先应付一下，这就是"缓兵之计"。但是，听别人说的"场面话"多了，就会发现：它可以兑现也可以不兑现，可以是真实的也可以是虚假的，可以变成方的也可以变成圆的。当真了它就是真实的，能够兑现的，一笑了之的就是虚假的，永远不会兑现。

"场面话"不能信，只能保留怀疑的态度。因为人生变化无常，你不可能猜测出一个人的心理，尤其是在职场。只要把别人说的"场面话"当成是一时的笑料，笑过之后也就忘记了。如果想要确认一个人说的是否是"场面话"，也可以反复地求证，然后从他的态度就可以判断出来当时他说的是真话还是"场面话"。职场是最能体现社交礼仪的平台，"场面话"是要放在平台上面，所以不可能不存在。人与人之间要学会相处，就必须能够运用个人的智慧，采取相应的策略，才能让自己立于不败之地。"场面话"就是策略中的一种，而且这种策略使用的人数多，产生的作用大，但有一点是可信度低。所以在职场中，要区分哪些是"场面话"，哪些不是，这样可以减少很多不必要的麻烦。

中国博弈论

"场面话"是说话者和听话者之间的一种博弈，说话者会根据对方的反应而做出相应的对策。但是要当心的是，"场面话"不能信，作为身处职场的人，更应该认识到这一点，在面对别人所说的"场面话"时，要进行理性地分析，客观地做出判断。

2. 劳资双方永远存在"战争"

公司的出资者和劳动者之间就存在一种"战争"：劳动者想的是怎样才能为自己争取获得最大的利益；出资者则想怎样才能巩固自己的利益，然后从劳动者创造的价值中获取更多的利益。这就是劳资双方的博弈学，为了各自利益而存在的博弈。这种"战争"是永久都不会消失的，处于不同的立场，考虑问题的角度也会不一样，可知要达到使双方都满意的程度是多么难。

利益之战

在这个充满物质享受的时代，每个人都想把自己的利益最大化。尤其是在员工和上司之间，也就是所谓的劳动者和出资人之间，每时每刻都在上演着为了利益而发生的"战争"。一般一个员工进入到一家公司，首先考虑到的就是待遇怎么样，有什么样的福利，包括津贴、社会保险、补助等。即便是刚毕业的大学生，没有任何的工作经验，面试的时候也一定会把这些问题问清楚。

公司是以营利为目的的，而公司所创造利益的直接受益人就是公司老板。老板最希望的就是员工能为自己做牛做马，尽心尽力地为自己赚到更多的钱。在老板收益的同时，他也需要让出一部分的利益给员工。老板考虑的多是自己利益最大化，员工利益最小化。因为一个正式的员工，很多因素都要考虑在内：工资、奖金、办公费用、培训费用等，这将是一笔不小的费用。劳资双方的利益之战，是永远都不会消失的，除非达到双方都能接受的程度。

胡明在一家工厂做技术员已经有3年的时间了，可自从进厂以来，工资就没有变过，他对此很不满意。作为厂里的老员工，他觉得自己有义务去向老板提出加薪的要求。可是老板并没有答应他的要求，于是他就发动厂里的人罢工。可是他没有想到，并不是所有人都同意他的观点，别人都需要养家糊口。取得高薪固然重要，但是更想保住自己的工作。胡明没有坚持多长时间，就放弃了，还照旧拿着以前的薪水。

这场“战争”是没有硝烟的，并且是在无声无息地进行。一旦“战争”打响，可以想象一下，究竟是哪一方会胜利，哪一方会失败。因为在当今社会，最不缺的就是人才。

国家自2008年1月1日开始实行新的《劳动合同法》，这便加强了对劳动者的保护力度，也加强了用人单位的合法权益，但劳资双方之间的“战争”还是不会停止。尤其是在现在全球经济危机的情况下，很多的企业就会无力“养活”那么多人，这就涉及裁员或降薪的问题。劳动保障部门规定：任何企业如要裁减20人以上或裁减人数占企业总职工人数的10%，应先与当地的劳动行政部门沟通协调，未经报告者，将一律追究法律责任。此外，用人单位和员工解除劳动关系后，必须向劳动者支付经济补偿。对于降薪的规定，则是不能低于当地的最低工资。

劳资双方应是平等互利的关系，但这也就意味着有一方的利益要受到损害。如果劳动者没有为企业创造很多的价值，却在拿着同等价值的工资，企业的利润就会减少；出资者没有付给劳动者应得的报酬，劳动者的利益就无法实现平等化。利益之战是永远都不会停止，即使有了法律的保障，它也会隐性地存在着。

“钱”途渺茫

钱是维系整个社会发展的动力，每个人来到这个世界上，只有挣钱了，才能生存。吃饭需要钱，住房需要钱，穿衣需要钱，买东西需要钱……人无时无刻不在跟钱打着交道。俗话说“钱不是万能的，没有钱又是万万不能的”，可见钱对人们来说非常重要。

虽然每个地区的消费水平不一样，但是都有最低工资标准。例如北京地区的最低工资标准是800元/月，这就意味着在北京工作的劳动者每月工资不得低于800元，而且加班的时候还要有加班费。假如一个劳动者每月的收入是1000元，在郊区租地下室需要300元，每天做公交一个月需要60元，一天的伙食是10元，一个月就是300元，加上水费电费150元，剩下的只有190元，有时候要买衣服或者是别的东西，根本就不会有剩余的资金。更别说买车买房了，立足都是个问题。

在美国出现一群“不消费者”，他们吃的穿的都是捡别人的，从来不去任何的场所进行消费。但即使是这样，不花一分钱，他们也是在隐性地消费，所吃所穿也是别人用钱买来的。如果去大街上做一份问卷调查：你想不想有钱？相信十个人中有十个会这样说：想。尤其是现在，很多人还处于失业的状态，市场上人才供大于求，很多人的“钱”途都是如此渺茫。

企业是为了挣钱，劳动者也是为了挣钱，只是所得多少的问题。劳资之间的关系，就是买卖的关系，交易的关系，劳动者付出“劳力”为企业挣钱，出资者从中获得更多的钱，并付其中的一部分给劳动者。用钱来维持的这种关系是很难平衡的。双方似坐在跷跷板的两端，一边如果加重，另一边就会升高，如此反复，永远都没有平衡的一天。企业会想出各种对策，来缓和员工的不平衡心理，进行安抚，进行慰问，让员工有一种“物有所值”的感觉。

企业老板创业不容易，往往需要付出很多的心血，如果哪一天决策失误，就要面对倒闭或者是破产的局面。员工也是辛辛苦苦的工作，但是所得却只能填饱肚子而已。如果真的遇到了这种情况，双方都会各出奇招，保住自己的“钱”途。而且有些企业为了自己的“钱”途，在招聘人才的时候，会打出很多虚晃的“旗号”，比如在职进修、工龄补助等，但是能够真正兑现的却很少。老板与员工，虽处在不同的立场，但目的却是一样的。人们的私心是不能消除的，所以说，只要一天存在“劳资”，那么“战争”就永远存在。

中国博弈论

劳资之间的“战争”永远都不会消失，一入职场，如同战场，不仅要和老板斗智斗勇，还要保证自己的利益不受损害，而在此基础上，还要获得更大的利益。双方的博弈似一场“拉锯战”，持久而激烈，但是员工要想清楚，老板随时都有可能放手，他不会浪费自己的时间给一个不会为他创造任何价值的人。所以员工要做的就是守护自己的利益，面对老板的时候，怎样才能让老板心甘情愿地掏钱。

3. 办公室不允许谈恋爱

为何现在的剩男剩女会如此之多，而且还是学历越高，单身的越多。是眼光太挑剔不愿结婚，还是由于工作无法接触更多的异性？现在很多的办公室都明文规定：办公室不许谈恋爱。可知情到深处便是浓，又有谁愿意忍受暗恋的痛苦，是爱情重要还是事业重要，很多人都无法做出一个明确的抉择。

职场杜拉拉

近来《杜拉拉升职记》可谓是风靡全国，电影、电视剧、话剧是轮番上演。当中除了讲杜拉拉是如何过五关斩六将地成为企业高管之外，还描述了很多职场男女都比较忌讳的话题——办公室恋情。为何杜拉拉在升到主管时，第一个忠告便是不要碰公司里的人，无论是男是女。办公室恋情真的有那么可怕吗?

很多人都在为了事业而忽略爱情，以致事业有成，而婚姻无望。就像杜拉拉，27 岁进入公司，30 岁升任主管，虽然事业上取得了很大的成就，爱情也有一定的收获，但是始终是不能公开的爱恋，因为是和同事谈恋爱。公司有规定，只要是和同公司的人恋爱，其中一个人必须离开，杜拉拉的同事海伦就是一个很典型的例子。相信很多人都会羡慕杜拉拉，爱情事业双丰收，但电影毕竟是电影，总是给人以美好的结局，现实生活中又有多少到最后是能在一起的。办公室始终都是一个办公的地方，不是约会的地方。

乔羽已经 35 岁了，父母总为他的婚事着急，给他安排相亲，但是由于工作的原因，总是没有办法去。最后他实在是被逼急了，就找了一个和自己是同一间办公室的女孩。但也是偷偷地恋爱、约会，同事和上司并不知道。直到有一次在街上遇见一个同事，同事在公司并没有大肆地宣扬，但他还是觉得不太舒服，一直担心上司会知道，最后搞得自己自动辞职了。

很多的办公室恋情都是在很隐秘的情况下发生的，但是这样给自己的安全感会有多少，随时都要小心翼翼，恐怕曝光，到最后导致自己丢了饭碗。但是现代大多数都是独生子女，没有太多的亲戚朋友帮忙介绍对象，而且由于工作的原因，交际范围较窄，所以办公室就成为恋情的“高发地”。在职场中基本上都是年龄相仿的人，交流多了，相处的时间长了，自然会互生情愫，自然而然就易发展成为恋人的关系。虽然现在很多企业有办公室不许恋爱的规定，但还是有很多的男男女女卷入到这个漩涡中来。任何人都想做杜拉拉，可知总是要牺牲一些什么作为代价。

双赢，如此之难

即使最后杜拉拉收获了爱情，但他们是在一人退出职场的情况下。事业和爱情可以兼顾吗？如果可以，为何会如此之难。一方面要保证自己工作的正常进行，另一方面又要对自己的恋情进行保密。一旦被发现，还要在心里权衡一下，到底该选择哪一个。办公室恋情就是一把双刃剑，带来积极作用的同时，也会对自己的工作产生一定的消极影响。

发生办公室恋情的双方必定是有很多接触，在工作上有很多交流，而且在某些方面也会产生一定的共鸣。然后渐渐地就涉及生活，互相关心，互相照顾，日久生情，在所难免。这样在以后的工作中会鼓励对方，把对方作为自己努力地对象。在工作中遇到什么不顺心的事情，可以相互分享，缓解工作带来的压力。有了倾诉的对象，总是好过一个人闷闷不乐。尤其是远离家乡，独自在外漂泊的人，久而久之总是会对对方产生好感的。

舒炎和谢慧是同一间办公室的，两人在一起工作已经有3年，只是最近才在一起。舒炎经常忘东忘西，谢慧为此总是埋怨他。有一天，谢慧看见舒炎正和新来的女同事说话，而且动作比较亲密。她非常的生气，但没有说出来，只是自己闷在心里。一整天都不能好好的工作，而且领导交代的一份重要文件，她还出了一个很大的纰漏，心情一下子跌到了谷底。

但是，很多企业规定办公室不许谈恋爱的主要原因就是会影响工作。办公室是一个充满竞争的地方，如果你与同一级别的同事相恋，那在工作中的竞争地位就会影响你们之间的感情；如果你与上司相恋，一旦被别人发现，虽然他们不敢说什么，但是自己心里也该明白别人是怎么想自己的，他们会认为你是想利用上司往上爬，得到某个职位，不是靠自己的能力，而是靠与上司的关系，最终陷入孤立无援的状态；如果你与下属相恋，在帮对方做什么事的时候，一定会惹人非议，说自己徇私舞弊。而且有哪个上司会允许自己的员工在工作期间，和自己的恋人眉目传情，不仅影响工作，也会影响其他的同事。恋人还会利用公司的邮箱互传私人邮件，妒忌对方在工作中有所接触的异性，把对对方不满的私人情绪带到工作上来，不经意间容易在称呼上忽略其他人的存在，还有以后两人如果因为某种原因而分手，工作中也会很尴尬。

总的来看，办公室恋情从公的方面来说，还是弊大于利；在私上，总是有很多的困扰，难以达到双赢的地步。所以即使在很隐秘的情况下进行交往，也不能保证一切都是顺利的。就像是两个早恋的学生，上司就是老师，学生为了学业需要偷偷摸摸地交往，老师则为了他们的学业也要随时进行监督。发现之后，百般阻挠，万般劝慰，只是为了将两人分开。而职场上似乎就复杂得多，要不就是分手，要不就是失业。

中国博弈论

爱情重要，还是事业重要，本身就是无法平衡的。尤其是办公室恋爱，更是使人身心疲惫。但是如果是考虑到以后的幸福，不如大大方方地承认，反而会省去不少的麻烦。成事在天，谋事在人。如果任何事都不去争取，还是放弃的好；如果觉得没有未来可言，就不要轻易地跨越这条线。

4. 在职场中也有明枪与暗箭

当你正在工作的时候，忽然被老板叫进办公室挨批；当你正要打开电脑，查看自己的客户资料时，发现资料都没了；当你做错事的时候，同事却当着其他人的面当众指责你；当你去找其他同事一块下班的时候，才发现任何人都躲着你……职场中的尔虞我诈，又有几个人能够看透，谁是君子，谁是小人，哪有明枪，哪有暗箭，一场弥漫着硝烟的“战争”正在进行……

一入职场深似海，从此“战争”是便饭

任何一个人到达一家公司，首先看到的就是一片祥和的气氛，每个人都面带微笑，拍手欢迎你的到来。你这时就会想：真是不错，这样的氛围真好。殊不知，自己正处于“雷区”，只要有一根小小的“导火索”，就可能发生“惨不忍睹”的“战争”。

现实与梦想总是有偏差。身处职场的人们，首要任务就是如何让自己“活”下来，生存的残酷性会决定人的残忍性。试想如果放你一个人到原始森林去，过一段时间之后会变成什么样子。职场也像娱乐圈一样，是个大染缸，有些东西会慢慢地渗透到心里。没有竞争的职场，是毫无存在意义可言的，任何人都会为了自己的发展前途而不择手段。暗潮涌动的职场，随时都有可能爆发一场“战争”。尤其是在同事之间，无意中就会得罪某人，让自己“吃不了兜着走”。俗话说：“明枪易挡，暗箭难防”，怕就怕被别人在背后“捅一刀”，自己还不自知。

杨静刚进一家公司的时候，什么都不懂，幸好有一位前辈愿意帮助她。

她为此非常的感激，经常有什么好东西就和那位前辈分享，有什么事也经常和他商量。由于杨静为人随和，所以很快地就和办公室的其他同事打成了一片。渐渐地她发现那位前辈开始躲着她。直到有一天，经理把她叫到办公室，说她窃取别人的资料，而且已经证据确凿了。她无话可说，始终都不明白是怎么回事，直到有人提醒她，她才想起那位前辈对她态度的转变。

进到职场，就是来“打仗”的，只不过拿的都是看不见的武器，但是这样的阵势会比上前线还要可怕。至少上前线的时候，知道自己是怎么“死”的，而职场中的自己是莫名其妙地“死掉的”。

职场中的每个人都是竞争对手的关系，无所谓人性化可言，如果你心软了，就只能背黑锅、当炮灰。同事与同事之间的相处，表面上是朋友与朋友之间的相处，实际上是敌人与敌人的相处。因为没有永远的朋友，朋友可以变成敌人，却有永远的敌人，敌人永远变不成朋友。一团和气的办公室，弥漫着“战争”的硝烟，人人羡慕的职场，却是“尸横遍野”的战场。身处职场的人，都是善于心计的人，而往往善于心计的人也是最可怕的人。尤其是涉及自身利益的时候，竞争就更激烈了。就像是过独木桥，横冲直撞的人会有落水的危险，但最安全的应该是谁呢？是那些耍手段、老谋深算的人。一入职场深似海，从此“战争”是便饭。

小人之心

职场上不乏君子，但似乎小人的数量更多一些。君子往往是吃力不讨好型，小人往往是吃香喝辣型。而且君子与小人之间的界限是很难划分的，因为人人可以做君子，人人也可以做小人。君子很容易变成小人，小人却不容易变成君子。职场上的小人就像是变色龙，可以随时变换颜色，随时伪装自己。小人是人人避之唯恐不及的人，但身在职场，即使知道自己身边的人都是小人，也要微笑以对。职场中的小人多种多样，不知道什么时候自己就被“黑”了，所以，害人之心不可有，防人之心不可无。

笑里藏刀型小人：这种人从外表上看不出任何的端倪，对每个人都是和和气气。尤其是对有能力的，和上司关系好的，会想尽一切办法套近乎，佯装是全公司对你最好的人。吃饭时和你一起，下班时和你一起，讨论问题时附和你，问你一些个人的隐私问题，查看你的客户资料。等到时机成熟，便假借众人之口来诋毁你，或者是自己的重要资料丢失。所以当你发现，经常和你不怎么说话的同事，突然与你变得亲密起来，不要以为是自己的人缘好了，而要考虑到这种带有目的性的接近动机纯度有多少。

挑拨离间型小人：这种人也是人们眼里的老好人，为人低调，谁都不得罪，只是会在适当的时候，向对方传达一些话。他会在你的面前说，某某说你不好，某某说你在哪方面做得不合适，还说你有什么样的毛病。而转过身，对另外一个人也是这样说的。两边扇火，看别人的战火愈演愈烈，自己则扮无辜，装傻充愣，大有坐收渔翁之利之势。所以当你听到别人在你耳边说另一个人的坏话时，只要当成是一句玩笑话，笑笑也就过了。

摊牌直面型：这应该是职场中最“君子”的小人了。因为这种人属于有话直说型，什么事都不会憋在心里。可能他会把弯的说成直的，白的说成黑的，即使不切实际，这种人也是比较好相处的。至少自己会知道在哪里得罪了他，有什么地方做得不好。但最怕的就是这种人会咄咄逼人，毫不留任何的余地给自己。一旦自己有什么把柄落在他手里，他就会把它扩大化，恨不得全世界都知道，尤其是在领导面前，对你更是颇有微词。所以当发现有这种人存在时，尽量告诉自己为人处世要小心一些，以防被别人抓住“小辫子”。

职场中最难防的就是小人，俗话说：唯小人与女子难养也。如果自己“斗”不过小人，就不要勉强，到最后吃亏的就只有自己，因为小人使用的手段或明或暗，或好或坏，不知道什么时候自己就“城门失火”了。

中国博弈论

职场中的明枪与暗箭实际上就是针对生存法则和人际关系之间的博弈，哪一方是有助于自己发展的，当然要毫不犹豫地站在哪一边。为了生存，人人都可以做小人，而且小人比较容易得志。但是当明枪暗箭都向你射过来的时候，是否要检讨一下自己呢？职场就是战场，生存才是硬道理。

5. 安于现状就是“职场安乐死”

是否发现自己每天都在做同样的工作？是否察觉自己的神经和脑子都在变得迟钝麻木？是否很长时间都没有提醒自己最初的梦想是什么？是否除了工作就是发呆？是否觉得自己没有上进心，缺乏热情，安于现状？如果你符合上述条件，是否该替你悲哀呢？因为你正处在“职场安乐死”的时期。

职场植物人

何谓职场植物人？可以有两种解释：一种是真的遭遇到什么不测，变成了躺在病床上的人，丧失意志，昏迷不醒，但是还有心跳，还能呼吸，奇迹发生的话，某一天可能会醒过来，反之就只能躺一辈子；另外一种是指像植物一样的人，每天呆在原地不动，有生命却没有知觉。但是无论是哪一种，都是安于现状，前者可能是出于无奈，那后者呢？无法选择还是身不由己？

职场是各色人才最活跃的地方，因此充满了竞争，充满了钩心斗角。无论是谁，都在职场这个大平台上挥写着自己的人生，实现自己的人生目标。但就是会有这样一部分人，不求进取，安于现状，看似是在过一种“世外桃源”的生活，实则是充满激情的心被磨平了。渐渐地对于职场上的自己便没有过高的要求，而自己所追求的也正在一点点消逝，到最后发现，每一天只是在机械性地工作，已经毫无任何激情可言了。

王琳已经在一家企业工作了3年，每天是朝九晚五的生活，工作不重，没有压力，但始终觉得不是自己想要的。因为最初大学毕业的时候，她的梦想是当一名摄影师。但是苦于找工作的压力和资金方面的问题，这个梦想暂时搁浅了。跟随大众的脚步，开始融入先就业再择业的大潮。但是几年的时间过去了，她依旧在做着这样的工作，虽然不感兴趣，但是已经适应了现在的工作环境，如果再换一个，还要从头来过。而且家人跟她说，女孩子就是要有一份稳定的工作。她也就不再想自己的摄影师梦了。

时间和惰性会阻碍人生追求的脚步，工作的目的是什么？赚钱。因为长时间地做一份没有任何竞争力的工作，才会造就了职场植物人。被安逸的现状套牢，并习惯于这种安逸的生活，得过且过。

职场植物人的生活每天在工作、喝茶、聊天中度过，并乐此不疲。尤其是在一些国有企业里，这种现象会更加明显。在中国的传统思想里，这样的工作才是真正能保证一生的工作。人们总是习惯于固有的模式，因为一旦改变，内心就会产生恐惧。在职场中，是谁让自己成为植物人？是谁让自己安于现状？又是谁在悄悄地接近毫无痛感的“死亡”？安于现状就是一种“慢性毒药”，正在无声无息地侵蚀着你的心和身体。就像一只被关在动物园里的狮子一样，不再憧憬自由自在的大草原，而是每天做着无聊的“工作”：供人参观。然后就是等着饲养员来喂食、洗澡，自己再舒舒服服地睡一觉，一生就这样过去了。

职场中最害怕的就是做植物一样的人，意味着将要被这个时代淘汰，而且等待自己的将是“安乐死”。

找到属于自己的新“奶酪”

“世界上唯一不变的就是变化”，如果没有变化，这个世界就不会进步，人们还是过着原始人的生活。安于现状的人，总是习惯于安逸的环境，一旦环境变化，便措手不及。就像《谁动了我的奶酪》中的两个小矮人哼哼和唧唧一样，找到奶酪，不仅意味着可以填饱肚子，也意味着以后可以过一种安逸悠闲的生活。但是奶酪消失不见之后，便方寸大乱。没有什么是一成不变的，即使自己现在有充足的“奶酪”。

哼哼和唧唧的奶酪找不到了，唧唧说：“我们周围的情况已经发生了变化，哼哼，也许我们需要做出一些改变，去做点什么不同的事情。”哼哼则不以为然，说：“我们为什么要改变，出现了这样的情况，我们至少也应该从中得到一些补偿。”他们为此争吵了一会，最后唧唧说：“我们应该停止这种无用的分析，在我们还没有被饿死之前，我们应该赶紧出发去找新的奶酪。”而哼哼还是一味沉浸在自己曾经拥有的奶酪，拒绝唧唧的提议，不肯动身去找新的奶酪。

处于“职场安乐死”时期的人们，以为现状就是自己的出路，走到这里便是人生之路的尽头，何必费心地七拐八拐。如果是这样想，没有一扇门会为你打开。因为陈旧的信念是不会帮你找到“新奶酪”的。身处职场，你应该持有一颗激情的心，而不是得过且过的心。满足现状的心就像是自己目前拥有的“奶酪”，也会有“变质”的一天，经常地“抚摸”自己的心脏，看它是否还在“跳动”，是否还对新鲜的事物有所期待，是否还勇往直前。

理想和现实之间总是会有差距的，如果现在有能力，就试着改变现状，朝自己的目标前进。人的一生就是一个不断学习、不断进取的过程，安于现状，就永远也找不到新的“奶酪”。身在职场，就要不断地提高自己的能力，发挥自己的潜能。越早放弃你的“旧奶酪”，你就会越早发现你的“新奶酪”。而改变现状，就是唯一能发现新“奶酪”的途径。

当你发现，你会找到“新奶酪”，并且能够享用它时，你就会改变你的路线。企业需要不断地注入新鲜的“血液”，老板也不会喜欢一个毫无斗志的员工。如果每天就只有按部就班地工作，迟早有一天会被“炒鱿鱼”。当你意识到，安于现状只能由“安乐”走向“死亡”时，适当地改变自己的轨道，向另一个“岔道”出发，找到自己的新“奶酪”，并尽情地“享用”。

中国博弈论

孟子说：“生于忧患，死于安乐”，在安乐的环境中只会让一个人慢慢地走向“死亡”。如处于温水中的青蛙，危险来临之时，已无力再甩开束缚自己的枷锁。职场中有多少人都是在等待着“安乐死”，面对随时变换的时代，选择做“蜗牛”。只有跟着改变而改变，才能找到属于自己的新“奶酪”。

6. 不要锋芒太露，独占全功

踏入职场就是踏入了社会，会接触到形形色色的人。在职场中，很多人都不喜欢锋芒毕露，独占全功的人。这就涉及是人际关系重要还是自己的前途更重要。很多初入职场的人都急于表现自己，结果招人蜚言，最后导致上司也对自己有意见。发展的前提是人际，所以在职场中要学会适当地隐藏自己的才华，不可独占全功。

枪打出头鸟

每个踏入职场的人，都是怀着无比大的“野心”，想要施展自己的才华，想要成功，想要站上另一个高度。所以在还没有做新官的征兆出现时或者是上任时，就先放几把火，让同事们都知道自己的厉害。展现才华固然是好事，但在别人眼里又是另外一回事。当你把所有的功劳都“揽到”自己身上时，有没有注意到周围人的眼光：或嫉妒，或不屑，或冷眼旁观，在自己还没有理清头绪时，就被孤立了。

职场就是一个林子，变得大了，就什么“鸟”都有。在现实中，每只鸟都是扇动着翅膀，希望自己飞得更高，更远，但是不会有飞得太快的。往往飞得最快的那个，容易被当做围攻的对象或者成为猎人的猎物。想要得到别人的认可固然是重要的，但是时时处处都“先下手为强”，无形中会给别人造成压力，也会给自己招致不必要的麻烦，对自己的发展前途也是百害而无一利。作为初入职场的新人，过早地崭露头角容易使自己陷入被动的地位，处处展示自己的才干和能力，自视甚高，成为众人“过分关注”的对象。一旦出现什么失误，就是众人谴责和牺牲的对象。

森林里老虎是最大的，第二把手就是狐狸。狐狸经常帮助老虎解决一些森林里的纠纷，维持整个森林的秩序。但是自从兔子来了之后，老虎好像越来越重用兔子，经常就一些事找兔子商量，也把重要的事情交给它去办。所有的动物也都把这种情况看在眼里，还有提醒狐狸的，要它当心兔子，要不然有一天自己的地位就不保了。狐狸笑着说：“没事，这样我反而会变得轻松一些。”兔子在森林里越来越嚣张，任何人都不放在眼里。到第二年老虎选助手的时候，依然是狐狸。兔子就很不明白，自己明明比狐狸要强，为什么到最后还是什么都没有。它不敢找老虎理论，就去找了狐狸，狐狸什么都没有明说，但兔子多多少少也知道了一点，就是因为自己太锋芒毕露，无论大小事都要插一手，来显示自己的能力。它本来还想对狐狸说，以后一定要改掉这样的毛病，谁知狐狸一口把它给吃了。

为了得到上司的赏识，也不用急于一时，往往会欲速则不达。上司虽然会肯定你的能力方面，但是在人际方面呢？能力固然重要，但上司更欣赏会处世的人，就像日本松下集团，所招的人才都是只具有 70% 的能力，而不会选择特别优秀的人。那剩下的 30% 就会包含很多：团队精神，分享精神，人际处理等等。

枪打出头鸟，并不是意味着什么都不敢表达，不敢说，不敢做，而是适当适时地展露自己的才华。有功劳的时候，要学会谦虚，不要独占全功，和同事分享，先稳住脚再说。厚积薄发，只是需要一次机会，便会一鸣惊人。

独乐乐不如众乐乐

职场中的人际关系是一门大学问，永远都没有人能够参得透。而且现代社会也是一个讲究团结合作、求和谐的社会，做任何的事情都要与人合作，像是打篮球、踢足球等，没有哪一个团队愿意聘请一个只会想到自己，独自向前冲的人。走到最前面，就会特别的突出，然而却没有和其他人在一个步调上，别人会怎么想。即便取得很大的成功，即便全是自己的功劳，又有谁会对自己刮目相看，最后也只会成为众人排挤的对象。孟子曰："独乐乐，与众乐乐，孰乐？"所以要让自己看起来不是那么的引人注目，有了功劳大家一起分享。

《丑女无敌》里面的林无敌应该是大智若愚的最典型例子。表面上看起来呆呆傻傻，感觉什么事情都会做不好。可她工作勤恳，与同事相处融洽，并一次次地使公司度过了危机。论才华，林无敌应该是公司里最好的一个，完全可以盖过其他人的风头，但是她并没有高调行事，有了功劳也不会四处宣扬。有的时候，人就是要"傻"一点，才不会成为"公敌"，不仅人缘会变好，也会为自己积蓄大量的能力。

在职场中，不在乎你曾经学过什么，做过什么，只要你踏进了这个公司的门，一切都是从零开始。最怕的就是什么都没有明白就开始以"老人"自居，即使你在很多的事情方面都有独到的见解，公司也不会让一个毫无经验可言的人坐上领导的位置。所以，多以谦虚的姿态出现，多积累经验，适时地向同事示弱，展现自己的不足，为自己以后的发展打下牢固的基础。

合作分享有耐心，任何时候都要把功劳归功于大家，不可全权"包揽"。因为你的表现不止是周围的人看在眼里，上司也是看在眼里的。不懂得与人合作的人，是没有任何前途可言的。而且在与别人分享自己看法的过程中，有助于了解大众的思想。在这个生活节奏如此快的社会中，很多人做什么都想一步登天，可知天下哪有这么容易的事情。“心急吃不了热豆腐”，进入到公司，先观察公司的局势，韬光养晦，适时地发挥自己的作用，然后找到一个好的时机，再露“锋芒”也不迟。

中国博弈论

身在职场，万事都要小心，不可锋芒太露，成为众人“注目”的焦点。赢取人心才对自己的发展有帮助，尤其是自己在同事心里的形象，稍有不慎，就成了“失蹄马”。在做某些事情的时候，先在心里权衡一下，看一下“天平”是往哪边倾斜的。而且与人分享也是人际关系处理的一个重要环节，要学着适应黎明前的黑暗。

7. 永远不要掉入越位犯规的陷阱

面对职场的复杂多变，被职场陷阱所害也早已不再只是传说。“越位”看似简单实则却又存在着“一步走错，全盘皆输”的危险，如果使自己的利益得到最大化就需要寻找一种“定位”来避免这种情况的发生，同时亦能达到企业与个人的利益均衡的博弈。

职场“越位”之说

在职场上，我们常常会看到这样的现象：由于下属没有正确的摆正自己的位置，就会把有些心胸狭窄的上司不小心给得罪了。于是他们在耿耿于怀的同时，就有可能会不动声色地给那些下属“穿小鞋”。换句话说，这也就是所谓的“职场越位”。而针对于越位犯规来说，大家都明白球场上的越位犯规轻则个人受罚，重则不仅会被判出局并且还会影响整个球队的胜利。然而在职场上如果出现被判出局，有时可能就相当于全盘皆输了。

华为电子技术有限公司在全国大企业中一直是赫赫有名的公司之一，一般能够进入到华为公司的人大多毕业于国内的著名高校，也可谓全都是精英人才。曾经有一位刚刚进入华为的员工，激情豪迈时，就提笔洋洋洒洒地写了一封万言书，从企业的经营理念到企业的管理模式等方面都进行了分析和总结，并且还给出了方方面面的很多建议，本是想达到一鸣惊人的效果，然而就在总裁任正非先生看到这封万言书后，给出的批复却是让人出乎意料：如果这个员工有神经病，建议送去医院治疗，如果没有的话，建议直接开除。于是，那个高才生就成了“壮志未酬身先死”，在黯然离开华为公司的同时也失去了一个前程似锦的未来。

有很多人都不理解任正非先生为什么会做出这样的决定，如果按照一般人正常的思维来讲，这名员工本应该得到赏识才对。但是，任正非先生却看得很清楚，一位对自己基本角色都还没有搞清楚的员工，即使换成了其他角色，也只能是老样子。或许这就是华为公司为什么能够发展到今天这个规模的原因之一。对于一家大型企业的经营战略问题，并不是一个基层干部或者一名员工所能考虑的，同样也不是说改变就能立即改变的。

由此不难得出，“越位”实属职场大忌，要学会摆正自己的角色位置，并且能从自己的职位角度上做出有节制的处理和做人，这也就是所谓的“越位”与“定位”的博弈。越位的表现形式通常分为以下三种。

一、下级越位

首先要提到的就是在有些企业中，职员是可以参与公司或者本部门的一些决策的。这时需要注意的就是决策越位，无论是谁做出什么样的决策，都是有限制的。有些决策，是下属或普通员工可以决策的，而有些决策是不宜多言的；其次是会出现的表态越位，表态简单地说，就是人们对某件事情所持有的基本态度。然而表态同一定的身份有着密不可分的联系。如果逾越了自己的身份，胡乱表态，不仅是不负责任的表现并且还会造成喧宾夺主的味道，引起领导的反感。就像有些工作，本来由上级领导出面更合适，却有下属抢先了去做，不仅造成了工作越位，同时也是吃力不讨好；还有就是场合越位，特别是在与客人应酬、参加宴会时，如果表现的过于积极，就很容易引起领导的反感。

二、平级越位

一般表现在同等部门或者是同一领导下的不同部门，这里就不再详细介绍，做好各司其职就行了。

三、上级越位

同样首先会出现的就是管理上的越权。目前大多的企业单位都存在着这种问题，比如越级管理下属，越级给下属分配下达任务等等。这样自然会引起一些人的不满。而直接管理下属就好似被架空了一般，同时开展工作也会遇到很多的问题。不仅会造成公司损失，还有可能会激发了下属的跳槽想法。

同样存在的还有职责上的越位，假如说管理层越位到执行层，而做决议层的却天天都去盯着员工在干什么？负责执行的则到处给人分配工作，那么公司势必会乱作一团了，于员工个人及公司都是没有什么好处的。

工作中的“越位”对上下级关系影响非常大。下级越位就会导致领导角色定位的偏离；平级越位出现的结果，往往是会把自己孤立起来，被别人所排斥；上级之间的越位，会形成分工不明确以至于造成公司的混乱，因此，在职场中任何一方的越位都有可能造成自身利益的最大损失。从博弈学的角度来看，如果使自己的利益最大化就需要寻找到合适的“定位”来避免这种情况的发生。

定位，但不越位

面对世道的日益艰难及人心的繁杂难测，其实在我们每天早上睁开眼睛后，就开始了策略的博弈和心计的较量。有心人才会有前途，我们每一次做出的选择就直接关系着我们的前途和命运，更关系着我们在职场中的位置、未来的人生以及能过上什么层次的生活等等。

在每个博弈者决定采取哪种行动时，不仅要根据自身的利益和目的行事，通过选择和制订最佳行动计划，从而来寻求收获和利益的最大化。而且还必须要考虑到做出的决策行为可能会对周围人所产生的影响，以及周围人可能出现的反应和出现的后果。所以，无论我们是初出茅庐的职场新人也好，或是久经沙场的江湖老道也罢，如果想在职场乃至社会中顺风顺水，首先一定要有个正确的自我定位。假如连自己都不了解自己或不清楚自己想要什么，在被社会不断的“洗礼”下，也许社会不抛弃你，你自己都会沉沦了。

每一个职场人都应该规划有自己的职场定位。在企业中，一般都会用四个字来概括下属的角色：贯彻落实，同时又会被称之为贯彻执行。贯彻上司的思想，执行上司的决策。在贯彻执行的过程中随时准备接受上司的考核。企业对于组织层次的划分是清晰而明确的，不同的组织层次有不同的人员在各司其职，同时对应不同的职能。位居于自己所处的这个角色，首先必须要求明确自己的职能和所需技能，对自己要有一个清楚的认知。

在我国历史上，最早是由孔子提出“角色划分”这一概念的，其大意如下：君与臣分属两个阶层，做君主的有君主的样子，做臣子的有臣子的本分。浅显一点讲就是自己要对自己的角色有个把握。自古有许多的忠臣良将都只是死于主子的一句话，临死之前却还是无怨无悔，并且还会说一句：“君叫臣死，臣不得不死。”看上去似乎有点残酷，假如在现代企业中，上司如果要炒你的鱿鱼，你就不得不走。这和“君叫臣死，臣不得不死”是不是有着很大的相似之处呢？这就是现代角色划分的现实。作为职场中的一员，一旦对自己的角色认知不到位，就会出现这样的结果，事干的多了，上司责问：“谁让你做这些事情的？”事做的少了，上司也会责问：“难道做什么事还用得着我教你吗？”然后就会呈现出矛盾的心理了，也就只好多多少少干一点，意思意思算了。

然而，出现这种问题的时候是否想过，它的根本原因就是你对于自己的角色认知不够导致对角色定位的不明确。从角色的划分来讲，在当今企业这个纵向结构的小社会里，除了老总之外，许多员工都是具有多重身份的。在领导面前我们是下属；而在下属面前，我们却又是领导；在横向的同事面前，我们又是同事。这几个角色总是要适时的并且经常的发生转化，因此这就需要我们在多重关系中寻找一个平衡点，而这个平衡点就是首先要做好自己本职的工作才能来应对各种变化，在能够控制好定位的时候就不会再出现越位犯规的错误了。

中国博弈论

面对职场中的定位与越位的博弈，首先我们要考虑的就是先做好自己的本职工作，为自己定好位，同时也能在不违背这个原则的情况下应对各种职场中的变化，以达到企业与个人利益的均衡。

8. 把握时机，勇于向领导“秀”出自己

在当今这个锋芒毕露的职场，你是否还由于得不到上司的赏识，而躲在角落里顾影自怜呢？面对职场如此激烈的竞争，能够让自己立于不败之地的除了自身的历练以外，更重要的是要把握机会，展现自己。这不仅是员工与上司之间的一场博弈，更是员工自身心理上的一次革命。你是否有勇气完美的“秀”出自己，并且能够准确地把握好时机得到上司的赏识呢？

勇于秀自己

俗话说“酒香不怕巷子深”，然而这句老话早已不再适用于当今的职场了。比如某明星要增加知名度就必须不断地出席各种活动、在媒体曝光一样。同样的职场也是，如果想在职场上树立起自己的个人品牌并且提升自身价值，就必须学会推销自己，通俗一点讲，就是要把自己当做“商品”来做主动宣传，把自身的职业含金量表现出来，并且能够正确的做好个人品牌价值的管理，而最关键的还在于如何定位自身的品牌价值以及选择何种适当的途径来推销个人的品牌形象。

如何使自己的能力与工作风格迅速地被人了解，并形成个人的独特职业品牌是必须要做到的一项功课。假如说你没有对自己的个人品牌价值进行详细的规划，那么很有可能你接受了低于你自身价值的工资，同时你所处的职位也不能够完全让你展示才华。而且，如果你一直都意识不到要给自己品牌价值增值的话，那么有一天你将真的会被市场所抛弃。

通常来讲，如果一个人的知名度越高，自然他的品牌价值也就越大。有了知名度就有人关注，就有“眼球”，就可以创造价值。我国著名的职业咨询专家白玲就曾对记者讲道：“职场上的人士同样需要学会包装自己，打造自己独特的品牌。比如说，要学会展现自己的能力，要有自信，不要把自己看得太轻；同时也需要填充我们的人格素养，比如要具备的职业道德、团队合作精神、责任感，以及自我管理能力，这些都是能够包装自己的东西。”

然而作为一名普通的公司职员，在寻找适当的时机“秀”出自己更是不容小觑的。如果你认为自己做的所有工作都是被老板看在眼里的，那么这种想法未免就显得太一厢情愿了。实际上，老板很容易患“近视”，即使你拼了命想让老板赏识你，他也很有可能视而不见。严格说来，其实这也算不上一定就是老板的错。一般做老板的都会把注意力集中在比较麻烦的人或者事情上，而相对于那些一直都是规规矩矩、踏踏实实做事的人反而很容易被忽视。除非你想继续坐冷板凳，把自己隐藏起来，否则就在每做完一份自认为很圆满的工作时，要记得向老板以及同事报告，要让别人看到你闪光的地方。

在“前程无忧”招聘网站上曾经做了一次关于“让老板看到你的成绩”的调查表，被采访中有38%的人纷纷表示，是老板主动看到了自己的工作成绩；也有27%的人认为是经过了暗示或者提醒老板才看到了成绩；而还有35%的职场人一致认为老板根本就注意不到自己的工作成绩。

如此可以看出，如果想让老板看到你的成绩，并且得到赏识。首先要做的就是你必须要对自己的成绩有一本“账”，明白自己到底做了些什么，哪些是符合公司要求的，哪些是老板最需要你去做的。最好不要指望老板会有时间和每位员工都能够进行沟通，这是很不现实的想法。老板同样是人，他也不可能会对每件事以及每个人都了如指掌，如果你想在公司很好地发展下去，被动的等待与隐匿型的工作都是不可取的，要努力找机会向老板证明你的能力，知道你工作的结果，才是积极的做法。

如何完美“秀”

佩姬·克劳斯在著作《智卖智夸》中写道：“秀出自己是你个人的责任，你必须要让别人知道你是谁，以及你做了些什么事”，相对于职场上来讲，只有你把自己的价值“秀”出来，在你具备很高的价值时，才不用担心会被老板干掉，反之老板却需要担心你会不会跳槽。这就是员工与上司之间的博弈，只有先“创造自己的价值”这个赢的策略，你才能在这场博弈中获得利益最大化。对于如何“秀”，首先要具备秀的能力是必须的，但是却要恰到好处。在公司组织培训时，这是一个非常好地展示自己独特见解和概括能力的机会。要勇于积极提问和回答培训师的问题，并且要能够做到条理清晰、言简意赅，如果还能够提出些合理的创意就更好了。

其实在培训时一般很多领导都会在场，这不仅是因为他们再次吸收已经了解的内容，更重要的是也能够借机观察受训者的反应，以及哪些人是善学、善思、善于举一反三。还有就是要重视在有空的间隙跟培训师交流，告诉他（她），你对他培训的总体感受，一般都应该做积极的回应，如果你程度高深，还能建设性地指出一些对他以后培训的建议和意见。因为这些培训师一般在公司的地位都是举足轻重的，他们可能会在无意间将好学的你透露给你的上司，那么你的上司也会在适当的时候重用你。

开会的时候也是一个很好的机会。很多人都知道在开会时发言是很重要的展示自己的一个平台，但是一些重要性的细节却不是每个人都那么明了，也就是要给自己定好位。只有在适当发言的时刻，然后再提纲挈领的表达出自己的观点，这样就会给人一种沉得住气，深思熟虑的感觉。最后就是当老板在视察工作时的问答，有很多人都会很害怕老板来视察工作，其实这是很好的展示自己并且能够寻求支持的绝佳时机。需要注意的是，如果被老板批评，一定不要为自己辩护，而是要虚心接受。当然也不要一味的顺从老板，而这就需要看你是否有足够的聪慧了。常规来讲，如果老板训话，都只需要点头即可，但是如果能够抓住一些机会把话说到老板的心里去，那就为自己大大的加分了。

某一公司的销售总监去杭州工作的时候，当看完店面在闲聊之际，销售总监突然对身边的销售经理说道："你觉得我们这个组织相比之前有什么改变没有"如果是一般人的回答可能大抵都会说："好、团结、凝聚、比以前进步很多并且战斗力都很强"之类的歌功颂德的话，然而这位销售经理沉吟了一会，给出了一个堪称模范的经典回答，他说"我觉得现在的销售组织，大家似乎普遍更关注 why not 的问题，而不是 How？"（意思就是：目前大家都是在倾向于提借口，而并不是在寻找能够解决的办法），一席话毕，销售总监长长地舒了一口气，并且语重心长地说"这也正是我的感觉啊"（原来总监正在思考如何提升销售队伍的执行力问题，眼看市场环境的日趋恶劣，销售人员却还是在以老思维思考问题，这是他的心病），当后来这位销售经理在提出辞职的时候，销售总监还特意从上海去杭州当面挽留，要知道在那之前他们二人并非是袍泽故旧的。

看完上面的例子你是否明白，在我们寻找机会展示自己的时候，其实机会就在你触手可及的地方。而你需要做的就是，要随时随地准备好跨出自夸的第一步。把自己最好的一面展示给别人看，时刻保持一颗自信飞扬的心，把自己完美的推销出去。

中国博弈论

在这个分秒必争的职场，秀出自己已经变成了一个人的责任。那么在员工与上司之间的这场博弈战中，你勇敢地推销了自己，并且能够得到上司的认可，也就达到了互惠双赢的结果，与此同时自身的价值也得到了及其完美的展现。

9. 管住自己的嘴，不要在公司随便议论

社会是复杂的，而企业就成了整个社会的缩影。对于职场上人际关系的复杂性，其中难免会包含有许多“糖衣炮弹”、“口蜜腹剑”的伎俩和情形。这就需要我们把“说话”变成了一门艺术，同时要学会在博弈中稳操胜券，这样才能创造共赢。

职场中的“祸从口出”

所谓“祸从口出”，口水其实就是名符其实的“祸水”。面对职场上复杂的人际关系，不管是泄露了自己的私事，或是转述听来的是非，都很有可能会让自己陷入到言多必失的危险。也有人说，职场就像是枯树

上的蘑菇，远看像是一堆盛开的花朵，其实它不过就是一个菌种。这里面有一种潜在的战争，有一种看不见的“杀伤力”。而人的言语很自然地就成了这种致命杀伤力的武器。所以，如果想在职场上混得顺风顺水，就要先管好自己的嘴。

人们身在这个复杂的企业圈子里，难免会遭遇到各种八卦。比如某人是如何被提升的,某人又是因何而离职的,某人又是如何成为“叛徒”的。不仅仅如此，你所了解到的八卦还不仅限于你的公司，无意中，你还会知道你好朋友的上司离婚了，你单位的某位高层领导被竞争对手给策反了，等等。职场八卦也可谓是包罗万象，同时有很多职场八卦还都是来自于领导的办公室，如果他们自己不说，谁又会知道呢？如果你在平时听到一些可信度极低的八卦，你大可一笑而过。同时千万别去传播八卦，尤其是对于领导的八卦更是非常危险的。比尔·盖茨都曾告诫过他的员工“不要在背后随便议论领导”。有人感慨地说：“只有能管好自己嘴巴的人才能成为好命的人”，这句话说的是有一定道理的。不仅要知道什么是可以说的、和谁说、怎么说，并且更重要的是一定要知道什么绝对不能说。不要等到祸从口出了以后才恍然大悟，那就已经晚了。

加拿大的两名男职员现在就深刻的体会到了祸从口出的含义，其实他们只是因为闲聊了几句关于上司的“八卦”传闻，然后就被公司给开除了。当时这两名男子正在公司闲聊时，就和一位新员工谈及到了关于公司总经理戴维·约杜安和一名女职员的暧昧关系。但他们没想到的是，这位新员工却是公司雇来的“暗探”,专门来调查哪些员工是个“话匣子”。在那位新员工把这段闲聊写入报告，上交给了公司领导以后，那两人最终被公司开除了。

以上的故事就是非常典型的例子，我们就应该明白对于八卦，尤其是有关上司的是是非非，充耳不闻才是最理智的做法。所谓“流言止于智者”，聪明的人不仅能够识别许多八卦的真伪，还能很适时地闭上嘴巴。因为世界上没有不透风的墙，如果随便议论别人，一传十,十传百,一旦被人把话传到被议论的人的耳朵里，被议论的人自然就会对你生出反感，你的人际关系或是自身利益就会受到影响。而日常生活中的琐碎小事，完全不必过于认真。学会赞美与欣赏他人，“予人玫瑰，手留余香”是人际关系中的点缀也是润滑剂，学会真诚地赞美与欣赏他人，同样也是自己的一份美德。

职场“说话”也是一门艺术

在博弈学中，表现为人际关系的时候，通常就是指正面冲突两败俱伤的现象和共同合作互惠双赢的现象，同时也由于牵涉有人际关系的复杂性，所以就必须要学会在博弈中稳操胜券，创造共赢。

从企业方面看，企业都期望员工为了达成企业的目标，能自动并且自发地与同事建立协作关系，从而可以高效并且快速地完成企业必须要完成的各种工作任务，赢得客户的满意度和合理的经济效益。因此从某种意义上说，企业中的人际关系，其实就是赢得合作的关系。

而从职工个人方面看，能够妥善处理职场中的棘手问题，维护并且能够保持良好的职场人际关系，就是职场成功必备的职业素养之一。而建立良好人际关系的首要原则就是要懂得自我管理和双赢思维。自我管理中就包括要在做好自己职责的同时能理智地控制自己的情绪，而双赢思维则要求能够随时随地地站在别人的立场上来考虑问题，以协调合作的态度达到组织的目标。

李燕在一家报社做编辑。有一次经理告诉她，要给报社做一个宣传的策划，在经过大家的讨论后，李燕完全按照经理的意思加班加点，并且很顺利地完成了策划。但是，当把策划方案交到报社总编那里的时候，李燕却被狠狠批了一顿。

在总编面前，李燕说，这个方案是他们小组所有人讨论的结果，而且他们的经理也非常赞同，同时这个策划方案有70%都是经理的想法。可没想到总编直接把项目经理叫了过来，当面对质。总编追问经理：“听说这都是你想的，你这种垃圾也能拿来做方案，还值得你们那么多人来集体策划？我看你的能力不适合做经理了。”在从总编的办公室出来以后，经理又把李燕批了一顿。经理很生气地告诉她，以后说话前要动点脑子，别一五一十把什么都说出去。

通过这个例子就能很清楚地看到，对于领导之间的分歧，说实话的得到的就是两头都被挨训。所以在面对这个尔虞我诈的职场时，我们不仅要会说，而且要不能随便乱说。把“说话”变成一种艺术，你会获益得更多。所以我们要密切留意对方的反应，随时调整自己的讲话思路和讲话方式，以期达到最好的效果。

中国博弈论

在职场中的每一天，每一次沟通都好比是一次博弈。如果一次次的沟通失败，就会让我们的业绩以及工作心情都随之受到影响。要想商战中运筹帷幄，要想决胜于职场，就要学会“说”但不“乱说”，这样才能在博弈中稳操胜券，创造共赢。

10. 尊重“老前辈”，吸引领导的眼球

在职场上，虽说竞争是自己前进的唯一路径，但是尊重前辈，服从管理才是最重要的。前辈是踏入职场以来，第一个要接触的人，人们常说第一印象往往就是给自己的定格。面对前辈的“刁难”，巧妙地服从，其实也是一种人生策略，从而学会吸引领导的眼球。

尊重达到双赢

职场是一个人真正踏入社会的地方，也是能够让自己长大的地方。然而任何事情都要有一个上手和熟悉的过程，这个带着自己一步步走向职场深处的，就是自己的老前辈。这个“老”字，不一定是年龄大，主要就是资历和经验比较丰富。学会尊重老前辈，就是处理自己人际关系的第一步。

很多年轻人凭着自己的学识丰富，敢拼敢做，领导交代的事情也能够高效率高质量地完成。渐渐虚荣心就产生了，看不起办公室里面的老前辈，认为他们和自己在很多的事情上难以达成共识，而且思想落伍，做什么事还是用老办法。正当自己得意洋洋地想着领导一定会很快地提升自己的时候，却不知自己早已进入一个误区。对于初入职场的新人，最缺乏的就是耐心和尊重能力。

金晶毕业后到了一家国企，每天也只是扫扫地，倒倒茶，整理整理资料，工作很清闲，她却不满足。最近公司正在做一些报表，是办公室主任王叔负责的。她就主动请缨要做这些报表，王叔也乐呵呵地同意了。金晶仗着自己所学的专业和自己的能力，将这些报表做得很完美，连领导都夸她。随后几次重要的资料，也都交给她做。渐渐地她觉得自己和王叔之间有代沟，也开始指挥王叔做一些事情。而且她相信，下一届的主任一定是她的。但是在一年后的主任选举中还是王叔。她气不过，就去找了领导问：“我什么地方都比王叔强，做得也比他好，为什么主任不是我？”领导说：“我知道你的能力强，但是能力不是衡量一个人的唯一标准，还要看他的为人处世方面。你是怎么对待王叔的，我都知道，你自己好好想想。”

身处职场，的确有很多身不由己的事情，但是要想得到别人的认可，就必须先学会尊重老前辈。可以做这样一个比喻：新人就是孙悟空，神通广大，无所不能，所以就有胆子大闹天宫；前辈就是唐僧，任何时候都有自己的一套生存法则，即使没有孙悟空的帮忙，他也会一个人去取经；领导就是如来佛，无论什么都会尽收眼底，而且孙悟空永远也逃不过他的五指山。

学会尊重前辈，是个人发展的前提。人生在世，要认清哪些是对自己有帮助的，哪些是对自己有益的。前辈也是从新人过来的，他知道一个新人该以什么样的态度来对待一个前辈。尊重前辈并不是要自己做谄媚之事，而是不张扬、不目中无人、不把自己放在高人一等的位置、不和前辈硬碰硬。尊重前辈，前辈才会“照顾”自己，从而达到一种双赢的目的。

尊重让升职有望

尊重老前辈的目的是什么，无非是学经验，希望他们能在领导面前多替自己美言几句，加速自己的发展。但是尊重老前辈，如何能让他们喜欢自己，也是比较大的一个问题。因为前辈会分清你的哪句是假话，哪句是真话，哪些是真心，哪些是假意。年轻人在职场上打拼需要学会以下几个方面：

一、退一步忍一时

现代独生子女比较多，娇生惯养，不能受得了一点委屈。家人会让着你，老师同学会让着你，但是一旦踏入社会，人人都是站在起跑线上进行公平竞争。进入一家公司，刚开始的时候，免不了要受气。可有的人能忍，有的人不能忍。不能忍的干不了几天就走人了，能忍的则往往会获得好评。面对前辈的无理取闹，学着以笑脸相迎，对自己说，也许这是公司对自己的考验。退一步海阔天空，忍一时风平浪静。

二、沟通无限

人与人之间总是存在代沟的，很多东西都无法达成共识。这时要戒骄戒躁，听一听老前辈的观点，因为即使老前辈的思想是旧的，但是经验都是丰富的。不能否认的是，老前辈会教给自己很多的方法，使自己少走冤枉路。即使自己不同意，也不要当面顶撞，可以适时地表达自己的意见。不被接受也无所谓，至少前辈会记得自己曾发过言，要比什么都不说强，沉默就代表着附和，附和就代表着拍马屁。

三、谦虚谨慎

“骄傲使人落后，谦虚使人进步”，永远都是至理名言。一个人太高傲，会让人觉得不好靠近，尤其在前辈的眼里，这种态度挑衅的意味就更浓了。所以无论取得什么样的成绩，首先都要感谢前辈，证明自己能有今天，离不开他们的帮助。而且在与人交往的过程中，一定要谨慎，虽说不能完全掌握别人的脾气，但至少要知道，别人的禁忌是什么。而不要等到犯错了才开始后悔，尤其是对于前辈。

四、帮助和微笑

人们常说，微笑是世界上最好的语言，即使语言不通，只要有微笑，别人也会知道自己的友好。常常微笑，不仅可以获得别人的好感，还能养颜美容，何乐而不为？“赠人玫瑰，手留余香”，力所能及地帮助自己的前辈做些事情，让前辈记得自己的好，遇见领导的时候，也会多夸夸你。不要做团队的“孤独英雄”，到最后又有谁会记得你，升职更是无望了。

领导是个“大忙人”，如果想要提拔某位职员，肯定也是通过众人之口。往往前辈都是领导比较信任的人，所以自己要学会尊重前辈，表现多一点点，才有可能获得更多的机会。

中国博弈论

不要让前辈成为自己发展路上的“绊脚石”，学着如何地尊重前辈，才能获得前辈和领导的青睐。毕竟人是往高处走的，登高的时候，总会碰到正在下山的人。不要对人不理不睬，打个招呼，交流一下，会使自己受益匪浅。

11. 团结，获得利益最大化的最佳途径

俗话说："单丝不成线，独木不成林。"这句话就充分阐述了团结合作的重要性。这个时代，是经济一直在迅速膨胀的时代。所以对团结合作的渴求比任何一个时代都要显得迫切和重要，在博弈论中，这也是寻求利益最大化、获得双赢的绝佳途径。

团结合作，利益的支撑点

我们都听过"三个和尚"和"三只蚂蚁去搬米"的故事。"三个和尚"就是一个团体，可是他们却没有水喝，因为他们互相推诿、不讲协作；而"三只蚂蚁去搬米"之所以能"轻轻抬着进洞里"，这正是团结协作的结果。有首歌一直在唱"团结就是力量"，而且团队合作的力量更是无穷尽的。在当今社会，随着经济时代的到来，竞争日趋变得紧张而又激烈，职场需求也越来越多样化，所以在很多情况下，单凭一个人的能力已经很难完全在职场中游刃有余的生存下去，而我们的利益也就会受到直接的危害和影响。这就需要我们的团结合作来达到共同的目标，团结合作，不言而喻就成了唯一的支撑点了。

在原经理离开之前，扬子和桑言一直都是处于"暗战"状态，争相邀功的情形时常发生。可是自从原来的经理调到美国总部工作以后，两个人的关系却突然变得融洽起来，似乎还有一起合作的情况。然而一直到后来很多人才明白原来他们只是为了各取所需才勉强"合作"，因为原来的经理去美国工作的同时需要带一个人一起去工作一年，当时扬子年

龄和资质都是比较高的，跟去工作的可能性也最大。而如果原经理走后，势必也会提一个新的人来做经理，如果扬子和经理去了美国，那么桑言就很有可能会顶替上去当经理。但是扬子已经结婚了，毕竟还是放不下家庭。桑言很年轻并且还是单身，也没有太多的牵挂，也很想出去多闯闯世界。于是桑言主动找了扬子，跟她在私底下做了交流。终于，他们都如愿以偿地得到了自己想要的一切，桑言去了美国总部，而扬子安心的留在了国内，并自然而然地做上了经理的位子，工作步步高升，家庭也一样没有放弃。

通过这个例子就能很清楚地看到，他们的确是为了满足各自的需要，各取所需。这是同事之间的博弈现象。因此，对于那些即使平时彼此敌对气氛浓烈，却还是会在必要的时候团结合作起来。真的会受益匪浅。所以，千万不要小看了团结合作的力量。只有团结合作，才能使各自的利益最大化，无论在任何时期，这都是一个不变的道理。

两者相争的困局

美国心理学家荣格曾经提出过一个公式：I+we=fully I。意思就是“我＋我们＝完整的我”。也就是说，只有把个人融入团队中去，才能将自己的才能发挥到最大的作用，得到自我价值的最大实现。如果人们都懂得合作的道理，以至于能够达到强强联手的共赢效果；反之，如果总体目标不明确，出现相互拆台，相互阻碍，相互制约的话，就有可能会引发恶性竞争，同部之间相互陷害。那么最终所能谋取利益的先机就会被其他人给夺走。让别人坐收了渔利，这样就真的是得不偿失了。

比如，两个创意天才，如果各自都在完成自己的创作设计，两人也都能够创造出比较理想的方案。如果两人共同创作的话，将会在更多的创意之下缔造出更加完美的策划。但是在现实生活中，事实却恰恰相反，因为他们往往相互不服，进而导致不能合作，以至于会被其他人抢去了机会。

其实在职场上，类似这样的状况还在不断上演，互相帮助就是双方都能够制胜的法宝，如果相互拆台则难免都受到伤害。的确如此，在很多人的意识中，企业之间只存在着竞争的关系，却不知道合作比竞争更加重要。也只有相互团结合作，才能够达到双赢的局面。

当双方都在为个人利益最大化而争执不下时，当枪法准确的两个枪手相互厮杀的同时，那个枪法最差的枪手却可以安然无恙，甚至可以在他们两败俱伤以后，大摇大摆地成为胜利者。

中国博弈论

团结合作可以说是一切事业成功的基础，同样也是能够稳立于不败之地的重要保证。其实，看似是双方的博弈，却另有他人的加盟，那就是“坐收渔利”的不劳而获者，换句话说就是那些善于博弈者，想要获得利益最大化，就要学会团结，这亦是智者的博弈。

第五章
突破心理防线，走出人生禁区

人无时无刻不在进行着心理博弈，其实生活就是一场人与人之间的心理较量。在现实生活中，无不体现了心理博弈。如果你不了解心理博弈，就会在生活中四处碰壁。所以说，心理学知识和策略会在任何时候都能派上用场。此外，人在说话办事时，不仅仅要凭自己的诚意和能力，还要有眼力和心计。只有掌握人际交往的主动权，看穿别人的心理诡计，才能避开心理陷阱，走出人生禁区。所以，只要你懂得了心理博弈，才能使自己避免遭受挫折和损失，从而有效地发挥自身的影响力，顺利地落实自己的计划，进而可以促使事业有所成就，生活幸福美好！

1. 防不胜防的心理陷阱
——小心自己落入别人的“圈套”

生活中，我们难免会遇到各种各样的心理诱惑。因为自己过于专注一些事物，反倒使自己的心灵被遮住了，有时候，一不小心，就会掉进别人的陷阱里。在心理学的博弈中，人们只有时刻保持清醒的头脑，才能够看清楚一些圈套背后隐藏的秘密。俗话说：防患于未然，只有这样，才能避开那些雷区。

算命先生真的有那么准吗?

走在大街上，我们经常看到一些支着小摊算命的人。在科学如此发达的今天，还是有许多人来为那些算命先生捧场。虽然人们知道算命是迷信，但是有很大一部分人还是愿意抱着试一试的态度来预测自己的前程和命运。还有许多受过那些所谓大师指点的人，被他们未卜先知的能力所震撼，佩服他们算的是那么的准。但是他们为什么能算得那么准呢?难道他们真的有预知的能力?

在心理学家的研究下，发现算命先生之所以能算的那么准，就是因为他们利用了人们的一种“自我求证”的心理，从而把人们引入到他们所设的“陷阱”中。算命的人善于观察人们的心理，而且他们向那些前去算命的人提出的问题，总是一些语义不明确的问题。也正是由于那些语义不明确的问话，才使得他们更容易猜测人们的内心。

有一天，汪铭和妻子吵架后在晚上做了一个怪梦，不知道那么奇怪的梦究竟代表着什么意思，就去请大桥下面的算命先生破解。

算命先生仔细观察了汪铭一番，开口问他："你们家门前是否有棵树?"碰巧了，汪铭家门前就是有棵树，汪铭就告诉那人。算命先生还装作能掐会算样，此时汪铭也开始轻信他的话。这些模棱两可的话往往会引起人们许多遐想，这个时候，算命先生就故作神秘地告诉汪铭："你这个人和水比较有缘啊!"汪铭惊奇不已地说："您怎么知道我姓汪?"算命先生就仍保持很镇定的样子又问："您和妻子最近是否有矛盾啊?"汪铭和妻子吵架，把表情都摆在了脸上，明眼人都看得出来，何况善于观察人心理的算命先生呢? 汪铭却认为那算命先生简直就是太神了，每天都去给算命先生捧场。

其实，那算命先生根本用不着去调查，人都是有一种求证心理，当那算命先生受到暗示后，在他说汪铭和水有缘的时候，汪铭马上说出自己姓氏，认为确实和水有关。算命先生就是这样，先提出一些模糊性的问题，让人们自己去求证，然后再使那些模糊性的信息具体化，让人们觉得他真是神机妙算。

自我求证是每个人都有的心理活动，我们在生活中也经常遇到，而算命先生也正是利用了这一点，把人们骗入自己所设的圈套中，从而达到骗财的目的。我们只要了解了算命先生"神机妙算"的真正手段之后，时刻保持清醒的态度，就不会那么轻易地被他们那些小伎俩所迷惑了。

为什么人们经常买一些自己不需要的东西

物美价廉永远是许多消费者所追求的目标。人们希望花少量的钱，买同样的东西。如果商家免费赠送，人们便觉得那更是喜不胜收。这就是人们的一种占便宜的心理在作祟。

占便宜使人们心理上有种满足感，消费者往往会因为花了少量的钱，买到了同样的商品而感到沾沾自喜。尽管这些东西对自己用处不大，或者说是根本就不需要的商品。免费商品对人们来说似乎没有什么伤害，但是仔细研究就会发现，选择错误的话就会造成损失。任何商品都是有价格的，免费的商品就等于是 0 元，这种价格代表了不用承受任何损失，但是它可以引起人们的冲动情绪，从而失去理智，轻易地就进入了别人的圈套。

“五一”期间，国美电器搞促销“买空调，免费赠送 17 英寸液晶电视”。刘苏很想买一个液晶电视，正好活动也很划算，就买了一台回家。回到家中刘苏发现，自己家的空调是一年前刚买的，而且已经不再需要了，液晶电视 17 英寸也太小了。为了买一个电视机又多买了一台空调，而且一台空调的钱可以买两个 21 英寸的液晶电视，真是亏大了。

其实，我们在日常生活中也经常会遇到这样的现象。比如说，为了获得优惠券就去商场消费，买一些自己不需要的东西。人们经常会去抢购一些自己不需要的东西，消费者的心也早已被免费或者是便宜的魔咒困住了，而并没有仔细去想那些东西自己到底需不需要，该不该买。商家就是在利用自己的促销活动和消费者“免费心理”进行博弈，免费的策略也是商家经常使用的促销方式之一，这能够对人们的消费行为产生很大的影响，商家从而也可以获取更多的利润。

中国博弈论

无论是算命还是买一些对自己没有用的东西，这都是人们的某种心理在作祟。当然，这不仅是中国人特有的习性，外国人也有这种心理。人们只有保持一个清醒的头脑，客观一些，冷静一些，才可以避免掉进为自己设计的“圈套”中。

2. 左右对方情绪和行为的攻心术

每个人都会遇到很多难以做决定的事情，不知道怎样去选择，进也不是，退也不是。这样的结果往往会导致某些人的情绪不稳定。如果我们懂得了一些能够左右对方情绪和行为的心理战术，我们就可以引导他向自己想要的方向走。从而化解双方的尴尬，也能够解除我们自身的危机。

贬低自己，以退为进

我们在生活中经常会遭到别人的反对和不信任。但是在别人误解自己的时候，千万不要以强硬的口气说“你一定要相信我”或者说“根本就没有那回事”。如果这样说只会让对方更加误解自己，这也相当于你只是保留了自己的主张，而否定别人的判断。这对对方来说，他认为自己遭到了攻击，只会更加不信任你，从而使对方更加排斥你的想法。

在与别人交往的时候，学会暂时的忍让，甚至是吃一些小亏，这都是没关系的，你说不定还可以从中获得更长远的利益。在自己的想法遭到别人反对的时候，先不要急着解释，先不动声色地迎合对方。这样做表面上看起来你是在为对方的利益着想，是从他的观点来考虑问题，实则等待时机，让对方心甘情愿地满足你的愿望。

著名京剧大师梅兰芳虽然在艺术上有很高的名望，但他从来不因此而自傲。他拜名画家齐白石为师，经常为老师磨墨铺纸，虚心求教。一次，齐白石和梅兰芳同到一朋友家做客，齐白石穿着布衣布鞋，其他宾客都穿得西装革履、锦衣绸缎，相比之下齐白石显得有点寒酸，不引人注意。

不久，梅兰芳也到了，主人热情相迎，其余宾客也蜂拥而上。梅兰芳知道齐白石也在，就四下张望，寻找老师。忽然，他看到了冷落在一旁的老师，就挤出人群向齐白石恭恭敬敬地叫了一声“老师”，并鞠躬问安。人们都很惊讶，齐白石也深受感动，后来特意为梅兰芳画了一幅《雪中送炭图》，并题诗道：记得前朝享太平，布衣尊贵动公卿。如今沦落长安市，幸有梅郎识姓名。

还有一次，梅兰芳演出京剧《杀惜》，众人纷纷喝彩叫好，只有一位老年观众说“不好”。演出结束后梅兰芳来不及卸装更衣，便用专车把这位老人接到家中，恭恭敬敬地对他说：“说我不好的人，是我的老师。先生说我不好，必有高见，定请赐教，学生决心亡羊补牢。”老人指出：“阎惜姣上楼和下楼的台步，按梨园规定应是上七下八，你为何八上八下？”梅兰芳恍然大悟，连声道谢。以后梅兰芳经常请这位老人看他演出，请他指正，称他为“老师”。

梅兰芳不为自己争一时之名，遇到别人的批评时，他不但忍得心平气和，而且还向批评者虚心求教，拜其为师，这种甘居人下的宽广胸怀着实令人敬佩。他京剧大师的地位至今无人可以替代，这与他的修养是分不开的。越是有成就的人，越是谦虚，因为他们知道，只有这样才能获得别人真诚的评价，进而改进自身的不足，取得更大的成绩。

生活中也是这样，你越是强调自己的财富与成绩，就越是让别人反感，而谦虚地承认自己的缺点却能够赢得别人的好感。这就好比跳高，后退得越远，反而会跳得越高。

忍让、虚心和宽容的心态能让人顺利走进别人的心中，被人接纳，并获得帮助。而一个自满的人决不会谦己下人，更别说诚恳地接受别人的批评了。因为他的心已经满了，没有空间再去容忍别人的非议，别人走不进他心里，他也走不进别人的心里。同时谦虚者身上也具有忍让、宽容的美德，而自满者身上则同时存在着暴躁、小心眼的恶习。有了高尚的品格和高深的心灵修养，我们才能走向成功。只有选择谦虚，才能为自己的进步腾出更大的心灵空间。

制造双方共同体验的机会

我们经常可以看到，在游乐场或者是在其他的娱乐场所，男孩子总是想让女孩子玩一些比较刺激的游戏，男孩子就会为了找机会亲密接触女朋友。比如说男女双方一起去玩了蹦极游戏，男孩子在这个时候充当了保护伞的作用，女孩子在游戏中发现自己的男朋友更有魅力，双方之间的关系也会变得更加亲密。

有共同经历的人，共同语言会比较多。朋友之间如果有共同的语言，就会放松彼此之间的警惕性。交朋友的时候，如果制造让双方共同体验的机会，即使是从来没有接触过的人也会很快成为你的好朋友。

如果一个男孩子喜欢一个女孩子，但是女孩子却不喜欢男孩子。那么男孩子可以约她去游乐场的鬼屋玩，鬼屋的恐怖可以让男孩子起到保护伞的作用，男孩子的勇敢形象会在女孩子心目中树立起来，同时也很容易使女孩子爱上对方。

男孩子就是利用人在某种令人激动的环境下，跟女孩子在特殊情况下产生激动情绪进行博弈。当人们的情绪被激发起来的时候，更能够发现别人的魅力，而当人们有了共同的体验和秘密，那么双方之间的关系将会更加稳固。

共同体验法还可以运用到多个地方，比如说公司同事之间的合作，夫妻之间的和谐关系，和朋友的关系也将会更加融洽。

中国博弈论

认识了以上两种办法，可能让别人根据其个人观点来判断是否同意你的观点，但是也要因人而异。中国的博弈论并没有绝对的对与错，结果是让双方都要受益。当然，别人的情绪也不是自己就能那么容易左右的了。即使左右不了别人的情绪也不要勉强，毕竟现实以及一些例子证明了要有一方受到伤害。

3. 为什么人有时候容易妥协

每个人在和别人争夺的时候，总是希望能够赢得胜利，可在看着自己取胜无望的时候，又很容易向别人妥协。他们在想，没有赢得胜利，打成平局也不错，至少比输好，为什么人会有这种心理呢？

妥协有什么好处？

在我们当今的现实生活中，竞争已经不再是古代战场的"你死我活"。从博弈论中我们可以知道，当人们长期共处时，合作和妥协往往是人们最明智的选择。在有些时候既然不能让对方退让，那自己则可以将目光放得长远一些，向对方妥协。这个时候的妥协并不是指忍让对方而放弃机会，而是双方在某种条件下达成共识。

在有些人眼中，妥协可能是软弱和不坚定的表现。人们认为，只有毫不妥协,才能显示出自己的英雄本色。但是这种"思维"却不是那种"思维"，如果认为人与人之间是一种征服与被征服的关系，那么就没有任何妥协的余地了。但是如果人与人之间是一种依赖与被依赖的关系，"妥协"则就成了最实用的智慧。

比如，买卖双方，在过去东西短缺，买方只能让着卖方，价格自然也是不能变通的。但现今在市场经济的调节下，买卖双方之间的关系则就演变成了依赖与被依赖的关系，双方之间可以进行讨价还价。所以在这种状况下，如果买方或者卖方任何一方不肯做出妥协，那就失去了自身发展的机会，最终成为失败的一方。

在合作中，妥协可以避免时间和金钱的继续投入。如果明明知道没有胜利的机会，还没有任意一方愿意妥协，等待资源耗尽再追悔莫及就已经晚了。也许会有人认为，“我不必担心资源的消耗，因为我本身就拥有丰富的资源”，可一旦麻烦接踵而至，就会让你损失惨重。所以，即使是强者，在必要的时候也要进行妥协。

人们之所以愿意进行妥协，因为它是一种非常务实的智慧。如果夫妻之间吵架，没有任何一方愿意进行妥协，那么夫妻之间会越吵越厉害，甚至是离婚。但是如果有一方愿意妥协，那么另一方想，既然他（她）都妥协了，那我又有什么过不去的坎呢，所以，这场争吵就会结束，两人依旧恢复往日的恩爱。

其实在现实中，妥协不仅是一种明智的选择，还可以说是一种美德。能够妥协的人，就意味着尊重双方的利益，也就意味着他将对方的利益和自身的利益看得同样重要。在生活中，如果学会妥协，就会赢得更多人的尊重，成为生活中的强者和智者，同时也可以为自己赢得更多的利益。

该妥协时再妥协

妥协并不意味着放弃原则，当然应该区分开明智的妥协和不明智的妥协。明智的妥协是将双方利益进行一种适当的交换，为了达到主要的目标而放弃一些不必要的争执。这也是利用了“斗鸡博弈”的化退为进的原则，通过适当的交换来确保自身要求的实现。不明智的选择则好比是两只高傲的公鸡，谁也不肯退让，导致双方头破血流。在现实生活中，不明智的选择则是坚持了不必要的原则反而失去了主要目标，使自己遭受一些不必要的损失。

妥协两步走：

1. 妥协的状况：不要把资源浪费在不必要的争斗上，该妥协时就妥协。如果说最后的利益还没有妥协时付出的代价高，放弃也无不可。如果争夺的目标可以让自己获得更多的益处，那千万不要轻易妥协。

2. 妥协的条件：如果你在争执的过程中占到绝对的优势，当然可以提出一些要求，但是千万不要不给对方留退路。否则就会招致狗急跳墙的后果，影响到自己的利益。但如果你没有占到绝对的优势，还是提出妥协的一方，而且还有保证对方利益不受侵害的条件下，相信对方会接受你的妥协。

柳传志以“拐大弯”的策略用整整8年的时间解决了联想的股份制改革问题。1987年中关村开始进行股份制改造，那时柳传志认为时机未到，所以没有参与。1993年，四通集团率先对公司进行了股份制改造，随后柳传志才向中科院提出希望“员工持股”的想法，但方案未被通过。值得高兴的是，柳传志为联想争取到了35%的分红权，这标志着联想股份制改革迈出了第一步。直到7年之后，联想才有机会将分红权转化成了直接股权，彻底解决了创业者与新一代管理者更替的后顾之忧。这也充分体现了柳传志的睿智与妥协精神。

妥协是一种手段，通过妥协可以改变现状、化解危机、转危为安，但是妥协并不是最终的目的，人们只是利用它来达到某一目的。在市场经济中，如果经营者不知道妥协，就会在盲目的前进中四处碰壁。同样的道理，一个不懂得灵活变通的人，早晚是会尝到失败的苦果的。所以该妥协时一定要妥协，不该妥协时一定要坚持，哪怕是放弃，把握妥协本身的原则，则可以从中取胜。

中国博弈论

妥协也是在考验人的忍耐度，懂得忍让、避让的人，方能促成大事。人世间大多数事情都是可以调和的，只要懂得妥协的道理，一切矛盾和争端都可以化解。妥协实际上就是一方利用自己的忍让来与双方的利益进行博弈，如果有一方妥协，双方都可以从中获益。

4. 人为什么总不能放下过去

在人生的路途中，我们总是会遇到这样那样的问题。没有任何一个人的人生道路是一帆风顺的。在遇到各种挫折和困难时，人总是难以走出阴影，导致整个人萎靡不振，为当初做的事情感到懊悔。也有的人一直停留在过去美好生活的幻想中，人总是要继续前进的，只有放下过去，才能开创更美好的未来。

不要总为过去而懊悔

在人的一生中，每个人都会遇到各种各样的困难和挫折，而且每个人都会做出错误的选择。但是往往有那么一些人难以放下过去，对过去的事情耿耿于怀。于是过去的阴影在心中沉积，成为新的负担，这样对整个人的身心都是不利的。对过去了的事情不能够释怀，使自己一直生活在痛苦中，甚至感觉到明天也是惨淡无光的。

长期的苦恼懊悔情绪会造成一定的心理负担，对整个人的长期发展也会造成负面影响。每一次回想起过去，自己的不良情绪就会在脑海中上演。如果一个人的大脑长期被负面情绪所占据，这个人久而久之就会变得十分麻木，严重的还会导致精神失常。

李明大学毕业之后找过很多工作，投了很多简历都没有收到回复。看着同学们都已经签了约，他急得像热锅上的蚂蚁一样。于是他草草地找了份工作，签了约。但是没过多久，他就发现自己根本就不适合这份工作，而后来又有许多家好单位向他发出了签约邀请，他后悔不已。如果是一个心态好的人，可能就想既然已经签了，就好好地工作。但是李明对这件事一直耿耿于怀，每天都在后悔，也无心工作，后来连这份工作也没保住。

从李明的例子中，我们就可以看出总是停留在对过去的懊悔中带来的消极影响有多大。但是在生活中并不是每个人都能做到放下过去的，由于每个人的文化素养、生活方式、生活环境不同，所以处理的方式也不同。

心理素质好的人，勇于承担因自己过去的行为不当而带来的后果，可以正确地对待自己的得与失。但那些不能客观评价自己得与失而一直处在悲悲戚戚、耿耿于怀中的人却不能够放下过去。

过去了的就让它过去吧

有的人总是停留在过去，是因为他们觉得失去的总是美好的。继续前进会让他们看不清未来的方向，回想过去的事情总让他觉得美好。但生活还要继续，如果一直停留在过去，总会让人停滞不前，未来的生活对他来说也成了巨大的包袱。越是这样，他就越沉浸在过去中。

时间不会等你，它不会因为你沉浸在怀念中就停滞不前了。每天的生活还要继续，人不可能整天活在对过去的假想中，时光不会倒流，每一天都在更新。如果一个人总是活在过去的假象中，那么活一百天和活一天又有什么区别呢？与其做不现实的“过去梦”，还不如将注意力转移到现实中，让自己比过去生活得更加美好呢！

曾经有一位非常富有的商人，他因为投资失误，一夜之间倾家荡产。他的生活从天堂跌到了地狱，他每天都停留在懊悔和回想过去美妙的生活中。有时候他想到过去美好的生活会忍不住哈哈大笑，当他想到错误的投资时又唉声叹气。他整天沉浸在过去中，甚至都没有再想过以后的路该怎么走，也没有想过东山再起。商人的父亲看到儿子变成了这样，就告诉他：“过去再辉煌对你来说已经没有意义了，你不能想着过去的辉煌而停滞不前了，你应该把更多的目光放在现在和未来。”商人终于明白了父亲的话，于是重振旗鼓，凭着自己丰富的经验，吸取过去的教训，商人又过上了富足的生活。

人之所以留恋过去，是因为自己无法把握未来。未来的生活是无法预知的，所以就不知道把握现在。还有的人因为过去的遗憾，埋怨自己过去没有做好，只想着如果时间能倒退，自己一定抓住机会。这样一来，人们只是耽误了今天，疏忽了明天，下一次遇到类似的事情还是没有做好，形成了恶性循环。

即使昨天再美好，它也会随着时间慢慢淡去。不要过分的留恋昨天，只有现在才是最真实的。我们要学会认真把握现在，充分的享受人生的每一份乐趣，因为这样我们才能够用今天的美好生活来改变昨天的不足。

中国博弈论

放下过去就是将过去生活和未来的生活进行博弈。在这场时空转换的博弈中，如果人们不善于把握过去与未来的关系，不仅不利于自己的身心健康，还影响到自己将来的发展。怀念过去可以让人总结以前的不足之处，并在以后逐步学习的过程中慢慢改进。这样的人生能够更加美好。

5. 每个人心中都有一块秘密花园

每个人的心里都会藏着许多小秘密，出于人的好奇心，每个人都希望自己能够知道别人的心中在想什么。如何了解到别人心中的秘密呢？这就需要你有“透视”别人心理的特殊能力。

为什么别人都有想要隐藏自己的想法

每个人都会有特别“含蓄”的一面，在某些时候，人们总是将自己的内心隐藏起来。但是人们为什么要那么做呢？因为他想让别人看到的都是他坚强的一面。有的时候，这种隐藏自己内心的想法可以让人感觉到满足，因为他的确是在别人面前成功地塑造了自己了不起的形象，但是总是把自己搞得疲惫不堪。

隐藏自己想法的行为，其实就是一场负重心灵与现实的博弈。每个人都想打开自己的心灵，但是每个人心中都会给自己留下一块小小的秘密花园，栽种自己想要的美丽的花。但是如果经常不打开心窗，让自己的心灵“通风”，那么自己的心灵就会慢慢地出现腐烂。他们宁愿那些想法在自己的心中生根发芽，也不愿让别人知道。

2004 年 2 月，马加爵在杀害了 4 名同学后逃逸。3 月 15 日被捕，6 月 17 日在宣判庭审结果后当场枪决。马加爵是一个很现实的例子，他在平时有什么想法总是压抑在自己心里，在一次打牌小小的争执后，他失去了理智，杀害了 4 名同班同学。

在马加爵的事件发生以后，社会各界开始呼吁要注重心理健康。网友们也纷纷展开了讨论，有的人认为马加爵没有做人的原则和生活底线，他不懂得珍惜自己的生命，还轻视别人的生命。确实是有这些原因，但是最主要的原因还是要归结于他不善于与别人进行心灵上的沟通。

每个人心中的那块花园不仅要种植自己内心的秘密，还要经常给它浇水、通风，如果不善于打理自己的内心，导致的结果当然就是腐烂，心理畸形成长。只有善于掌握自己内心，在这场心灵与现实的博弈中，才可以有利可图。

走进别人的内心世界

在我们生活中，如果能够仔细留心，我们就会发现身边的人和自己一样，心情总是阴晴不定。自己也是捉摸不透别人在想什么，我们也很想走进别人的内心看看他在想什么。但这又是不可能的，除非自己有种透视别人内心的能力。看透别人的内心并不难，只是需要自己认真的观察，根据别人的表情或者是行为变化看出来。

什么是心理透视能力呢？其实根本就不存在这种能力，只是在利用自己仔细的观察力和别人所表现出的某种行为状态所进行的一场博弈而已。心理医生在给病人治疗的时候也正是采用了这种办法。心理医生从病人心理出现问题的根本原因着手，逐步观察在治疗过程中所出现的反应，而不是向别人说的心理医生有心理透视的能力。

李宁和颜歌是一对恋人，颜歌是那种不善于表达自己的女生，她即使有什么想法也不会告诉李宁，恰恰李宁是一个不善于观察的马大哈。大学毕业后两个人就住在了一起，李宁有许多不好的习惯，比如熬夜、抽烟、喝酒等等。而颜歌很讨厌他的这些习惯，李宁抽烟的时候，颜歌总是把房门打开通风；李宁熬夜的时候，颜歌一个呵欠接一个呵欠，就是不告诉李宁她反感他的这些毛病。久而久之，颜歌再也受不了了，和李宁分手，李宁问她原因，颜歌说："自己做的事自己还不清楚。"李宁还是愣头愣脑不明白。其实，如果李宁早些注意颜歌的那些异常行为，两个人也不至于闹到分手的地步。

我们在生活和工作中，总是因为搞不懂别人在想什么而导致失去机会或者失去友情、亲情和爱情。如果在工作中，你在客气谈业务时，客户可能因为对这些业务不怎么感兴趣，而做出各种不耐烦的动作，如果你不能察言观色到这些内容，而还在那里长篇大论的沉浸在自己的讲解中，那么可能就会失去一个潜在的顾客。夫妻之间，如果妻子或丈夫觉得对方对自己关心不够，或许他（她）会做出一些体现出他（她）不满的行为等等。

俗话说：“画虎画皮难画骨，知人知面不知心。”真正要了解一个人的内心是很难的，除非掌握了一种能够看出别人特殊行为的办法。这也是利用自己的观察力和别人的内心进行博弈。当你了解了别人心里的想法，自己可以从中有所收获，而别人不善于表达的想法被你读懂，他也会得到意外的收获。

中国博弈论

我们在生活中，总是因为搞不懂别人在想什么事情而把自己弄得头昏脑涨，我们不知道怎么去剖析别人的心理。我们唯一可以进入别人内心的办法就是去认真地了解别人，但在生活中，如果是能说出来的秘密，还是要尽量地与别人分享。

6. 避免被人伤害的心理防身术

当我们的一些愿望没有实现或者是屡遭挫折的时候，我们就会产生失落的情绪，或者是心情一直很压抑，这种低落的情绪往往不利于我们身心的健康发展。但是，如果我们自己有一套心理防御系统，就可以在我们心理筑成一道坚固的心理防线，也就可以为我们排除心头烦恼，使我们身心健康成长。

不要拿别人的错误来折磨自己

常常会遇到这样的事情，邻里之间由于一些小误会、小摩擦，出现了矛盾。但是双方之间谁也不肯退让，彼此心里也都在仇视对方，今天你偷我家一只鸡，明天我毒死你家一只鸭。有的甚至大打出手，闹上法庭。但是回过头想想，这样做又有什么好处呢？可能会解一时之气，但是会失去邻里，甚至失去名声。但还是会受到仇恨的折磨。

当我们遇到仇恨，千万不要去招惹它，因为你越是惹它，它越会被激化，到时候还会带来一些不必要的损失。但如果我们让其仇恨，那它也会很知趣的离我们而去，同时也会给我们带来很多的好处。

明朝的时候，有一个叫杨翳的人，他的邻居丢了一只鸡，就怀疑是他偷的，在他家门口大骂姓杨的。杨翳的家人听到后，就回去告诉他邻居在骂他，杨翳却笑呵呵地说："姓杨的又不只是我一个，随他去骂好了。"

一遇到下雨天，另一家邻居就把水放到杨翳家的院子里，经常弄得杨翳家的院子泥泞不堪。杨翳的家人告诉他，他却说："下雨天就不要再出去了，随他去好了。"久而久之，邻居们都被杨翳的这种忍让精神感动了。有一次，一群山贼密谋去杨翳家抢劫，结果村民们都自发组织起来给杨翳家看守院子，才避免了杨翳家遭受损失。

对待仇恨，我们不能整天想着怎样去报复别人，要用平常心去对待，最终将会大事化小，小事化了。生活中我们就要学会用宽容之心对待一切，不要因为一件不必要的小事就怀恨在心。当你在生某人气的时候，多想想他的好。宽容别人也是在补偿自己，在与仇恨博弈的道路上，何必拿别人的错误来惩罚自己。放下心中的仇恨，前面就是灿烂的阳光。

自我暴露，反而是在保护自己

俗话说：水至清则无鱼，人至察则无徒。也就是说人太完美反倒不是什么好事。我们平时在人际交往中总是追求完美，自己即使有什么缺点也是遮遮掩掩，不敢让别人知道。但是那样做，反倒让自己觉得很难受，让别人也觉得很别扭。其实，适当的暴露一下自己的缺点，反而是一种躲避被别人伤害的好办法。

人们都会觉得，在别人面前当然要展现自己最好的一面，做什么事情都是小心谨慎的，不敢出任何差错，担心别人会在背后议论自己。其实，在生活中，一定的暴露会给别人带去好感。交友也是在交心，对别人袒露自己的内心，反倒更容易赢得别人的信任。如果说一个人只是一味地隐藏自己，那么大家都会远离他，让自己变得更加孤单。

赵琳是在孤儿院里长大的，被养父母收养以后，她交了许多朋友。因为担心别人笑话她，不敢对朋友说自己是被父母收养的。在朋友面前总是装作一副很快乐、很幸福的样子，回到家之后一个人躲在被窝偷偷地哭。

其实她的朋友心里都明白，大家也很不舒服，跟她说话的时候也是小心谨慎的。生怕一句话说不对就伤害了她。有一天，她再也忍不住了，终于决定要向大家坦白。在她说完之后大家都长长地吁了一口气，终于不用再那么小心谨慎的怕伤害她了。她后来和朋友之间无话不谈，知心朋友也越来越多。

有的人认为，我本身就有许多不足之处，将缺点展现给别人岂不是要自找难看吗？能和别人进行推心置腹的沟通，更能够赢得别人的喜欢。在交往的过程中，如果你对别人敞开心扉，那别人自然也就会真心相对。别人才能够真正走进你的内心，成为真正的知心朋友。

通常人们会有一种心理，对那些敢于暴露自己的人都比较信任，觉得他们是诚实、可靠的人，也是值得他们交往的人。喜欢自我隐蔽的人，一般很难交到知心朋友，他们太善于隐藏自己的想法，让朋友们捉摸不透，也会觉得他是一个以自我为中心的人。

中国博弈论

学习了一些避免伤害的心理防身术之后，要试着将这些精髓都运用到生活中。每个人每天都要面对不同的人，不同的环境，当然不可避免的有人说错话伤害到自己。人要学会和自己的内心博弈，放下一些不必要的包袱，才可以从这场博弈中获得更大的利益。

7. 为什么买房者永远没有开发商聪明

中国的房价越升越高，没买房子的人每天算计着等到哪天房价下降的时候再买。但是，中国的房价即使再怎么下降，买房者永远也不会从开发商那里捞到什么好处。开发商的心中都有自己的小账本，每个商人除了经营不善，他永远不会让自己做赔本的生意。

信息不对称是房价高的主要原因

作为一个商人，当然是希望自己的利润最大化。在房价上涨的过程中开发商是获利最大的一方，同时也是受益最大的一方。开发商之所以比买房者聪明，并不是由于他们就真正拥有聪明的头脑，是由于他们掌握的信息与买房者掌握的信息相差甚远导致的。

在卖方和买方之间的交易中，占有信息优势的一方，总是可以比另一方获取更大的利益。买方掌握的信息少，他们掌握的信息也是在买卖交易之后再去总结，然后再进行推测。买房者推测并不是真正的他们就掌握了多少信息。而开发商是在抢占了先机之后，再将房子卖给买房者。在开发商和买房者之间的博弈中，开发商永远是站在主动的地位，而买房者是被动的一方。占有了更好更多的信息，开发商总是可以利用自己掌握的信息来提高房价。

话说回来，提高房价可以为开发商提供更高的利润，在市场经济条件下，没有任何一种行业是保持价格持续上涨的。如果在市场的调控下，房子出现了供不应求的现象，那也就意味着房产“泡沫”已经到来。如果说，一旦房产“泡沫”破裂，则会造成经济结构失调，严重的话引发经济危机。

1996 年的时候，在香港买一套房子，还要花 150 万港币买一个“买楼的号”。供求严重不平衡，这不仅与当初开发商提高房价有关，还由于1990年英政府控制土地数量有关。1997年，特区政府接管香港之后，为了遏制离谱的房价，推出“八万五计划”，政府每年补贴8.5万套，以不到市场两成的价格卖给资格人士。这年夏天的金融风暴使香港的房产商元气大伤，更是雪上加霜。

2001年，香港商人仅8月份的破产数就超过了1997年全年的破产数。还有对房地产商贷款和为买房者做按揭的银行普遍出现了坏账。

开发商不能因追逐利益，而一味的哄抬房价。一旦消费者系统因难以支付房价而导致瘫痪的话，给开发商带来的后果也是不堪设想。所以说，开发商在追求利益的同时，还要注意自身的社会责任。除了开发商，消费者也要注意合理购买，不要一味地恐慌或是贪图利益。

无论是买房者还是开发商，都要遵守博弈中的潜规则。开发商要尽量给消费者提供可靠的参考信息，消费者也不要幻想房价降低会给自己带来多少利益，抓住机遇是最主要的。如果双方都不考虑自己的博弈素质和水平，造成的后果像香港的泡沫经济导致的后果一样，对双方都没有好处。

房价越来越高，买房者到底买不买？

近几年，房价走势越来越高，但是面对高房价，买房者到底肯不肯掏钱去买呢？这实际上就是一场买房者和开发商之间的博弈。当然，在这场博弈中，房价占到了主导地位。对于广大的买房者来说，他们当然是希望房价越来越低了，他们每天都在热衷于房价的研究，心里也在跟自己较劲，就不相信买不到物美价廉的好房子。但是开发商则不会跟他们站在统一的战线上，他们则是希望房价越来越高。

开发商和消费者之间的信息沟通是不对称的，开发商的头脑转动永远要比消费者快一步。主要就是因为开发商掌握的信息永远要比买房者多，开发商也不会透露更多的房产行业的内幕。俗话说：买家不如卖家精。如果让买房者赚到开发商的钱，那就不存在市场经济了。所以，买房者往往是被开发商“牵着鼻子走”。

持续上涨的房价让人“望房兴叹”，虽然我国房价在2008年的时候有所下跌，但是和2007年比起来只是下降不到1%。2010年，排行前三名的上海、深圳、温州的平均房价都在2万元左右，排行前十的城市，房价也是在1万以上。

在房价过高时，人们总是渴望能买上低价房，两眼关注房价的走势，迟迟不肯投钱买。如果是在某一天房价忽然降低，他们还在幻想房价可能再次变低。但总是事与愿违，开发商哪会那么轻易地就让买房者捡到大便宜呢？他们如果看到房价走势低，就会减少投资，这必然还会引起房价上涨。

正常情况下，只要是国家没有进行宏观调控，市场环境允许，开发商肯定是不会降低房价。开发商可以利用许多手段来蒙蔽消费者的双眼，他们继续扩大开发规模，就可以促使房价继续上涨。制造一些虚假信息可以蒙蔽消费者，制造一些舆论，可以影响到政府的决策。所以说，开发商永远要比买房者“聪明”，没有一个商人喜欢做赔本生意的。开发商和买房者之间的博弈，也是一个比赛耐力的过程，在这场博弈中如果谁先倒下，谁先出局。消费者如果想在这场博弈中获利更多，只能是把握住时间和机遇，该出手时就出手。

中国博弈论

内地的房产商一定要吸取香港楼市“泡沫”的教训，在某些城市的房价普遍高于世界其他城市的时候，政府采取宏观调控是十分必要的。在房产商和买房者进行博弈时，双方只要都遵循博弈的原则，都是有“利”可图的。

8. 人们明知道买彩票中奖的概率小，却还要疯狂地去买

人们都有习惯，如果是诱惑力很大的事情，总是有人想碰碰运气。就好比我们明明都知道买彩票中奖的概率很小很小，但是人们还是忍不住要去试一试。即使是第一次没有中奖，但还是不甘心，还想再试试第二次、第三次、第四次……这是什么原因导致的呢？

为什么人们喜欢买彩票

从 2000 年开始，中国公开发行彩票，“彩民”这个词汇就开始登上了中国彩票的舞台，而且十几年不曾被冷落。保守估计我国彩民有 3 亿人，而且这 3 亿人还是经常性彩民，也就是说那些想买就买，不想买就不买的人还不计算在内。我国彩民人数以每年 1% 的数量增长，也就是说我国的彩民人数大概每年增长 300 万人。

如果要用数学公式来计算，我们可以知道，所谓的中奖率也按照四舍五入的办法，几乎可以忽略为 0。人们明明知道彩票的中奖率很小，但为什么还要买呢？因为每个彩民心中都有一个财富梦。每个彩民都知道彩票的中奖概率很小，所谓可以计算的概率也只是运气，当然也不排除一些人为的因素。

彩票从发行的第一天开始，就犹如洪水猛兽般迅速。除了一部分人的财富梦，还有一个主要原因就是穷人的根基性。中国不缺少有钱人，但是中国的穷人还是占到大多数。这里的穷人也不是指那些真正吃不上饭的人，而是那些在可以保证温饱之后没有剩余钱的人。真正吃不上饭

的人是没有剩余的钱去买彩票的，他们宁愿花两块钱去买馒头。绝大多数彩民是那些面临着更大生活压力的人。

比如，一个已婚的人，每个月除了家庭的基本开销，还有双方老人的生活费和医疗费，孩子的学习、生活费用，甚至孩子结婚的费用，自己养老的费用，朋友之间礼尚往来的费用等等。

很多人说买彩票的人是被鬼迷心窍了，但是也许他们的梦想不是奢侈的生活，而是一套普通的住房，家庭的开销。多少年省吃俭用，但舒适的生活对这些人来说仍然是个梦。即使是做生意也有血本无归的时候。这个时候，人们想拥有财富的心情更加强烈。

俗话说：有钱能使鬼推磨。一个有钱人出国留学拿到博士学位简直就是一件很简单的事情，但是没有钱，不要说留学，即使是想要把大学读完都是一件很困难的事。彩票是他们唯一能够寄予的希望。即使中奖的概率很小，但人们总觉得希望总比绝望好。这也是生活的贫穷与彩票所能够带来的希望之间的博弈，人们可以从彩票寄予的希望中得到一点心灵上的安慰，而彩票商则可以从那些购买彩票的人那里获得利润，双方又何乐而不为呢？

彩票的诱惑力

前几年，美国有一位很幸运的华裔妇女，她买彩票中了8900万美金，创下了加州彩票历史上个人得奖的最高概率。这个消息一经传开，人们都跃跃欲试，说不定下一个中奖的就是自己了。人们纷纷去购买彩票，但是没有任何人中奖，因此让彩票公司大赚了一笔。

有人说，在买彩票的路上被车撞死的概率比彩票中奖的概率高。全世界每年死于车祸的人数十万，但是中大奖的却没有几个。每个人都希望自己能够中大奖，都抱有一种侥幸心理，万一购买了彩票，说不定中奖的就是自己。彩票商们也正是利用了人们的这种心理，利用大奖的诱惑力和彩民的“侥幸心理”进行博弈。如果彩民中了大奖，就在这场博弈中获益最大；但如果没有任何一位彩民中奖，那么获益最大的一方就是彩票公司。

老王在一天晚上作了一个奇怪的梦，他的脑海中总是出现一连串的数字。老王觉得是不是彩票中奖的号码。第二天一大早，老王就去按照那个号码买了一张彩票。虽说没有中得头等大奖，但是中了50块钱，这还是让老王觉得挺高兴的。老王觉得自己很幸运，以后每天下班，老王经过彩票销售点就会买上一张，因为他心里总认为说不定自己哪天就中了奖，可是一年下来，老王往彩票投注站“赞助”了不少钱，但是再也没有中过奖。

从数学角度来说，彩票的中奖概率是几亿分之一。有一位彩民在8年的时间里，买彩票花去了2000万。彩票可以当做一种娱乐，如果当做一种赚钱的工具，就等待天上掉馅饼。为什么老王屡买屡不中，但还是坚持每天都要去买呢？就是因为他一次的偶然，让自己觉得还有中奖的机会，也就是自己的“侥幸心理”在作祟。

在人们的侥幸心理和彩票公司百万大奖的博弈中，获益较大的一方往往是彩票公司。因为我国每年中一等奖的人最多只有1000人，10年才有1万人，但是彩民们10年在彩票公司投的钱就等于打水漂了。彩票公司摇出的号码是随机的，所以说，彩民即使是买彩票也要把握一个度，超过了一个度，只是在损害自己的利益。

中国博弈论

在中国购买彩票的人很多，但在国外就很少。因为外国人不存钱，他们不用担心子女成年之后的经济问题，他们的生活压力很小。在中国，彩票中奖梦成为人们解压的唯一希望，尽管人们知道它是很渺小的。彩民在与彩票博弈的过程中，千万不要盲目的投资，需要多加谨慎，不要在这场博弈中损伤自己太多的“元气”。

9. 男女不同消费心理决定男装女装的摆放位置

在国外，通常是将男装摆在较低的楼层，而将女装摆在较高的楼层。可中国的习惯却是将男装摆在高楼层，而将女装摆在低楼层。是什么原因导致出现了这种差距呢？在博弈论上又该怎么解释呢？

为什么男女消费心理不同

在生活中，如果我们仔细观察，就可发现男性和女性的消费心理存在很大的差异性。但是什么决定了男女的消费心理呢？

男性在买了一件衣服之后可以穿很长时间，而且男性的衣服价格一般比较高，男性衣柜中的衣服是少之又少。但女性就不一样了，在各个百货大楼，或者是商业街，我们可以看到女性的服装不仅款式多，而且女性的消费人群占到了大多数，女性衣柜中的衣服可以说是“琳琅满目”。

一般的男性购买商品都比较果断、独立。因为男性顾客都有怕麻烦的心理，如果男性在购买服装的时候，导购没有为其介绍品质好、价位适合的服装，他们可能就会觉得买不买无所谓。女性就不一样了，女性会自己挑选喜欢的衣服，她们不会在意因为楼层高就不买了。女性挑选衣服比较仔细，衣服的价格往往低于男性。但是女性购买的数量又高于男性。

针对男女的不同消费心理，商家只要把握住该地段的消费水平，掌握住男女顾客的消费心理，就可以获得更多的利润。顾客产生消费理念的原因也是很明显的，商家正是将人们的消费心理和他们需要的摆放位置进行博弈。

掌握顾客的消费心理，则可获得更大利润

无论男人还是女人，都希望自己穿戴的十分整齐。但对于女性来说，装扮的愿望却显得更高。正是因为女性对服装的要求高，所以她们不会介意多上几层楼，而多数男性总是嫌麻烦，就是让他们乘电梯可能他们也不愿意上楼买。如果从这个角度讲，那的确应该把男装摆在较低的楼层。

但是在中国如果是那样想的话未免有些脱离实际了。如果一楼摆的全都是男士的衣服，这些衣服也不是那么容易就被消费。相反，那些时尚、花样多的衣服，则是很有必要放在容易被消费的位置。而需要购买西装和正装的男士或者是为男士买此类衣服的女性是不会介意多上几层楼的。

在中国，男人为了取悦女人，为其购买衣服的现象屡见不鲜。将女装放在较低的楼层，在男士陪女士逛街的时候，或在男士路过的时候，都有可能为自己的女友或妻子买几件。即使他最初的愿望是要购买男装，这个情况也是很常见的。所以，对于中国的商家来说，将女装摆在较低的楼层，显然会带来更大的利益。

北京一家服装商场刚开业时把男装摆在低楼层，把女装摆在高楼层。一个月总收入是10万元，所得的利润在支付员工的工资、房租和税务之外，所剩无几。几个月过去了，商场面临着倒闭的危险，有人建议老板将服装的摆放楼层调换一下。在听了别人的建议之后，商场的生意逐渐好转，每个月能挣到的纯利润就有10万元。

将服装摆在能够吸引消费者消费的位置，商家可以获得更多的利润，而消费者也可以得到心理上的满足感。但是也不能说就不能把女装摆在高楼层的位置，女性在服装方面的开支几乎要比男性大两倍，因为在女性的身份认同构建当中，外表占的比重比较大，女性在服装方面的消费几乎是男性的两倍。实事也证明，女性在选择服装时要比男性谨慎得多，她们也不会介意多上几层楼到女装部。有的时候，高楼层也会让男性对

男装部望而却步，大多数的男性认为一套新西服也不是非买不可，倘若去买又是那么不方便。许多时候，都是妻子负责给丈夫买衣服，路过男装部的女性也可能会为丈夫捎带几件服装。

中国博弈论

无论摆在哪个位置，商家的主要目的就是为了获得更多的利润。如果将男装摆在低层、女装摆在高层的效益不好，也可以试着将服装调换一下位置。只要商家能把握住消费者的心理，就可以将自己的利益最大化，而消费者的心理也在此时得到满足，双方都可以从中获得一定的好处。

10. 为什么人们总是抱怨社会不公平

在生活中，我们总会听到人们在不停地抱怨社会的不公平。其实社会对每个人都是公平的，别人没有抱怨的原因就是在困难和挫折面前不屈服，那些抱怨的人总是向现实屈服，才致使他们每天都在抱怨社会不公平。

什么原因导致的不公平

人们每天都在抱怨社会，也是人们对于不满情绪的一种宣泄。其实这样的人们多是因为一种错误的心理视觉而导致的。因为他们将过多的目光集中在自己所遭受的苦难上，看到别人获得了成功，就觉得是上天的不公平。但他们却没有看到别人所经历的挫折和苦难。他们看重的只是结果，从而忽视了过程，才会经常的抱怨。

有两个年轻人来到同一家公司面试，面试官对他们进行考察之后，觉得他们两个人都不能胜任所招聘的岗位，于是他们都面试失败了。其中有一个人因面试失败每天闷闷不乐，不知道该怎么面对将来的生活，前途未卜，抱怨社会的不公。另一个年轻人认为自己本可以胜任那份工作，在面试失败后，年轻人找到面试官问明了原因。原来，面试官觉得两个年轻人缺乏招聘岗位相关方面的知识，所以他们才会在面试中失败。年轻人回家之后，买了许多相关书籍，每天不停地研究，不懂的问题还去公司向面试官请教。终于，面试官被年轻人的勤奋打动了。由于年轻人勤奋好学的精神，三年之后，升到了部门主管的职位。而整天抱怨的那个人，在三年之后还是一事无成。

有的时候人们的心态不同，看待问题的角度不同，产生的心理也是不一样的。巴尔扎克曾经说过："苦难对于人生来说只是一块垫脚石，对于能干的人来说，这是一笔财富，但对于懒惰的人来说，却是一个万丈深渊。"勤奋的人会将苦难看做是人生的动力；对于懒惰的人来说，他只看到了自身的疼痛，却没有将其化作一股动力，所以才会整天的抱怨。

将挫折当做是一种动力

挫折是人生道路上不可避免的意外，每个人都会遭受挫折，每个人对挫折的处理办法也是不一样的。有的人将挫折当做是人生的苦难，是社会的不公平，但也有的人却将它当做是人生的动力。不一样的观点，人们所收获的结果也是不一样的。

在生活中，任何学习，都不如在苦难和挫折时学到的内容更能长久、更深刻。看似是挫折和打击的事，实际上更能够给人们带来动力。因为它能使人更深刻的理解社会，也能使人从中得到提升。我们在遭受困难和挫折时，不要急着抱怨，对困难充满感恩的心，才能够真正体会到短暂而有风险的生命意义。

有一天，上帝召集所有的动物开会，在所有的动物到齐之后，上帝说：

"我有一件礼物要送给大家，如果有谁喜欢这件礼物，请将它放在自己身上。"动物们十分好奇，上帝会送什么样的礼物呢？等上帝拿出来之后，原来是一对翅膀。动物们纷纷说："那么重的东西，谁愿意放在背上呢？"突然小鸟走过来，心想：上帝肯定不会亏待我们的，这一定是上帝给我们的恩赐。于是小鸟将翅膀放在了背上，它轻轻地挥动着翅膀，就飞了起来。它不但不觉得很重，反觉得十分的轻盈。其他动物们看后，追悔莫及。

日常生活中也是这样，我们觉得很沉重的负担，却能赋予我们前进的动力。挫折是人生的试金石，那些经不起挫折的人，把它当做是一种负担；只有那些经得起挫折的人，才能够体会挫折是一种财富。

在博弈论中，这也是人自身的一场心理博弈，人们只有把握住了博弈的原则，以一种积极的心态看待挫折，才能够创造更加精彩的人生。一个人要想获得成功,都必须要经历各种艰难困苦。与其每天不停地抱怨，不如学会如何负担。

中国博弈论

社会上没有公平与不公平之分,只有努力与懒惰之分。罗曼•罗兰曾经说过："只有把抱怨的心情化作是前进的动力，才是成功的保证。"不要想挫折屈服，挫折只是纸老虎，只要自己勇于捅破它，就可以获得成功。

11. 为什么对好朋友也要把握分寸

朋友就是在人生的道路上肯与自己一起哭，一起笑，一起分享与分担的人。但不排除那些用友情换得个人私利的人，在交友的过程中，我们要认真地把握好朋友之间的关系。每个人都要保持一颗警醒的心，不要等到被出卖的时候，再追悔就晚了。

为什么会有人出卖朋友

从古至今，出卖朋友的例子不断上演。为什么人会选择出卖自己朋友呢？有的人认为是朋友所处的地位决定了朋友是可以被出卖的。每个人的一生都会有几个好朋友，朋友是自身活动的社会空间，而这个空间可大可小，朋友圈子也是可以随时变换的。为了自身的利益，出卖几个朋友又会如何？但是这些人却没有考虑到，在人际交往中，往往是以真心换真心。他们没有以真心对待别人，又何必贪图别人会以真心对待他呢？

从前，一头驴子和一只狐狸两个好朋友合伙去打猎，它们在捕猎的途中遇到了狮子。狐狸担心狮子会把自己吃掉，就想到了一个妙招。它跑到狮子面前讲条件："如果我将驴子交给您，您是否可以放过我呢？"狮子答应了它。

狐狸把驴子骗到了一个陷阱里，还得意地对驴子说："愚蠢的驴兄，为了能保住我的性命，只有委屈你了。"驴子后悔不已。狮子见狐狸已经将驴子骗到了，驴子也不可能再逃跑了，于是将狐狸抓住，先吃了狐狸。驴子经过一番挣扎，逃出了陷阱。

利益关系，成为出卖朋友的罪魁祸首。他们认为，朋友不是亲人，没有任何血缘关系。出卖朋友可以获得更大的利益，可以获得乔迁的机会、赚钱的机会和讨好上级的机会。纵使自己没有获得这些机会，出卖朋友也可以让朋友失去这些机会，免除了朋友对自己的威胁。纵使失去了朋友，但只要让自己获得了这些利益，也是值得的。每个人多少会有自己的一些贪念，但是轻重程度不同，那些出卖朋友的人，就是贪念太重的人，他们利用友情换得自己的利益。所以，我们在交友时要注意把握分寸，即使是最好的朋友也不例外。大家都知道亲兄弟也要明算账，所以没有任何血缘关系的朋友似乎就更不在话下了，但是也有一些可以为彼此出生入死的朋友，会让你甘心做出让步。无论是什么样的朋友，我们都要把握好彼此之间的“度”。

朋友间的“适度原则”

每个人在生活中总会有几个好朋友，我们甚至愿意为朋友付出一切。但是朋友之间在来往时，凡事都要有个度，不能过分的牵强，这也是明智的做法。朋友需要建议的时候，我们只能提供几点建议供他们参考，我们的出发点或许并不适合朋友，我们的劝告也并不一定适合他。朋友之间，也要遵循适度原则。

所谓的适度原则，也就是说就算是最好的朋友也有必要保持一定适度的距离。俗话说：距离产生美、小别胜新婚。我们应该明白“人各有志，不能勉强”的道理。朋友之间保持一定的距离，反而会走向真正的和谐。

张玲和李艳是一对好朋友，两个人的友谊让周围的人十分羡慕。两个人在大学毕业之后，又住在了一起。时间长了，两个人出现了各种矛盾，谁看谁也不顺眼。两个人每天都要为一点小事而争吵。张玲不知道该怎么办，在同学的建议下，两个人分开住了，分开之后，两个人的友情再次升温，甚至比以前还要好。两个人也终于明白了，即使是友情，也是要坚持一定原则的。

无论是交情多深的朋友，都不能太过于重视，否则会让别人觉得压力很大，对方会在你的“重视下”被压得喘不过气来。但是又不能忽视他，过于忽视的话，可能就让朋友觉得你对他不够重视，双方之间从此不再联系，形同陌路。

高尔基曾经说过：真正的朋友，在你获得成功的时候，为你高兴，而不捧场。在你遇到不幸或悲伤的时候，会给你及时的支持和鼓励。在你有缺点可能犯错误的时候，会给你正确的批评和帮助。朋友之间需要的是推心置腹的交流，有苦恼可以和朋友一起分享，有快乐可以和朋友一起分享。坚持“适度原则”可以让友情更加坚固。

中国博弈论

友情的博弈中，只有保持距离，才能够使友情保持更加长久。面对友情，距离是一种美丽。我们经常听到“君子之交淡如水，小人之交甘若醴”，就是对朋友之间要坚持适度原则的最好总结。

第六章

解答婚恋疑惑，走向幸福生活

青春是一个人的资本，也是达到爱情顶峰的一张通行证。每个人都要经历恋爱、结婚这个过程。可是，你是否感觉到，婚恋也是一场博弈。男人和女人在婚恋中形成对局，你喜欢我，我不喜欢你，我却喜欢她。这样势必就会引发一场无形的战争。此外，婚后男人和女人生活在一起，往往为了一些鸡毛蒜皮的小事而争吵不休，这无不体现出博弈之间的较量。在本章节里，我们将向你解答婚恋中出现的疑惑，进而使一些年轻人从容地走上爱情舞台，走向自己的幸福生活！

1. 时间就是爱情的杀手

时间真的是爱情的杀手吗？这是千百年来人们不断讨论的话题，随着时间的流逝，昔日如花容颜也不复往日的光鲜亮丽，在柴米油盐的琐碎生活中，身边的爱人再也不是恋爱时那个神采飞扬的可爱女人，取而代之的是整日不厌其烦的唠叨、唠叨。也许这时你会怀疑是不是自己当初选择错了，那么在爱情的这场博弈中，谁又能从容地面对这一系列的问题呢？谁又能保证自己的选择一定就是正确的呢？

相处久了，发现彼此并不合适

时下的年轻人没有几个不是先恋爱，再结婚的。所谓日久见人心，只有相处时间长了，才能看清楚对方的人品、性格等各个方面。但是相对而言，相处的时间长了也并不是只有好的方面被对方所熟知，还有缺点呢？

李燕大学毕业那年，经人介绍认识了李涛，见面那天时间安排得很紧，因为下午她还要去市中心参加一场招聘会，俩人到了约定的地点吃了饭，算作相识，彼此并没有深入了解，在她看来李涛是一个不善言谈的人，但是李涛灿烂的笑容给她留下了深刻的印象，于是彼此留了电话，开始试着交往。这期间，她发现李涛虽然看似不善言谈，但是他的谈吐却很幽默，还很会照顾人，平时下班总是会去接她，并送她回家。而她的住处和他的住处正好相反，有一个小时的路程，但是他从来不抱怨，总说他一天最开心的时刻就是陪她回家。随着相处的时间增长，李涛的缺点逐渐显现出来，她发现李涛有时候比较固执己见，简直到了偏执的地步，他说什么就是什么，要是她提个什么要求，他不同意，也不反对，但是却不发表任何意见，总是一个人生闷气，这使李燕心里非常不满，觉得他太自私，于是便以性格不合适提出了分手。

在日常生活中，这种例子不在少数，很多人一见钟情，很快就投入到热恋中，但是相处的时间越长，彼此身上的缺点便逐一暴露，有时候就难免不欢而散。

所谓相爱容易相处难，有时候爱情真的经不起时间的考验，在刚相处的时候，大多都是抱着好奇的心态及对爱情的幻想，但是一旦处在一起的时间长了，发现现实和自己预期的有很大的差距，甚至两人的价值观等都不一样，难免就会起争执，而处在恋爱中的人眼里又是容不得一颗沙子的，相同的事情，你可能对别人比较宽容，但若是发生在你的另一半身上，你就不能容忍，当然每个人都希望对方是完美的，可现实中真的有完美的人吗？于是争吵在所难免。此时我们不必每日剑拔弩张的计较谁对谁错，而应该学会理解，学会宽容，学会爱一个人就要连同他（她）的所有一起爱，包括缺点。

为什么他（她）就变成这样了呢？

你是否在结婚后依然忘不了结婚之前他曾对你说的甜言蜜语、海誓山盟？那么你醒醒吧。恋爱时你生气了，他哄你开心；你想吃巧克力了，他为你买；你想逛街了，他为你拎包；你想旅游了，他陪你去。在他的温柔呵护中，你终于下定决心要和他步入婚姻的殿堂，认定他就是你要找的白马王子。可是婚后你才发现，原来红地毯所通往的方向并不是你想象中的幸福宫殿，而是厨房。此时你也许后悔当初的选择，但是抱歉，这样的生活也还是要继续的。

每一段爱情之花都有它盛开的过程，或轰轰烈烈，或平平淡淡，小楠和家辉的爱情故事就像是一部电视剧，一路走来经历了许多。小楠是一个独生女，从小被爸爸妈妈宠着、爱着，和家辉恋爱后，他也总是宽容她，什么事都让着她，小楠在甜蜜的恋爱中尽情享受着家辉为她所做的一切，终于她在所有亲朋好友的祝福声中成为家辉的新娘。结婚后俩人依然甜甜蜜蜜，但是日子久了，家辉便不像结婚前那样迁就小楠，他觉得这样过日子很累。每天工作一天回家还要自己煮泡面，于是他下班后便不再热衷于回家，而更愿意和朋友们在一起，有时候甚至整夜都不回家。小楠慢慢发现了家辉的变化，便和他闹，说不爱她了，不陪她了，还拿离婚当威胁，终于在一次大吵过后，小楠说出离婚时，家辉不假思索地说“行”，接着走出了家门，留下号啕大哭的小楠。

耳边总能听到人们说：爱情是经不起时间考验的。有人持相同的态度，也有人说经不起时间考验的爱情肯定就不是真正的爱情。可事实又是怎样的呢?

看看身边发生的爱情剧，每一个步入围城之后的女人总是在诉说着家里的那位不像恋爱时对她体贴了，不像之前那样爱着她了。钱钟书在《围城》中说的那句经典名句：婚姻就像一座围城，城里的人想出来，城外的人想进去。没有经历过婚姻的人，总把婚姻想的过于美好，于是在进入婚姻后才发现现实与自己想象的相差太远。

目前电视剧里演绎的关于婚姻“七年之痒”的故事不少，难道有这么多的婚姻都跨不过时间这个坎吗?

恋爱时他的甜言蜜语，她的温柔多情，也许结婚后你再也体会不到了，随着夫妻相处的时间变长，爱情逐渐转化为亲情，你们再也找不到恋爱时的激情，爱情便在生活琐碎中沦陷。他恋爱时的甜言蜜语，转化为了每日和你说一些工作中的事情，她曾经的温柔多情也化为了成天的唠叨。但是他还是他，她也还是她，谁都没有变，变化的只是时间。

所以，夫妻间应该学会适应这个转变的过程，彼此多一些了解，切不可因一时的气愤而决绝的提出离婚，否则以后后悔便也来不及了，一段幸福的婚姻需要两个人共同经营，缺了任何一方的细心呵护便算不上

“完美”。

中国博弈论

随着相处时间加长，两人新鲜感丧失。从充满浪漫的恋爱到实实在在的婚姻，在平淡的朝夕相处中，彼此太熟悉了，恋爱时掩饰的缺点或双方在理念上的不同此时都已经充分地暴露出来。于是，情感的“疲惫”或厌倦使婚姻进入了“瓶颈”。此时，稍有不慎便会将婚姻打入万劫不复之地，所以怎样使爱情不在时间的消磨下倦怠，是婚姻的重中之重。

2. 不要活在“暗恋”里

暗恋可以说是每个人青春期都会经历的一种心理过程，它是一种奇怪的情愫，它只属于自己，它是暗恋者为自己编制的一个美好的爱情童话，在里面尽情演绎一个人的地老天荒，而现实是你暗恋的那个人他根本不知道还有个你，或者知道但是他并不爱你；而你必须一个人面对所有孤独的日子，甚至无人分担生活的喜怒哀乐。爱人是卑微的，爱情更没有一厢情愿，暗恋是一场明知道没有结局，却还要飞蛾扑火的决绝。所以，要追求幸福的生活，就尽快跟暗恋说 bye-bye 吧。

暗恋注定是一场悲剧

关于诠释暗恋的小说、电影、电视剧等有好多好多，但没有一部能像徐静蕾执导的《一个陌生女人的来信》那样彻底，那样不顾一切。剧情主要是描述 14 岁的丽莎·伯恩德暗恋住在隔壁的钢琴家斯蒂芬·布兰德。而风流成性的斯蒂芬·布兰德常把不同的女人带进他的寓所，年少的丽莎对那个她未能进入的神秘世界羡慕不已。当她的母亲改嫁搬走后，她对年轻的钢琴家仍然难以忘怀。丽莎出落成了一个美丽的女郎，她回到维也纳寻找钢琴家，并同他发生了关系。钢琴家对丽莎就像对待他遇到的任何其他女人一样，总是完事后就将对方忘记。丽莎生下了他们的儿子，后来嫁给了一个奥地利贵族。15 年后，他们再次相逢，钢琴家依然逢场作戏，并很快将她忘记。后来丽莎的儿子得伤寒而死，心力交瘁的她写了封长信给那个薄情的钢琴家，讲述她对他 15 年来从未停歇的爱。

丽莎对钢琴家的这场暗恋延长至一生，而可悲的是钢琴家却从来不曾记得她。从始至终都是丽莎一厢情愿的付出，也许这场暗恋太苦，但是她却毫不犹豫地执著了一生。爱是一个人的事，而爱情却是两个人的事，只有两情相悦才可能共同走向幸福的婚姻。

那年她高一，正是如花般的年纪，暗恋上班里的一个男生。男生并不是太英俊，但是却高大帅气，就这样她对他开始了暗恋，喜欢他的声音、他的笑容、他走路的样子等等，在她看来他的一切都是那么的好。他下午放学后喜欢去篮球场打一会儿篮球，而她每次都会拉着室友去看，几乎有他的地方都会有她的身影，可是这一切他却并不知道。一转眼，马上就要毕业了，她开始着急了，但是却不好意思告诉他，又怕告诉他会遭到拒绝，于是她只有在心底埋藏这三年来的感情。

读完这个故事，可能大多数人都会说为什么这个女孩不将自己的感情同男孩说呢？为什么非得暗恋，而不把感情大白于天下呢？如果她说了，男孩答应了，那么女孩的暗恋便得以修成正果——成全了两个人的爱情；就算男孩不答应，两个人也可以做好朋友，那么女孩也有了更接近他的理由，或许会日久生情呢。再坏一点说，男孩拒绝了他，也许会说的很难听，让她很没有面子，但是这样也会让她认清楚了他的真面目，使她终止对他的爱恋，而走出这样一种毫无意义的暗恋。如果把女孩的这场暗恋比作一场博弈的话，那么女孩并没有选择更有利于她的一种方式，假设女孩懂得博弈学的话可以分析出这三种结果，继而选择有利于自己的方式，也许就是另一种结局了。

其实，所有人都一样，暗恋一个人要么就表白，要么就放弃，因为只要是暗恋注定都是悲剧。真正的爱情是双向的，你情我愿的。试想，一个人暗恋另一个人，却又不说，那么就算他的爱再怎么轰轰烈烈，再怎么百转千回，她也不知道，那又有什么意义呢？

心里有爱就大声说出来

大学时他爱上了同系的一个女孩，女孩很优秀，才貌双全，品学兼优，家境殷实，并且没有男朋友，男孩虽然喜欢她却很自卑，不敢表白。之后，女孩有了男朋友，男孩依然默默地关注着女孩的一切，大学四年，却连一句话都没敢和她说。后来参加工作，他始终忘不了女孩，依然暗恋她，偶然的一次机会，他听说她和他在同一个城市工作，并且在毕业那年已经和男朋友分手了。于是他打听到了她的联系方式，可是犹豫再三，他还是没有勇气打那个电话。再后来，在一次公司举行的聚会上，他们又相遇了，女孩主动和男孩打招呼，这么好的机会，可是男孩却还是没敢和女孩说起他这么多年来对她的暗恋，后来，他就再也没有见过女孩。

在聚会中女孩主动和男孩打招呼，由此看来，其实女孩对男孩是有好感的，可是男孩却因为自己的懦弱和自卑而错过了表白的最佳机会。这样的事情，在现实生活中并不少见，因为各种原因，对于自己暗恋的人不敢表白，而错过了机会。其实对于年轻人来说就应该心里有爱就大声说出来，要趁早把自己从暗恋中“解脱”出来。

告别暗恋，回归现实

暗恋大多是因为当事人和所恋者有着一定差别，或者身份悬殊，而选择不说破的。但是如果在你心里真的有这么一个人，并且始终放不下他，那么这无疑将对你的生活和感情造成了很大的影响。

小宋一直暗恋某个明星，并且有着非他不嫁的决心，但是暗恋归暗恋，生活还是要继续的，随着年纪的增长，她已经26岁了，父母都催着她赶快找个男朋友，可她还是时刻想着那个明星，并且相信总有一天他会明白她的心意，可实际上那个明星根本就不知道小宋是何许人也。小宋一直在自己心里幻想着有一天她能够和那个明星相遇并发生一段浪漫的爱情故事。被家人说不过，只好答应母亲去相亲，但是无论家人认为对方的条件多好，小宋始终不为所动，她的要求是必须找一个和那个明星一样有气质并且帅气多金的男人。于是，在她的这种要求中，很快她到了30岁，也没能找到一个合适的对象。此时媒体又报道她所暗恋的那个明星因为和另一位女星拍了一部爱情电影而擦出了火花，开始了甜蜜的恋爱。此时小宋心灰意冷，觉得那个明星辜负了她的心意而跳楼身亡了。

每一个人的心里都会有这么一个理想的情人，他可能是明星，也可能是你所仰慕的上司、教授，但是你一定要分清楚你的处境，且勿像小宋一样因为暗恋一个不同世界的人而耽误了自己的青春，错过了最好的年华，也许她原本可以有一场属于自己的爱情故事，可是她却一味追求理想中的爱情，并陷入其中不能自拔，不能正确的面对现实。

诗人汪国真曾说：默默是一种情怀。也许暗恋给人带来了心理上的满足，在心灵上给予了人极大的愉悦感，它能够让人在幻想中实现现实中不能实现的梦，但是人终归是要回归现实的，过分沉迷于对暗恋对象的幻想，对一个人的生活影响是不能估量的。

中国博弈论

他默默地喜欢她就可以说他的爱情始于“暗恋”，但是在现实中凡是暗恋的爱情最终都没有好的结果，因为一方苦苦的爱着而另一方却不知道。所以一段爱情一定不要让它在暗恋中永不见天日，而要早日表白，这样，不论结果怎样，日后回想起也不会留有太多遗憾。

3. 等待只会看着爱跑掉

著名作家冰心生病卧床时，铁凝冒雨前去看望她。冰心问其有没有男朋友，铁凝说还没找呢，而冰心却说你不要找，你要等。

冰心对铁凝所说的话有道理吗？爱情到底是自己主动追求呢还是原地等待缘分的到来呢？

当等待消磨了红颜

小美的男朋友小李要出国留学，一去就是三年，那么在这三年中，小美和小李又会如何选择呢？在这场爱情的博弈中，到底谁会是赢家呢？

那么可以先来分析一下：

第一种：小美选择等小李，小李也不变心。

第二种：小美选择等小李，而小李在国外另有新欢了。

第三种：小美有了新的男朋友，而小李在国外也另觅新欢了。

分析出这三种情况后，可以看出，如果两个人都选择等待对方，那么三年后他们便可以幸福的在一起；但是如果有其中一人选择背叛对方的话，那么背叛者无疑是幸福的，但是被背叛者却要承受失恋的打击，也就是说无论谁背叛谁，总会有一方的利益受到损害；如果两个人都选择背叛，他们都重新去寻找自己的幸福，那么双方受伤害的程度都会减小。

选择之前他们都不知道对方是如何选择的，也就是说当小美选择等待小李，她会分析出两种情况，小李可能会等她，也可能会背叛她，一旦小李背叛她，她也就等于说是消耗了三年的青春，在不确定对方的态度时，从自己的利益出发，小美可能就不会等。反之小李也亦然。

江湖上有三个声名显赫的大侠，两男一女，他们是结义兄妹。女人爱着其中的一个男人。

而这个男人却爱着江南第一美女霍思思，另一个男人又爱着这个女人。这个女人从来没有说破过三个人之间的这些心思，爱她的男人亦没有。多年后，他们在江湖闯出了一定的地位和名声，女人爱着的这个男人独自带着霍思思隐退了江湖，在深山老林过着两个人平淡的生活，五年后男人接到了来自爱他那个女人的一封信，便什么也没有说就出了山。霍思思一直在等待着男人的归来，一等就是30年，出于对他的信任，她致死都没有拆开那封信，然而男人却再也没有回来。

10年，这个数字是什么概念，一个女人的容颜经得住几个10年？而霍思思一等就是3个10年，30年，一万零九百五十个孤单的夜。也许有时候等待并不能换来爱情，而只能眼睁睁地看着爱情远去，如果霍思思能够早日拆开信件，或者在等了很长时间不见他来的情况下，不再一味苦等，而选择出山寻找，也许不用忍受30年的寂寞，最终含恨而终。

自古有“痴情总被无情误”，可她却依然如此痴情，致死都相信她爱的男人一定会回来的。可结果却是，她从青丝盼到白发也没能再见他一面。当等待消磨了红颜，留下的又是什么呢？

三年等待，秦香莲得到了什么

秦香莲的丈夫陈世美进京赶考，一去三年杳无音讯，秦香莲决定上京寻夫，她不远千山万水一路带着儿女卖艺来到了京城。可令她没有想到的是丈夫考上了状元并且已经成为了当今皇上的东床快婿。他已经变心了，并且不认妻儿，甚至派人追杀她们，所幸杀手得知事情真相后放走了她们。

秦香莲在丈夫三年不归的这些个日子并没有想着丈夫已经背叛他或者怎么样，而是依然在家尽一个作为妻子、媳妇的义务，养育儿女，孝敬公婆。如果陈世美的爹娘没死，也许她还会继续在公婆膝下尽孝，并且盼望着丈夫的还乡。但是她的公婆去世了，在家里没有牵绊的情况下，她选择了上京寻夫，令她没想到的是，她对丈夫的忠贞换来的却是丈夫的背叛。面对丈夫出轨并且不认她和儿女，她只有两个选择，第一，带着儿女回乡下，独自抚养一双儿女长大；第二，拿起法律的武器为自己寻求一个公道。她选择了后者。她的选择其实是一个心理博弈的过程，如果她选择了前者，那么也就是说她这三年的付出和等待将一无所获，并且还可能终身守寡独自抚养儿女；选择后者的话，她可能会输，但也可能会赢，选择后者也可能会有一线希望，于是她义无反顾地选择了后者。到开封府状告陈世美，结果令陈世美死在了包青天的铡刀下。

但是她的这一选择，结果却是最差的，不但没有达到自己的利益最大化，而且对很多人都是不利的。刀铡陈世美后，对于她自己而言，再也看不到自己的丈夫，儿女也没有了亲生父亲；对于陈世美，没有了荣华富贵，功名利禄，甚至性命也丢了；对于公主来说，失去了丈夫，成为寡妇。她的这一选择直接导致了陈世美的死，而陈世美的死不管对秦香莲还是对公主而言，都是最差的结果。

秦香莲也许怎么也没有想到，三年的等待，等来的不是夫荣妻贵，而是他的背叛，她状告陈世美，也许是抱着能够让丈夫回心转意的一丝侥幸，但是却直接的把陈世美推到了黄泉路上。

中国博弈论

等待是最消磨人意志的，而等待永远是被动的，所以，在爱情中，一定要把握住机会主动出击，否则，就只能看着爱情跑掉，而空余悔恨了。等君到白头，却不见君回头，这就是自古以来闺中怨妇的命运，所以如果你还没到非他不嫁的地步，遇到合适的就多给自己一次谈恋爱的机会，也许你就会发现你的真命天子并不是你正在等的他。

4. 感情总是经不起距离的考验

从古至今，人们无时无刻不在表达着距离产生美的论调，“两情若在长久时，又岂在朝朝暮暮”、“小别胜新婚”等等。但是现实生活中，又有多少对恋人、夫妻因为距离的问题闹着分手、离婚。两地分离就像断了线的风筝，谁也掌控不了对方。于是便有了猜忌、怀疑、不信任，难道感情真的是经不起距离的考验？

距离永远是影响爱情的重要因素

在人类的感情世界里，距离，无疑是影响感情的一个重要因素。距离，酿造了多少个两地相思的凄美爱情；距离，又使多少人因忍受不了寂寞而背叛爱情。其中关于距离的爱情故事大家最熟知的一定要属牛郎织女了，牛郎和织女，他们只有在每年的七夕节那天才能够见面，也就是说，他们必须忍受整整一年的相思、孤独、寂寞，才能够见一次。但是他们依然彼此坚贞不渝，当然这只是一个神话故事。如果把牛郎织女放到现实社会，他们还会坚持下去吗？两人长时间的分离，难免会造成双方情感上的空白、寂寞、孤单。先说织女，她是个美女，长的漂亮，又具有贤惠、善良等品质，追她的男人肯定有很多。那么在自己长期情感缺失的情况下，面对某个优秀的男人对她海誓山盟、穷追不舍的大献殷勤，她难免不会动心。牛郎也是一个帅气的小伙子，人又能干，很容易令少女对他生出爱慕之心，男人面对美女的诱惑，是难以抗拒，难保牛郎还会为织女守身如玉。

小张今年 29 岁，她和老公结婚已经 4 年了。4 年中他们的婚姻总体来说是很不错的。但是，小张去年去香港读在职MBA，由于学习比较忙，只能一个多月回家一次，平时就是靠电话和老公沟通。渐渐地小张发现，她和老公之间的共同话题越来越少，而老公对她的关心也越来越不如从前。她遇到了某些困难等，老公也总是不闻不问。更严重的是，春节回家，她发现老公对她竟然一点热情都没有，连和她说句话都是爱理不理的。小张决定和老公谈一谈。但是她老公却什么都没有多说，只说自己也不知道为什么这样。他们大吵了一次，之后联系便越来越少，就是联系也都是不冷不热的。小张原以为去香港上学能够制造距离美，没想到在短短的半年里他们夫妻之间就疏远了，小张一直不懂难道他们的感情就这么经不起距离的考验吗？

虽然人们总是说“距离产生美”，但是这个距离也只是短期的时间而已，如果夫妻长时间的分离，难免会有生疏感。

古往今来，关于距离的诗句有千千万万，而主题最多的却是爱情，由此不难看出，距离和爱情总是有着莫大的关系，距离对爱情也有着很大的影响。爱情若想长久，距离是一个重要的因素，相爱的两个人一定不能总是长时间的分离，如果非要用距离来考验一段爱情的话，那么十有八九会让人失望的，不是经得起经不起的关系，而是最好不要拿这个来考验彼此的爱情，因为爱的最好结果是永远在一起。

恋人之间最合适的距离是多远

恋人之间如果经常腻在一起就会缺少新鲜感，如果聚少离多又会缺少一起吃苦的幸福，多少会产生一定的疏离感。那么在情感的道路上要保持怎样的距离才算完美呢？

在寒冷的冬天，刺猬们被冻得浑身发抖，为了取暖，他们只好紧紧地靠在一起，而靠在一起以后，又会因为忍受不了彼此身上的刺而分开；可天气实在太冷了，他们不自觉地又靠在了一起。就这样反反复复地分了又聚，聚了又分，不断地在受冻与受刺之间挣扎。最后，刺猬们终于找到了两全其美的适中距离，既可以取暖，又不会被刺。这便是著名的“刺猬法则”。

这个法则若用在婚姻中，也是同样的道理，如果两个人的距离太近，就容易产生厌倦。相反，若距离太远，就会使双方产生疏离感，这种情况下婚姻便只存在于一种“形式”，出轨的概率便会随之增加。

婚姻从某种程度上可以说是一种距离关系，而夫妻间只要把握了适当的距离，便可以保持婚姻的新鲜感，一直幸福的生活。然而现实并不尽如人意，有时候丈夫要出差，也可能一去几个月，而外界的距离，可能影响两个人心灵的距离，从而导致双方关系的恶劣。在两个人不得不分隔两地的时候，心灵的距离便成了双方感情至关重要的因素，只要保持心灵的距离不疏远，才能够使婚姻不出差错。所以这个时候，双方一定要给予理解，并多进行沟通。每一对相爱的人都会经历相当长的一个磨合期后，才可能寻找到彼此最合适的距离。

然而更多的人都因为无法忍受长时间的分离，彼此缺少沟通，感情日渐淡薄，经不起距离的考验，从而使婚姻走向了更恶劣的处境。

中国博弈论

所谓距离产生美，如果双方距离太近，就不会那么珍惜对方为自己所做的一切；若距离太远，又不能更真切的感受对方的爱。所以说在两个人相处的过程中应该找一个最合适的距离，这样才能让双方的相处更加愉快，而不至于太过紧密或太过疏离。

5. 别选第一个碰到的人

人们寻找对象，每一个人都希望能够找到最好的那个，那么什么样的才算是最好的呢？古语云："有比较，才有优劣。"换言之，只有在多个人中进行比较才能够选择出最好的那一个。这从古代皇室的公主实行比武招亲中可以得到启示，当然除了比武，文采、素养各方面都是要考的。那么现实中，要想寻找到最好的对象，第一个原则便是不要选择第一个碰到的人。

择其优者而选之

有这样一个故事，一个大哲学家领着他的学生到郊外，路过一个苹果园，大哲学家说你们每个人都可以摘一个你们认为最大最好的苹果，其间只能摘一次，并且只可向前走，不能回头。有的人很快就选择了一个他认为最好的苹果，于是迫不及待的摘了下来，但当他继续向前走时，发现还有更好的，但是他已经失去了再选择的机会。也有的人一开始就看到一个很大的苹果，但是他一直认为前面也许有更好的，直到走到了尽头才发现自己已经错过了最好的，于是就只有随便找了个大一点的摘了下来。结果他们对自己的选择都不满意，要求这位哲学家再给他们一次选择的机会。此时，哲学家说："这就是人生，而人生是一次无法重复的选择。"

人生是一次无法重复的选择，那么婚姻呢？如何才能选择一个最优秀的结婚对象呢？在婚姻的这场博弈中，你要用什么样的策略才能使自己得到最大的成功机会呢？那就是有一个最好的选择方式，择其优者而选之，绝不能在一棵树上吊死。

比如说，你现在有三个相亲对象，分别为甲、乙、丙，在你和甲见过面后，你认为甲的各方面条件都不错，而你并没有见过另外两人。如果你想要选择最好的，就不能盲目的选择甲，而应该在三个都见过后进行一番比较，然后选择其中最优秀的那个人。如果你在没有了解乙和丙两人的情况下而选择了甲，那么如果丙和乙都比甲优秀的话，你就错过了那个最好的。所以在这场博弈中，你并没有给自己一个最大利益的选择，只有把自己的选择范围扩大，你才可能经过比较后选择最好的那一个。

恨不相逢未嫁时

在现实中，人们都会认为能够在第一次恋爱中步入婚姻才是最幸福的，其实不尽然。人在第一次恋爱中，由于没有经历，故不具备什么样的才是好的概念，认为两个人在一起开心就好，没有考虑更多的关于现实的因素，就盲目步入婚姻，这样在日后对诱惑的抗拒力便会较弱。

由于家庭贫困，佳美18岁那年便弃学到上海一家纺织厂当女工，18岁，正是少女情窦初开的年纪，她也曾幻想有一个高大帅气的男朋友，可以在下班时和她手拉手在公园里散散步，摆脱她在异乡的孤寂。但事实是她根本就没有机会认识一个男孩子，她所在的纺织厂清一色都是女孩子。

20岁那年，她在自己经常去的公园里遇见了同样一个人的刘成。刘成比他大了整整10岁，但是却只有二十五六岁的样子，那天他们聊得很开心，于是互留了联系方式。回想在纺织厂两年平淡的生活，与刘成的相遇在佳美心里荡起了一阵阵涟漪。在相处了半年后，佳美便不顾两人年纪的差异和父母的反对，做了刘太太。

结婚后，刘成也没有辜负佳美的信任，依然对她很好，如果没有宋涛的出现，也许佳美会心甘情愿地爱着这个大她10岁的老公。但是她遇见了宋涛，俩人一见钟情，此时她才真正体会到了两颗因爱而颤动的年轻的心灵，可惜她已为人妻。她是个传统的女子，并没有选择和宋涛在一起，其实内心里她对自己当初草率的选择后悔不已。

佳美就是因为当初草率的和自己遇见的第一个男人结婚而导致日后后悔,其实这样的例子在现实中还有很多。有的人因为自己是第一次恋爱,而老公却是好几次而愤愤不已,进而使婚姻陷入危机。但是却因为传统的观念而继续保持着已经无爱的婚姻,这样也许双方都不会快乐。

选择结婚对象对一个人的一生都有着重大的影响。因为这是要陪你共度一生的人,所以千万不能一时意气用事,因急于寻求婚姻的稳定或一个依靠而仓促的选择结婚,这是不可取的,如果当你真正喜欢的那个人出现时,你就只有恨不相逢未嫁时了。

中国博弈论

在婚姻这场博弈中,不管采用什么策略,目的都是为了追求最佳,避免最差。所以要尽量避免孤注一掷,在一棵树上吊死,要尽量多认识一些人,这样你的选择余地便会多一些,选中优秀者的概率便会大一些。当然,幸福是掌握在你自己手里的,摒弃浮躁,静心思考,然后做出你所认为的最佳选择。

6. 女人为何总认为自己遇不到白马王子

相信在每一个女人心里都有这样一个美好的童话,找到一个白马王子,然后从此过上了幸福的生活。但往往这个美丽的童话却总在现实中破裂。因为童话总是讲到公主和王子幸福的生活在一起后便戛然而止。那么公主和王子在一起后难道就不用面对生活的琐碎了吗?谁又能保证公主从来就没有抱怨过她的白马王子已不再是曾经的白马王子了呢?

女人的“王子”情结

哪一个女人不是从童年开始就捧着一本“格林童话”长大的，哪个女人不曾从小就盼望着能够遇到自己生命中的白马王子。随着时间的增长，昔日的女孩们也已到了谈婚论嫁的年龄，但是她们的白马王子却迟迟不肯出现。

每个女人都期盼着能够遇见她的白马王子，哪怕自己的条件并不尽如人意，但是她也会希望找一个才貌双全的男子。这是每一个女人的梦想，一种对美好爱情的渴望。她们从少女时代就幻想着有一天能够像灰姑娘一样穿上水晶鞋然后遇到自己钟情的那个王子，但是现实是现实，现实没有水晶鞋，就算有，一双三寸的水晶鞋哪个女人的脚能穿得上？尽管这样，女人们依然幻想着她们的白马王子有一天能够出现在她们的面前，并且从不改初衷。

甲爱着乙，乙却爱着丙

上帝好像总是爱跟人开玩笑，那就是在爱情的世界里似乎总没有完美的结局，就像甲爱着乙，乙却又爱着丙一样，相爱的人在一起的概率总是那么少。

小楠是一家外企的白领，有着不俗的家世，追她的人自然也很多，但是她却没有一个看得上的。她一直幻想着能有一次浪漫的相遇，邂逅她的白马王子，能够轰轰烈烈的爱一场。那天公司有一个重要的客户，由她负责接见，她了解了客户的基本资料，这是一个能力各方面都很强的男子，家世也不错，更重要的是未婚，28岁。小楠动了心，因为对方各方面的条件都符合她的要求，就是不知道长得怎么样。客户下午3点到，2点她便准备好了一切。他来时，令公司所有的女孩都惊艳了，一米八的个子，棱角分明的脸，好看的五官，特别是有一双好看的眼睛。小楠与他眼神相对那一刻，便深深地陷入了他如水的双目。这不就是她一直要找的白马王子吗？于是她以后便有意无意的和这个男人联系，可是在男人含蓄又礼貌地拒绝后，她才知道原来这个男人对她并没有任何意思，只是她自己的单相思罢了。

在以后的日子里，她做了各方面的努力，男子依然不为所动，直到男子有了女朋友，小楠才彻底的放弃了，但是她发誓一定要找一个比他更优秀的男人。一转眼5年过去了，小楠也30岁了，其间也不乏各种优秀的男子，但是却没有一个入得了小楠的目。而小楠的年纪却再也等不起了。

每个女人都会幻想着遇见她的白马王子，但是在她等待白马王子的过程中，也会遇到一个爱她的男人，也许他没有她梦想中的白马王子优秀，但他们却是真真切切的爱着她们的。然而她却不会对他有任何感觉，她们是一心等待着白马王子的出现，但是当白马王子真正出现的时候，往往不是白马王子无意，便是白马王子身边已经站了一位比自己优秀很多的白雪公主。于是女人在悲伤的同时，又继续憧憬下一个白马王子。只是时间无情，女人渐渐地便步入了“奔三”这个尴尬的年纪，此时她能够遇见白马王子的概率就更小了。

于是，她们在现实的打击下，不得不重新做出自己的选择，那就是不能再被动的等待下去了，如果白马王子一辈子不出现，那么她也不可能一辈子不结婚啊，于是这时候她可能就会选择一直默默地爱着她的那个男人。也许这个男人并不是她所认为的白马王子，甚至差了一大截，但是迫于现实，她不得不选择一个结婚的对象。女人对自己的选择不会满意，所以她永远都认为自己遇到的并不是白马王子。

女人也有“红玫瑰”、“白玫瑰”心理

张爱玲在《红玫瑰和白玫瑰》里说：男人的一生中，至少会拥有两朵玫瑰，一朵是白的，一朵是红的，如果男人娶了白玫瑰，时间长了，白的就成了桌上的米饭粒，而红的就成了心头的朱砂痣，但如果他要了

红的那朵，日子久了，红的就变成了墙上的蚊子血，而白的，却是床前明月光。其实女人又何尝不是如此呢，据一份社会调查报告说，80%的女人对选择当前的丈夫觉得后悔。其实，女人无论嫁一个什么样的男人都会后悔，每一个女人都想让自己嫁得完美无缺，但是这世界没有几个男人是完美的。嫁一个有钱的男人，也许他不体贴；嫁一个体贴的男人，也许他没有事业心；嫁一个有事业心的男人，也许他不顾家。总之，无论一个女人选择了什么样的男人，都不会100%的满意，都不会认为他就是自己生命中的白马王子，女人总认为自己遇不到自己的白马王子。遇到了“红玫瑰”，念念不忘“白玫瑰”；选择了“白玫瑰”，又觉得也许“红玫瑰”比较好。这就是人心，无论得到的是“红玫瑰”还是“白玫瑰”，都不会认为自己选择的便是白马王子，总以为错过的那个才是最好的。

中国博弈论

谈恋爱找对象就是一场博弈，在这场爱情博弈中，女人最大的收益便是能够找一个优秀的男人，但现实中并没有那么多的白马王子。俗话说：“好男人不帅，帅男人不好，完美无缺的男人是少之又少。”那么在这种情况下，女人应该学会让步，找一个对自己好的，可靠的男人。选择一个最适合自己的男人，最后的收益还是最大化的。因为太优秀的男人不一定靠得住。

7. 很多人为何都将爱情与金钱挂上钩

俗话说：钱不是万能的，但没有钱却是万万不能的。有了钱便有了物质的保障，没有钱便是“贫贱夫妻百事哀”。于是，没钱的人希望找一个有钱的人谈恋爱，有钱的人老是担心别人对他的爱是不是因为他的钱。生活每天都会上演这些千篇一律的故事。但是又有多少人不在乎金钱而只注重精神上的爱恋呢？一旦爱情和金钱联系在了一起，便会引发一系列的争执和怀疑，爱情也变了味。难道没有“面包”就不能拥有爱情吗？金钱和爱情之间的关系又该怎样衡量呢？

金钱与爱情的关系

有人说爱情就是建立在金钱的基础上的，没有金钱，便不会有爱情，因为爱情是婚姻的前提，如果没有金钱，那婚姻便会败给生活中的茶、米、油、盐。也有人说爱情一旦与金钱扯上关系便会变质，不再是单纯的恋爱关系，而是变成了一种金钱的交易。总之，关于金钱和爱情的关系，众说纷纭，不一而论。

现代人说的金钱之于爱情，就好像古代所说的江山之于美人，一样的让人难以选择，难以取舍。在这个物欲横流的社会，金钱让很多人迷失了自己，不惜抛弃爱情；但也有很多人选择一直坚守着爱情，不为金钱所动。那么究竟是爱江山还是更爱美人呢？从古至今，好像还没有一个确切的答案，往往是江山美人都难以取舍。白居易的《长恨歌》、洪昇的《长生殿》描述了唐玄宗李隆基与杨贵妃的爱情故事，天生丽质的杨玉环集三千宠爱于一身，长生殿前的海誓山盟，足以说明唐玄宗对她的爱到了海可枯、石可烂的地步了。但是“马嵬之变”却彻底扼杀了玄宗和玉环的爱情。唐玄宗面对江山和美人的选择，最终赐死杨玉环。也许这是玄宗不得已的选择，但是选择了江山却是事实，没有江山，何来美人，有了江山，何愁没有美人。那么同样的道理，没有金钱，生活的物质便不能保证，又有谁愿意跟着你过苦日子呢。只有有了金钱才可能找到属于自己的爱情。爱情是离不开金钱的，但是金钱却可以离得开爱情。

爱情比之面包谁更重要

人活在世上，干什么都离不开金钱，在这样的社会现状下，有情饮水饱的爱情已经成为了人们遥远的传说。取而代之的钱，便成了这社会的主角，每个人的生活都离不开金钱，吃、穿、住、用、行，包括恋爱，哪一样离开了金钱便不能实现。

一对年轻男女非常相爱，但是男方家里一贫如洗，女方家长自然是不同意女儿和他在一起，但是女孩却执意为爱情而和男孩在一起。于是她不顾家人的苦苦相劝，怀着对爱情美好的向往和男友步入了婚姻殿堂。结婚后才知柴米贵，特别是随着小孩的出生，家里的负担越来越重，俩人经常为了孩子的奶粉钱、尿片钱、生活费、茶、米、油、盐等争吵不休，她怪他无能，不能挣钱等等，总之就是为了钱，将昔日恩爱的恋人推到了风口浪尖，随着争吵的日益激烈，俩人也面临着分道扬镳的局面。

看了这个故事，除了叹其悲哀之外，就是无奈。曾经那么令人向往的美好爱情，难道就真的成为金钱的附庸了吗？如今大家都不再为了爱情而谈恋爱，那么多的人都将爱情和金钱挂钩，甚至大谈怎样才能找个有钱的人、面包永远比爱情重要之类的论调。

这是人类的悲哀，还是社会现实的无奈，没有人能够说得清，但是人们都知道，生活离不开面包，没有面包便无法生存，比之爱情，面包确确实实是十分重要的，它才是人们生存的基础，没有了面包，何谈爱情，爱情毕竟是不能当饭吃的，现实中，又有几个人有勇气选择饿着肚子谈恋爱的?

认为钱多面子足

有人认为钱多面子足，财大气粗，觉得找一个有钱的人谈恋爱或者结婚，在亲朋好友面前特别有面子。也有的人爱比较，不管是哪方面都要和别人比一比，当然，这都是人的虚荣心在作祟。

男的比权利、地位、金钱等等，但是女的大多就是比谁嫁得好，谁的老公有钱。这虽然看似可笑，但也是不可否认的事实，很多人就是怀着满足自已的虚荣心和面子心理而坚持找一个有钱的对象。

李燕和丽娜本来是无话不谈的好朋友，后来丽娜在家人的介绍下找了一个有钱的男朋友，至此，丽娜便总是有意无意地在李燕面前说起自己这个有钱的男朋友，李燕便羡慕地说她真是好运。面对好友的羡慕，丽娜的虚荣心得到了极大的满足，并且经常在好友面前摆阔。李燕刚开始仅仅是羡慕丽娜找了个好对象，之后便慢慢由羡慕转为了嫉妒。她想："我哪一点都不比她差，甚至比她还漂亮，为什么她就那么好运，找了个条件那么好的男朋友。"从此，李燕为了不输给好友，便发誓一定也要找一个有钱的男友来充充面子。

其实，在现实社会中，为了面子而找个有钱人的例子确实不少，她们大多是女人，因为身边的人都找了个有钱人，而自己为了不输给她们而一门心思要嫁给有钱人，这个时候，爱情相对于金钱来说似乎已成为次要的了。现如今，说起爱情必然要谈到金钱，这已成为了不争的事实。

中国博弈论

当爱情和金钱成为人们不可分割的话题时，随之而来的问题也就越来越复杂，在这场爱情与金钱的博弈中，谁又是真正的赢家呢？俗话说选择是残酷的，但是无论你怎样选择，也许在以后看来都不会是最好的选择。所以在当下能做的也就是把握住最好的时机，为自己争取最大的利益。

8. 分手后，是朋友还是敌人

有人说，相爱的人分手后，不可以做朋友，因为彼此相爱过；不可以做敌人，因为彼此相爱过；那么曾经相爱的人便从此形同陌路了。但是曾经深爱一个人，谁又能真正的做到彻底放下呢？但是由于某种原因，你们不能继续相爱下去，于是，爱，在你心中便化为了对她或他深深地恨。而这恨，只是源于你们始终放不下对方。也因为放不下，所以不敢面对，因为不敢面对，所以只好选择陌路。

相爱的人分手后可以做朋友吗

相爱的人分手后还可以做朋友吗？每个人的情况不一样，所选择的方式也不一样。有的人觉得不可以成为朋友，因为既然选择分手了，那么肯定是因为彼此之间曾经发生过不愉快的事，或者只是单方的抛弃，在这种情况下，两个人要想保持一份友谊，恐怕是不可能的吧？又怎么能够做朋友。做了朋友后，又该如何面对呢？而有的人觉得分手后可以做朋友，多一个朋友也不是坏事，况且你们曾经深爱过，对彼此肯定都很了解，那么也肯定比普通朋友的关系要好。当然，选择做朋友的前提一定是你们俩是和平分手的，如果双方有任何一方根本就不同意分手，继续纠缠的话，那么做朋友也只能是一种奢望了。

小江的女朋友是自己的同事，俩人一块被派往外地出差，经过半个多月的相处，产生了爱情，俩人你情我愿，于是便确定了恋爱关系，从此俩人下班后总是一块吃饭，之后便像许多情侣一样压马路或在公园里手牵手的散步。不久，同事们便发现了他们之间的不对劲，他们便承认了确实正在处对象。这之后，同事们便不时的拿他们两个开开玩笑，他们也觉得没什么，甚至更加亲密。但是在俩人交往半年后，小江发现女朋友实在太任性了，有时候甚至蛮不讲理，在他的一再要求下，女朋友依然我行我素，于是，小江便提出了分手。起初女朋友不愿意，但是小江总是不理她，选择了沉默，他的女朋友在做了多天的努力后，觉得俩人不可能在一起了，便不再纠缠小江。但是俩人是同事，抬头不见低头见，为了避免尴尬，小江选择了辞职。

由此看来，小江的女朋友还是不愿意和小江分手的，但是无奈小江心意已决，任凭她再做努力，也已经不可能了。从小江女朋友的立场来看，她也许依然爱着小江，如果俩人保持联系，难免不会对他抱有幻想，这样不但影响她以后的感情，而且也会再次令她失望；如果小江再找了女朋友，她肯定多少会有醋意，想着她最爱的人却和别人相爱，她的心里肯定不好受，看着他像当初宠她一样宠着他现在的女友，她难免会想起和他在一起的情景，也许就更不容易走出这段恋情了。既然如此，还不如眼不见为静，选择离开，永远不再见她，去一个新的环境，重新开始，也好过这样看着难受。为了忘记一段不开心的爱情，选择陌路也未必不是好的结局，何必故意宽怀的说分手后还可以做朋友呢？已经分手了，彼此无关，但是你看着他（她）再和别人谈恋爱，你真的会很开心吗？

如果你是真心的祝福对方，那么你为了对方着想，也应该保持陌路。因为她（他）还会交新的朋友，你们的关系又该怎么向现任解释呢？万一再遇到一个醋罐子，不讲理、怀疑心特强的人，你们也是难以安生的。既然分手了，就做一个陌生人吧，彻底地退出对方的生活圈子，去寻找自己的幸福。

相爱的人分手后可以做敌人吗？

看过很多为情所伤的人，咬牙切齿地说："我会恨你一辈子的"，但实际上这样说就注定恨不起来了，因为一辈子便也忘不了。因为还爱着，所以才挂念，哪怕是以"恨"作为掩饰。两个人曾经深深爱过，又怎么能成为敌人呢？

小于和张雪相恋已经5年了，5年中他们从未吵过一次架，关系极好，可是每当提起结婚的事，小于便总是保持沉默。后来当小于提出分手的时候，张雪才知道，原来小于父母在家早已给他说了一门亲事，是他父亲好朋友的女儿，小于起初并不同意但没想到母亲竟以死相逼，无奈只有向张雪提出分手。张雪不同意，并骂他懦弱，但无论怎么样他只说不想看到自己的母亲那样难过。张雪无奈只有同意了分手，走时，张雪说："你是个懦夫，我永远恨你。"分手后张雪总是忘不了小于，看着他和新婚妻子幸福的样子，她甚至怀疑小于从来没有爱过她，她甚至想去破坏已经成婚的小于作为报复来平衡自己心中的恨，但是她每次走到小于的家门口，却又折了回来。毕竟曾经她是那么的爱着他，他对她也是那么的好。张雪想自己也许应该为他的孝心高兴才对。既然已经分手了，又何必再打扰他的生活，与其让彼此都不愉快，还不如成全他们，让彼此最后都保留一个好印象。

小于无奈于母亲的以死相逼只好答应离开张雪，也许此时他的心里是内疚的，他感觉对不起张雪，但如果张雪破坏他的家庭的话，那么无疑会破坏张雪在小于心里的形象，小于也就不会再对她有任何的愧疚心理。对张雪来说，曾经那么单纯美好的恋情，本来是以和睦而告终的，但最终只能是不欢而散。所幸，张雪没有选择和小于保持敌对态度，而是自己默默地离开了。这样使俩人都保留了曾经的一份美好回忆。所以说，相爱的两个人即使分手后也不可以做敌人，毕竟两个人曾经深深相爱过，即使分手了，彼此心里都保留那份美好的回忆不是很好吗？又何必一定要剑拔弩张呢。

中国博弈论

张爱玲说：爱情本来并不复杂，来来去去不过三个字，不是“我爱你，我恨你”，便是“算了吧，你好吗？对不起”。相爱的双方如果分手了，不论怎样选择，最重要的是自己能够幸福。做朋友，难免有芥蒂；做敌人，曾经深爱过；那么最好的结果便是保持陌路，做一个最熟悉的陌生人。

9. 有的人迟迟不愿跨入婚姻殿堂的原因何在

俗话说：男大当婚，女大当嫁。理论上来说，一个人到了谈婚论嫁的年龄，就应该找个伴侣，步入婚姻的围城，组建一个幸福的家庭。然而，现在这个社会，“剩男”“剩女”却很多，有的人甚至步入了“不婚族”的行列，选择了过单身生活。他们不愿意跨入婚姻殿堂的原因到底是什么呢？

“剩女”不婚的原因

近年来人们发现，单身人群的队伍随着社会的发展好像越来越壮大，尤其是像北京、上海、深圳等一些较为发达的城市更是突出。这些“不婚族”人群很多人都有着较高的学历、稳定的工作和高薪的收入，却十分不愿意面对两个人的生活和世界。超过了一定的年龄，似乎就真的成了“必剩客”了。

越来越多届于婚龄的都市男女迟迟没有跨入婚姻这道门槛，而这群人中又以“白领”居多。在以前，结婚好像不是什么大事儿，年龄一到找个差不多的对象把婚给结了，那时候大家都一穷二白，干脆利索，也没有多少人会在乎对方的爱究竟有多少。可现在人们考虑的因素却很多，人品、家世、长相、工作、学历、前途，甚至业余爱好，没有一样不琢磨的，反复研究，深入探讨，仔细对比，辗转反侧……实质上是把简单问题复杂化，两个人的问题扩大化了！结果越琢磨越糊涂，婚也就迟迟结不了了。

许多未结婚的女孩子被叫做剩女，“剩女”这个称号，无疑是个无形的伤害。“剩女”不婚好像也是不得已的，她们迟迟不婚的原因究竟是什么呢?

1. 自身有良好的经济条件，过着小资生活，觉得一个人比较自由，不愿过早的踏入围城。害怕婚姻柴米油盐的琐碎生活，不喜欢被婚姻牵制，觉得一个人想干什么就干什么，有了婚姻，便没有了单身时的自由。相对于平凡的婚姻，谈恋爱的浪漫情调更是快乐的，能多享受一年就是一年。

2. 想寻找完美的人。有句话叫“男怕入错行，女怕嫁错郎”，女的一生最怕的就是嫁错人，婚姻不幸福。所以很多女人经常会说，选择男朋友一定要宁缺毋滥，抱着这种心理，总是在一个个地挑，寻找自己觉得最好的，适合自己的理想伴侣，等到找到的时候，年纪也大了，而他也不是属于自已的，找个合适的男朋友好像也不是特容易的事情。随着年龄的增大，就真的被人称为“剩女”了。一旦被这样称呼，无形之中也就觉得自己真的老了。迟迟不婚也是无奈的选择。

3. 因为身边有了太多的婚姻不幸福导致离婚的例子，让人们觉得婚姻没有安全感，不敢轻易踏进婚姻这座围城，所以，有的人是能拖就拖。也有的人以前曾有过失败的爱情，害怕再次受到伤害，对婚姻失去了信任，不敢奢望什么天长地久，对于感情总是抱着随遇而安的态度，缘分来了就来了，所以很多机会擦身而过。

走进围城的恐惧感

越来越多的“不婚”现象已俨然成为一种盛行于全国的流行通病。

台湾省 20 至 49 岁青壮年适婚族当中，仅有六成已婚，高达四成仍保持单身。而在大陆，经济条件也是很多年轻人不想结婚的重要原因，有调查显示，有五成以上的 80 后因为买不起房，而推迟结婚或者选择同居不结婚。

很多人愿意恋爱，但却拒绝结婚，他们不愿承担婚姻家庭义务，不愿承担生育责任，有人称之为新时代的心理病态。有的女人害怕怀孕会使人很快变老，害怕婚后变故，害怕多起来的家务，有时还会对丈夫感到"陌生"……这样一想，天啊，结婚值得吗？

恐惧结婚的原因多种多样，心理表现也不相同。

李琳和赵军已经成为都市人群中的"必剩客"一族，他们也是所谓的"三高"一族，学历高、收入高、眼光高。他们的生活过得有滋有味，但对于婚姻总是摆出一副无所谓的态度，不愿意结婚。

王丽是一个 28 岁的姑娘，身材高挑，长得很漂亮，前后谈了好几个男朋友，就是只恋爱不结婚。追其原因，她说不结婚好，自由得很，婚后的怀孕生孩子太可怕了。她举出许多婚后很快变老的例子，并说花开花落几时红，要永葆鲜花待放状态。王丽愿意恋爱，不愿结婚，怕婚后破坏自己容貌，怕怀孕会让自己身材变形，更怕生孩子会将自己的生活打乱，所以才对结婚产生恐惧心理。

应该说这是新时代的心理病态。拒绝结婚，不愿承担婚姻家庭义务，不愿承担生育责任。

其次，对于这些不愿意跨入婚姻殿堂的男男女女们，他们也是经过一场博弈之后所做出的选择。因为不结婚对于男人和女人来说都是最佳选择。

如果选择结婚的话，对于男人来说，肩负的重担会明显增加，房子、车子、孩子、双方的老人等一系列问题就会摆在眼前，相信这些足够让他的压力增大好多。不论是从精神方面考虑，还是从物质方面考虑，远离婚姻都似乎是最好的选择。

对于女人来说，一旦结了婚，很多人就变成了一个"三围"女人，天天围着老公转，围着厨房转，围着孩子转。再也不能像婚前一样自由自在，想和朋友见面就见面，想狂欢就狂欢。在经济危机的情况下，各行各业竞争得非常厉害，有些公司会有明确规定，进公司几年之内不可以生孩子，结婚意味着家庭的繁琐事会拖累自己，会把某些不良情绪带入工作中，会给自己添堵。因为从怀孕到生产这段时间，会发生很多事情，职位很可能不保，就算能保住，也不一定会好。

结婚后，婚姻似乎成了她们最大的束缚了，一个女人能够“辉煌”的时间也就是那么几年，还没有好好享受就被婚姻给“强行霸占”了。由此看来，婚姻是挺不划算的。

很多单身的男女不愿意跨入婚姻的殿堂，是因为自己的利益会在婚姻中受到损害。用一种比较专业的说法就是：风险远远大于收益，那么这支股票谁还敢买呢？

中国博弈论

婚前恐惧症是使一些年轻人愿意恋爱不愿结婚的因素。作为社会的一个阶层，“不婚族”的圈子正在逐步扩大，仿佛正和传统的婚姻叫板。从某种程度上来说，结婚是挺不划算的。但是没有婚姻的人生是不完整的人生。其实完全用不着害怕，结婚后，只要两人能够从细微之处体会婚姻的感动，多一些关爱和体贴，合理安排好婚姻生活，激情犹在，自由还是会属于自己的。

10. 大多数女人都想和有钱、有房、有车的男人结婚

时下对找男朋友的要求最为形象的描述便是“有车有房，父母双亡”，当然这只是网友们在网上的调侃。但是从中可以看到，现代女性的择偶标准是越来越高，一定要有钱、有车、有房，不管自己姿色如何，每个女人都希望自己能够找一个“三有”男人。那么她们为何如此热衷于“三有”男人呢？

嫁的好，一劳永逸

现如今，各大网站媒体关于这样的报道有很多，就是很多女大学生毕业后，都热衷于找一个大款把自己嫁出去。她们都认为干得好，不如嫁得好。嫁一个有钱、有车、有房的人，就不必为了每日的柴米油盐而努力奔波，更不用为了每个月的房贷而拼命出卖劳动力，也不用每天挤在拥挤的公交、地铁；总之，嫁得好，便能一劳永逸。

张彤和王静是大学里的好朋友，毕业后，王静凭借自己的美貌找了一个有钱的男友，并很快举行了婚礼，她劝张彤尽快和那个穷男友分手，自己给她介绍一个多金的男友。但是张彤并没有听好友的话，而是继续和男友一起奋斗。结婚后的王静很幸福，每天上下班老公都会开着宝马车接送，用的是高档化妆品，浑身都是名牌。张彤结婚时她彩礼就是几万块。比张彤夫妻俩3个月的工资都高。此时，张彤有点羡慕王静的幸福，看着自己老公每月拼命工作拿那一千多块钱的工资，什么时候才能买得起房子啊，再说以后孩子还要上学，交学费，这么多钱该怎么办啊。她甚至后悔当初如果像王静那样，找个有钱、有车、有房的老公，也不用

现在这么辛苦啦。

多数女人想嫁一个“三有”男人最根本的目的便是因为“钱”，这是最基本的因素。

嫁给一个有钱、有车、有房的男人，便等于说是踏上了成功的捷径，不用奋斗，便可以享受最好的生活。像王静一样，刚毕业的一个学生，在别人努力找工作的时候，她却选择利用自己的美貌找了一个有钱的男朋友；在别人为一月几千块钱的工资辛苦劳累的时候，她却凭借着有钱的老公，住上了豪华公寓，享受着奢侈的物质生活。

女人的虚荣心

虚荣几乎是女人的天性，女人生来就喜欢美丽的东西，漂亮衣服、名牌化妆品等等。要拥有这些首先要有足够的金钱，但是，这钱从哪里来呢？自己赚吗？一旦一个女人的头脑里灌满了虚荣的钱，她还会把心思放在工作中吗？当然不会，于是嫁一个大款便成了她们唯一的捷径。

曾在湖南卫视热播的《丑女无敌》中的裴娜就是一个虚荣心极强的女人，在她爸爸破产后，经过安茜的关系在概念广告公司工作，没有钱了却还是要追求名牌，于是她不得不经常穿过时打折的名牌以次充好，以维持自己的面子，希望能够嫁一个大款，摆脱这种金钱上的贫困。

法国著名作家莫泊桑所写的小说《项链》中，玛蒂尔德也是爱慕虚荣的典型，她为了满足自己的虚荣心借了朋友的项链，为了做一件衣服带着眼泪去求丈夫。这一切皆因为她嫁了一个没有钱的小职员。虽然，天生的聪明，优美的姿势，温柔的性情，就是她唯一的资本。但是她的这唯一资本并没有给她带来什么，她没能嫁入上流社会，而是嫁给了一个贫穷的小职员，因为她没有嫁好，所以她的虚荣心没有得到满足，才上演了借项链这一幕，但是这却让她为此付出了十年的青春来还项链。

如果当初玛蒂尔德凭自己的美貌嫁一个有钱的老公，也许她的命运便不会这般悲惨，她也不会因为缺乏物质的享受而为此付出惨重的代价。可见金钱在这个欲望膨胀的社会是多么的重要，从此看来，大多数女人嫁一个有钱、有车、有房的老公也就不足为奇了，毕竟，谁都希望能够过上优越的生活。

中国博弈论

其实，对于女人来说，最幸福的事就是找一个有钱、有车、有房，而且还很爱自己的老公，但是面对年轻貌美自动投怀送抱的"小三"，你敢保证你的那位会经受得住诱惑吗？俗话说"得江山容易守江山难"，在婚姻中又何尝不是如此。这似乎是一场残酷的竞争，稍微不慎，你便会赔了夫人又折兵。青春没有了，老公也没有了。所以说各位美女在寻找"三有"男人的同时，千万不要让金钱迷住了双眼，也应该睁大眼睛好好看看。

11. 婚姻为何可以把一个淑女变成"泼妇"

有人说婚姻是爱情的坟墓，男人结了婚就等于失去了自由，带上了枷锁；女人结了婚就等于成为怨妇、泼妇；但是，结婚后为什么曾经的淑女就变成了泼妇呢？一个人的转变必定和所在的环境有着莫大的关系，她的丈夫也有着不可推卸的责任。那么婚姻是怎样逼走一个女人的温柔而使其变为泼妇的呢？

"怨"颠覆了婚后女人的性格

女人婚后的泼妇行为，大多数都是男人惯出来的。结婚前，男人对女人处处讨好，就像太监小李子伺候慈禧老佛爷似的；结婚后，洗衣服做饭打扫卫生，哪一样不得女人操劳，而且男人还不理解，认为其整日瞎忙活。于是就给了女人一种错觉，结婚前后待遇不一样，娶一个女人就是干活的。容易让女人产生怨气，造成夫妻不和，争吵，有的女人更是上演一哭、二闹、三上吊，把泼妇的形象演绎得淋漓尽致。

小华结婚前，老公对她非常好。每天都会定时的问候，如果发现她心情不好时，就想办法哄她开心。每逢节假日或纪念日，她老公都会精心准备一份礼物，给她一个惊喜。这让很多小姐妹都很羡慕她有一个这么好的男朋友。后来他们结婚了，婚后生活中的琐碎事情，使他们生活中的甜蜜越来越少了，为了一些鸡毛蒜皮的小事经常争吵。小华抱怨她的老公对她没有以前体贴了，她不开心的时候也不哄她了，而是对她视而不见，下班回到家吃了饭就睡觉。她老公也埋怨她不像之前那么温柔了，整天动不动就和他吵架。有时候她老公因为受不了她的唠叨便丢下她一个人在家独自出去几天不回来。这样导致小华的怨意更深了，吵得更凶了。就这样她成了老公眼里的泼妇。

谈恋爱时两个人或多或少都会隐藏自己的某些缺点，但是结婚后，长时间相处在一起，这些缺点难免会暴露出来，于是两个人由于性格不合或是一些日常小事就争吵也是不可避免的。当然，两个人的争吵更多的是在于夫妻双方都不懂得谦让，不懂得包容，本来一件小事，最后却闹得不可开交。比如说妻子正在家干活，丈夫应该适时地问问妻子是不是有什么需要帮忙的，而不是只顾自己看电视。两个人的生活，如果让一个人干活的话，难免有怨气。

可以说怨气是夫妻间争吵的导火线，一旦妻子抱怨起来，丈夫便会嫌其唠叨，如此，妻子便会借机宣泄怨气，大吵大闹，尽显泼妇风范。此时就算是丈夫后悔也已经来不及了。丈夫应该多理解妻子的怨气，没有人会无缘无故地怨，“怨”一定是有原因的。应该多想一下妻子怨的原因，多沟通，看到底是谁出了问题，然后俩人再共同解决，且不可一味地以牙还牙，最后伤了夫妻和气便得不偿失了。

每一个女人都希望自己做一个贤良淑德的妻子，没有谁愿意做泼妇。所以在妻子有怨时，丈夫应及时和妻子沟通，避免争吵。

嫁得不如意更容易变泼妇

如果能够嫁一个称心如意的老公，婚姻的幸福自不必说了，又哪会变成泼妇呢。但是在恋爱前大多数人都会对自己的缺点隐瞒，这也就造成了结婚后才发现对方的不足，嫁的不如意，自然就会怨声载道。这样的女人很容易在生活的历练下，由淑女转型为“怨妇”，最后成功转型为“泼妇”！

张佳在男友李亮甜言蜜语的攻势下，终于答应做其新娘，可是才结婚一个多星期，李亮就一改往日“温顺男友”的形象，在外面鬼混，半夜喝醉了才回家。在张佳苦口婆心的劝说后仍不改其性。张佳只好决定先到朋友家住些日子，李亮去叫她回家并且发誓以后再也不这样了。张佳见他很有诚心的样子，便跟他回了家。谁知道还没过两天，他便又犯了。张佳见他仍然不改，就一改往日温柔贤淑的性格，牺牲了自己的淑女形象和李亮大闹了一场，并以离婚做威胁控制了经济大权，从此李亮没有了钱在外面胡吃海喝，便也乖乖下班回家了。

女人从一个淑女变为泼妇，一定是她的男人造就的。虽说张佳这样做，让一个男人没有了自由，但是从李亮的平常作为来看，他也是咎由自取。其实哪个女人不想做一个好妻子、好媳妇。只是有时候不得不为自己的利益争取主动权。如果张佳对丈夫的作为只是一味忍让，默不作声，独自悲伤、难过，也许她的丈夫会愈演愈烈，最后难免不会导致婚姻的失败。虽然张佳的选择比较极端，但是她却保住了自己的婚姻。

中国博弈论

一个女人从婚前的温柔淑女到婚后的泼妇形象是有一个过渡的，这和她嫁一个什么样的男人有着很大的关系。所以说婚后女人由一个淑女变成一个泼妇是由她和她的老公共同完成的，而不能把这些责任全部归于女人的身上。

12. 男人和女人在婚后出轨的秘密

随着经济越来越富裕，人们的生活要求也逐渐提高，面临的诱惑也越来越多，在传统道德观念受到强烈冲击的背景下，“出轨”几乎成了每个家庭、每个人都必须面对和防范的一件事情。一提到出轨，多数人首先想到的就是男人养“小三”、包小蜜等。但是据英国《电讯报》网站等媒体报道，女人比男人更容易出轨。这又是什么原因呢？

男人婚后出轨的秘密

每个男人都希望能够拥有一个美丽、温柔、贤惠的妻子，但是现实往往并不尽如人意，结婚后，因为生活的琐碎，妻子已不再有往日的温柔、贤惠，取而代之的是唠叨、抱怨，男人在外生活压力极大，回到家里却又得不到妻子的理解，于是很多的男人便不愿意回家面对那份唠叨，而宁肯和一群朋友在外喝酒。这时，如果一个男人遇到一个善解人意又体贴的女人，并且这个女人又有意的话，就很难保持理智，继而出轨。

小薛和妻子结婚3年了，这3年中，小薛说他只要回家就别想安静一会儿。妻子不是和他说东家长就是西家短，有时候他听烦了，扭头就去朋友家，但是妻子倒不在意，下次依然。以至于他每次下班都不敢回家，于是和朋友们出去喝酒，一喝就是半夜，到家了不等妻子唠叨，他就睡着了。妻子自然不满，两人便总是在半夜吵吵闹闹。小薛的一个女同事很欣赏小薛的才华，对他很仰慕，她总是默默的倾听小薛诉说家庭的不幸。一次和朋友喝酒，小薛便把女同事带去了，那天大家都很尽兴，喝了很多酒，散场后，小薛送喝醉的女同事回家，俩人便发生了关系。事后，小薛很后悔，觉得对不起妻子，其实妻子除了平时唠叨一些，对他真的很好，但是心底的欲望却使他不能停止和女同事的关系。所以他就一直在内疚和欲望之间徘徊挣扎。

婚姻咨询的案例中，有 90% 以上的出轨丈夫并不愿意把事情闹到离婚的地步，除非妻子坚决离婚。从以上的例子可以看出，小薛是不愿意背叛妻子的，但是又放不下和女同事之间的暧昧关系，所以他一直为此矛盾着。他之所以出轨是因为在家里得不到妻子的理解，忍受不了妻子的唠叨，而爱上了女同事，也许这不是真正的男女之间的爱，而是在他希望得到女人的谅解和安慰的时候，正好她出现了，于是弥补了他婚姻生活中的不足，使他陷入这种感觉中不能自拔。此时如果他的妻子能够改变自己往日对他的苛刻要求和抱怨，也许他很快就能够回头是岸。

但是现实是所有的女人在此时都不会选择低姿态的去挽回出轨男人的心，她们一致认为男人出轨就是男人的错，并选择高姿态的去逼迫男人认错，最终将婚姻推入万劫不复的深渊。然后再抱怨男人的无情和背叛，而从来不会考虑从自己的身上找原因。

女人婚后出轨的秘密

大多数女性都有着中国的传统思想，就是“嫁鸡随鸡嫁狗随狗”。但是，并不是每一个女人都会心甘情愿地去遵守三从四德的，也有因耐不住寂寞而出轨的女人。女人出轨和男人不同，她们并不像有的男人一样仅仅是满足生理的需要。俗话说得好：“女为悦己者容。”她们更多的是想要找一个理解自己的男人，可以欣赏自己的美丽，又不会揭露她们的缺点。她们在很大程度上很难迈出道德这道门槛，更多的只是心理出轨。也有的女人是因为丈夫的出轨，为了报复而选择出轨。

小张和丈夫结婚 10 年了，两人感情一直很好。然而一天小张在给丈夫洗衣服时发现丈夫口袋里有一张女孩子的照片，便开始怀疑丈夫背叛了他们的感情。在小张的一哭二闹三上吊攻势下，丈夫终于说出了实情，告诉她自己和一个外地女孩保持着情人关系，并且还发誓说以后保证和女孩断绝关系。但是小张却觉得自己吃了大亏，每次只要丈夫有一点令她不满意，她都会拿这件事说。在丈夫出轨后，小张的心理极为不平衡，想起丈夫和那个女孩子，她的心里就像堵着石头一样难受，最终她决定用出轨来报复丈夫的出轨。

在这个例子中，小张的方法未免太过于极端，但是如果小张的丈夫没有出轨，小张也不会选择如此极端的方法来报复丈夫。其实女人是不会随便选择出轨的，因为女人出轨需要考虑的问题比较多。男人出轨女人可能原谅的概率比较大，但是一个女人一旦出轨，可能被原谅的机会只有零。这是社会的现实，一个女人出轨了可能就要一辈子背着不忠的包袱。

中国博弈论

其实不管是男人还是女人，经历了几年平淡的婚姻后，或多或少都会对对方有些厌倦，希望能够追求外界的刺激。所以很多人都会因为经不住诱惑，从而背叛婚姻。在这场博弈中，能够达到双赢的概率并不高，稍有不慎，便会竹篮打水一场空。男人不允许他的女人背叛他，女人亦然。所以在现实的婚姻中，彼此要多站在对方的立场上换位思考一下，只有双方可以达到无障碍的理解沟通，婚姻才可能继续走下去。

第七章 踏上成功之路，成就辉煌人生

成功对每个人来说都是一生的追求。人人都渴望成功，然而，很多人都不能成功，这是什么原因呢？其实，人在追求成功的过程中，也是在进行着一场无形的博弈。一个人要想获得成功，就必须与这场博弈进行到底。一个真正追求成功的人，一定是一个永不放弃、勇往直前的人，也是一个奋斗不息的人。成功不仅仅是为了赚取更多的金钱，更是为了一种被社会认可的价值感，为了追求一步一步的成功而拼搏。所以，我们要想踏上成功之路，就必须做一个奋斗不止的人，才能成就自己的辉煌人生。

1. 找准众人心，不走寻常路

人们总是按部就班地计划着自己的人生，所以大多数人都只能成为平庸的默默无名之辈。相反，那些总是出其不意，喜欢走不寻常路线的人，却总是会成为成功的、有名的、可以让世人谨记于心的人。这就是“众人皆醉我独醒”的独特魅力所在，当大多数人都在为争夺同一个目标而前进和努力时，得到的结果往往是只有很少一部分人成为站在巅峰顶端的成功者，而大多数人只能独自品尝失败后的苦果，进而成为茫茫人海中一粒平庸的沙子，这就是人性心理的博弈学。

发现不寻常之路

人潮人海中拥挤的人群形形色色，其中有很多人都在为了同一个目标前进着，但是也有少部分人会朝着人群涌来的方向逆流而上，走他人不走的路，做他人不屑一顾、不认同、看似违反常理的事情。这些人一般都具有坚定的信念，顽强的意志，敢想敢做，勇往直前，即使失败了也永不言悔。

敢想促使人们敢做，敢做就会引导人们不断发现新鲜事物，开辟出前人从未发现过的新天地，并且还可以激励和引导更多人尝试用同样的方式，开创出一片属于自己的天空。

比尔·盖茨1955年出生于美国的西雅图市，他的家人十分关注孩子的成长与教育，比尔的父母在工作之余总是尽可能地与孩子们待在一起，一家人在一起经常进行各种游戏活动，从棋类到拼图比赛，以及各种益智游戏等。比尔从小就聪明过人，精力充沛，而且从小就极爱思考问题，一旦迷上某件事情便会全身心投入。

随着年龄的不断增长，比尔的潜能也在不断地被开发激活，单调的家庭教育已经无法满足比尔天赋发挥的空间，所以比尔的父母将他送进学校接受更好的教育。小学毕业后，比尔进入湖滨中学就读，就是在这里比尔痴迷上了令他今后倾注毕生精力的计算机，并结交了在今后的人生中并肩作战的挚友保罗·艾伦。

1973年，比尔考入哈佛大学，在学习期间和成为现在微软首席执行官的史蒂夫·鲍尔默结成挚友。在就读大学三年级时，比尔毅然离开青青校园，把全部精力投入他与好友保罗·艾伦共同创建的微软公司中。经过长时间的努力后，比尔成为一个成功的商人，一个连续13年稳坐世界首富宝座的有钱人。同时，他还是一个伟大的推广者，在计算机的推广上所作出的贡献，是人类历史上永远不可磨灭的。

比尔·盖茨的成功离不开其家人对他的教导，但是最重要的还是他自己对事物的独特看法。他在人们都认为计算机资源应该共享使用时，提出了计算机知识产权私有化的理念；在他人都在为学业努力时，毅然放弃学业，和他人合资共同建立了属于自己的计算机公司。比尔·盖茨用他智慧的双眼和聪明的头脑，为自己创造了一条不同寻常的奋斗道路，经过不懈地努力，终于建立起属于自己的事业王国，成为世界上最富有的人。

比尔以他坚毅的信念与传统教育的成功观念，进行了实质上的博弈较量，最后他以强劲的实力，不断地努力赢得了这场博弈较量的成功。

开创不寻常的成功之路

人类每天都在为实现自己的理想而不断努力着，有的人选择顺从大流趋势，一步一个脚印的踏实前进，但是这样成功的人却少之又少；反之，有的人敢想敢做，他们有实力，有活力，有动力，有信心，他们不满足于传统的教育方式，通过自己的努力不断满足大脑对知识的渴求，不被传统的思想观念所束缚，喜欢另辟蹊径寻求属于自己的奋斗成功之路。就是依靠这样的信念，他们与传统的成长成才之路展开强有力的博弈较量，即使是失败了，也毫不言悔。

鲁迅是我国现代最伟大的文学家、革命家和思想家。在鲁迅年幼时其父亲因身体患病不治而终，所以立志要成为一个可以救死扶伤的医生，于是前往日本留学学习医术。

在日本仙台医学专科学校学习时，一次上课，教授播放了一段有关当前时事政治的片子，在这部影片中一个为俄国人做侦探的中国人，即将被手持钢刀的日本士兵押着跪在菜市口砍头示众，周围有许多的中国人在围观。但是这些人看到即将要被处死的同胞，却无动于衷，每个人的脸上也都是一种麻木的神情。

这时身边一名日本学生看着鲁迅说道："看这些中国人麻木的样子，就知道中国一定会灭亡！"鲁迅听到后非常愤慨，他忽地站起来向着那位说话的日本人投去两道威严不屈的目光，然后昂首挺胸地走出了教室。但是他的内心并不像表面那样平静，影片中那一张张麻木的脸庞不断在他脑海中重现。

这时鲁迅才猛然意识到治疗人民身体上的伤痛，只能减轻他们外在痛苦，而只有深入到他们的内心，唤醒他们心中那份爱国救国的精神信念，才是真正意义上"治愈"。所以他毅然放弃继续学医的课程，专心投入到文学创作中，写出了《呐喊》、《狂人日记》等优秀作品。他将自己手中的笔杆子化作警醒世人的长鸣钟，化作抨击社会恶习的有力武器，向黑暗的旧社会发起了挑战，唤醒了数以万计的中华儿女对祖国的赤诚之心，激发了全民对抗外来侵略者的斗争。

如果鲁迅向其他人一样，为了维护祖国的尊严和权力，投身到革命事业中做一名为国战斗的战士，那么他也就只能成为千千万万的人民子弟兵中普通的一员。但是他选择了以笔杆子为武器，用犀利的文章，唤醒了千千万万中国人的心声，激励起人们纷纷投身于救国的行动之中，他用独特的方式，为推动抗击外来侵略者的运动作出了重要贡献。

成功永远只属于敢于拼搏的人。只想不做，成长的脚步只会停留在原地，要想离成功更近一些，就要有敢于和命运博弈的勇气，用自己的实力和努力，为自己，也为世人开辟出一条崭新的奋斗之路。

中国博弈论

选择不寻常的奋斗道路，就要做好遭遇各种困境的准备。因为不寻常的道路就代表着标新立异，代表着要冲破传统的思想理念，建立一个独立的、有特色的新型奋斗模式。在这个奋斗过程中，一定会受到来自四面八方的压力，对自身坚守的信心理念造成一定的冲击。如果你成功了，那么你就会成为万人敬仰的前辈，很多人也会受你这种奋斗理念的影响，套用你这种奋斗模式努力进取；如果你失败了，也只会成为他人嘲讽的对象，独自一人舔舐自己的伤口。所以要想走不寻常的道路时，一定要谨慎选择。

2. 坐山观虎斗，警惕浑水摸鱼术

当与几个实力强劲的对手发生利益冲突时，不妨采用“坐山观虎斗”的策略，为自己争取一个保存实力，获取利益的最佳位置。两虎相争必会吸引更多竞争者的参与和围观，这会使原本就已经很激烈的竞争场面，变得更加混乱复杂。这时在一旁观看已久的你，就要及时出手抢占先机，以防其他对手趁机浑水摸鱼，将原本应该属于你的机遇和利益抢占。

鹬蚌相争，渔翁得利

俗话说“一山不容二虎”，如果在同一个领域中，存在的是几个，或是更多的竞争对手时，又会发生怎样的情况呢？两个人竞争战况很激烈，如果再加入几个竞争对手，就会使竞争热度快速上升到白热化的境地。如何在竞争中保存自己的实力，又可以有效地打击和战胜对手，是每一个想要成功的人最需要掌握的。

通常在一场竞赛中，不论有多少个竞争对手，总是会有一两个实力强劲者。每当这时，实力最强的两个对手就会将对方视为自己的死敌，想方设法打垮对方，为自己争取夺得胜利的机会，可是得到的结果往往是，最强劲的双方斗得两败俱伤，最后的胜利反被其他后来居上的竞争者摘入囊中。

在曹雪芹的小说《红楼梦》中，贾琏背着妻子王熙凤，在外面娶了尤二姐做小妾。王熙凤知道了，虽然很生气，但是聪明的她却并不声张，还大方地在贾府中为尤二姐整理出一套气派的房子，其中的家具摆设要求都和自己的住房标准一样。然后亲自把尤二姐从府外的宅子里接回贾府中，安排好吃好喝的招待尤二姐，并安慰她放心居住，有什么要求尽管提，就把贾府当成是自己的家。

贾琏虽然对王熙凤没有吃醋，还好心的为尤二姐安排居住场所的做法感到好奇，但是也没有深究。正好这时，贾琏的父亲将丫鬟秋桐赏给贾琏做小妾，王熙凤以同样的方式接纳了秋桐。王熙凤这样做只是为了让大家看看自己的大度，为了博得贤惠的名声。其实她心中恨尤二姐，更恨秋桐，所以才有了后面唆使秋桐天天去骂尤二姐的布局。

秋桐本来就看不起尤二姐，在她的心中尤二姐就是外面的野狐狸，是专门魅惑男人的坏女人，所以一经王熙凤的调唆，就更是变本加厉的专拣难听话来辱骂尤二姐。尤二姐吃不好睡不安，然后又生了病。贾琏派人请医生治病，没料到却请来一个庸医，病没治好，反而把尤二姐怀着的男孩给打掉了。秋桐借此又是大骂尤二姐跟外人私通，怀的孩子是野种。尤二姐天天忍受秋桐的辱骂，又孤立无援，病情不但没有好转，反而一天天的加重，觉得自己这样活着实在是太委屈了，还不如一死了结，最后她就吞金自杀了。王熙凤为了表示对她的哀悼，还假装痛哭了一场。

王熙凤是一个玩弄权术的高手，她对时局的风云变化有很强的掌控能力。在这场戏中，王熙凤巧用坐山观虎斗的方法，为自己轻松除去了两个和自己抢丈夫争宠的女人。她先是表示出对丈夫纳妾的大度，赢得了众人的一致好评，再利用秋桐的有勇无谋和泼辣，尤二姐的软弱和忍耐，调唆秋桐对尤二姐进行辱骂，最后致使尤二姐吞金自杀，秋桐失宠。在这场女人间争风吃醋的战争中，王熙凤不费吹灰之力就为自己除去了两个强劲的竞争对手，坐收渔人之利。

这就是善用"坐山观虎斗"的博弈较量。在这样的较量中，要想赢得最后的胜利，首先就是要保存自己的实力，尽可能地避免自己参与其中，站在风暴中心的外围就可以将事态的发展情况看得更清楚；其次就是要保证自己获取利益的有利地势，以防突发原因，造成自己的利益出现滑坡现象。

掌控时局，以防他人浑水摸鱼

人们对于利益的追逐是永不改变的。当一块肥硕的"食物"放在眼前时，人的欲望就会如充了气的气球般急剧膨胀。膨胀的欲望会使战局变得混乱动荡，有的人在这场战斗中获取了满意的收获；有的人在这场战斗中得此失彼；有的人在这场战斗中失去所有，落得两手空空；也有的人趁着混乱的局势，浑水摸鱼，获得意想不到的成果。

在混乱的局势中，浑水摸鱼是一个获取机会的大好方法。时局越是动荡不安，人与人之间的利益纷争就越是错综复杂。这时如果掌控不好时局的动态，就会给他人创造可乘之机，那么这场竞争中的很多利益就会被他人以浑水摸鱼的方法，轻松放入自己的囊中。

曹操赤壁大战大败之后，派大将曹仁驻守南郡，以防孙权北进。这时的孙权、刘备都在打南郡的主意。周瑜因为在赤壁大战大胜曹操，军队的斗志气势如虹，因此下令进兵直取南郡。刘备也将部队调到油江口驻扎，眼睛死死地盯着南郡。周瑜仗着强大的兵力，对取得南郡是志在必得。刘备为了稳住周瑜，就派人到周瑜营中向其祝贺。周瑜也正想一探刘备今后的打算，就亲自到刘备营中回谢。

在酒席之中，周瑜单刀直入地问道："刘备驻扎油江口，是不是要取南郡？"

刘备说："听说都督要攻打南郡，特来相助。如果都督不取，那我就去占领。"

周瑜大笑，说："南郡指日便可拿下，有何不取的道理？"

刘备说："都督不可轻敌，曹仁勇不可挡，能不能攻下南郡，话还不敢说。"

周瑜一贯骄傲自负，听刘备这么一说，很不高兴，他脱口而出："我若攻不下南郡，就听任豫州去取。"

刘备盼的就是这句话，马上说："都督说得好，子敬、孔明都在场作证。我先让你去取南郡，如果取不下，我就去取。你可千万不能反悔啊。"

周瑜一笑，将这些只当玩笑，并没有把刘备的话放在心上。

周瑜走后，诸葛亮建议刘备按兵不动，让周瑜先去与曹兵厮杀。瑜发兵，首先攻下彝陵，然后乘胜攻打南郡，但是却中了曹仁诱敌之计，自己中箭而返。曹仁见周瑜中了毒箭受伤，非常高兴，每日派人到周瑜营前叫战。周瑜只是坚守营门，不肯出战。一天，曹仁亲自带领大军，前来挑战。周瑜带领数百骑兵冲出营门大战曹军。周瑜定下的欺骗敌人的计谋，让曹军以为周瑜箭疮大发而死。

曹仁闻讯，大喜过望，决定趁周瑜刚死，东吴没有准备的时机前去劫营，割下周瑜的首级，到曹操那里去领赏。当天晚上，曹仁亲率大军劫营，城中只留下陈矫带少数士兵护城。曹仁大军趁着黑夜冲进周瑜大营，只见营中寂静无声，空无一人。曹仁情知中计，急忙退兵，但是已经来不及了。只听一声炮响，周瑜率兵从四面八方杀出。曹仁好不容易从包围中冲出，返南，又遇东吴伏兵阻截，只得往北逃去。

周瑜大胜曹仁，立即率兵直奔南郡。

但是等周瑜率部赶到南郡时，只见南郡城头布满旌旗。原来赵云已奉诸葛亮之命，趁周瑜、曹仁激战正酣之时，轻易地攻取了南郡。而且诸葛亮还利用从曹军中搜得的兵符，又连夜派人冒充曹仁救援，轻易地诈取了荆州、襄阳等地。周瑜这才知是上了诸葛亮的大当，当场气得昏死过去。

诸葛亮先是利用坐山观虎斗的方法，看周瑜和曹仁二人斗得你死我活时，再利用浑水摸鱼的方法，在两人酣战之时直捣黄龙，最终取得南郡地区。

在这场战争博弈中，如果周瑜不过于自大自满，提防着刘备的军队势力；在与曹仁斗志之时，分兵直取南郡，就可以遏止诸葛亮的浑水摸鱼，抢占战果的想法和行动。但是他的过于自信，认为刘备的军队远逊于自己，所以在刘备声明自己的目的时，只当成是一个笑话，这也就使得他错失了取得成功的最终结果。

中国博弈论

在坐山观虎斗的过程中，要努力争取保持自己始终处于获取利益的最佳位置。如果不能看清时局的变换动态，就很容易错失最佳的收获良机，让其他后来居上者抢得先机。等回过神来时，那些原本应该是属于自己的收获成果已经被他人收入囊中，此时再后悔已经为时已晚。

3. 冷门外，说不定有更好的机会

在漫长的人生路途中，不论是谁都会遇到被人拒绝，吃闭门羹的事情。但是不同的人，在受到他人冷落，以及苛刻对待后，做出的反应各不相同，得到的结果也就各不相同。这是因为不同的人有着不同的心态和情绪，对事态的发展会起到不同的作用。有的人在被他人拒绝后，会从其他角度重新看待事情的发展情况，从其他方面着手或许可以让事情进行得更完美。所谓“山重水复疑无路，柳暗花明又一春”，即使是遭受他人的“闭门羹”，也不要灰心，只要用心，就会发现身后还有一条通往成功的快捷大道。

冷静看待“闭门羹”

在人生成长的过程中，人们总是会遇到这样或是那样的事情，而被人拒绝，吃他人的“闭门羹”则是每一个人都会遇到的很常见的事情。当一个人遇到重大的、独自一人无法解决的难题时，就会向那些有能力帮助他的人求助。在这些人中，会有人帮助他，但也会有很多人拒绝他，这时就要看这个人是否有和机遇、毅力博弈的勇气了。

有的人遭到一次又一次的拒绝后，就会心灰意冷，失去再次求助的勇气；而有的人则是越挫越勇，直到为自己寻找到一个可以依靠，愿意帮助自己的伙伴。在这场博弈中，前一种人心中的勇气在面对他人一次次给予的“闭门羹”后，一点一滴的消失殆尽；而后者不仅没有退缩，反而因此受到激励，产生了更大的动力和更强的勇气。最终后者以他顽强的信念和勇气，在赢得了他人的帮助，使自己对度过难关的同时，也让自己的人生踏上了一个更高的台阶。

1968年6月1日下午，海伦·凯勒在睡梦中结束了她辉煌，且不平凡的一生，享年87岁。海伦·凯勒在她出生十九个月的时候，就因为生病的原因，失去了宝贵的听力与视力，致使她成了一个又聋、又哑、又盲的重度残疾儿。她不能像正常人一样学习、生活，这使得海伦在幼年时变得愚昧而乖戾，几乎成了无可救药的废物。

上帝虽然向海伦·凯勒关闭了通往美好的大门，但是却为她开启了一扇天窗，为其带来了她的启蒙导师莎莉文小姐。在沙莉文小姐的教导下，海伦·凯勒学会了说话和写字，懂得了“爱”的含义。她凭着自己坚定的意志一次又一次地向病魔挑战，用顽强的毅力克服了生理缺陷带来的精神痛苦。

在经过不断地努力后，海伦·凯勒以优异的成绩毕业于美国拉德克利夫学院，成为一个学识渊博，掌握英、法、德、拉丁、希腊五种文字的著名作家和教育家。她热爱生活，会骑马、滑雪、下棋，还喜欢戏剧演出，喜爱参观博物馆和名胜古迹，并从中得到知识。她走遍世界各地，不断地为盲人学校募集资金。她将自己的一生都献给了盲人福利和教育事业，同时她也赢得了世界各国人民的赞扬，获得了许多国家政府授予的嘉奖。

用“宝剑锋从磨砺出，梅花香自苦寒来”这句古诗词来形容海伦·凯勒的人生经历是最合适不过了。海伦·凯勒用她的实际行动给人们带来了无比的震撼，激励了更多的人，海伦·凯勒以不屈不挠的抗争精神，成就了对美好人生的追求。同时，也赢得了这场与命运博弈的胜利。

冷门外的天空更灿烂

当被他人拒绝时，不要失去信心，找准方向会让自己的人生变得更灿烂。当人们为自己的前途奋斗奔波时，总是会遇到几个“闭门羹”，这时不妨换一个“求神问佛”的方向，或许无意间就可以为自己开启一道通往成功的阳关大道。

失败是成功之母。在人生的道路上跌倒了，不要沮丧，这里并不是事业和生命的终结点，只要咬紧牙站起来，鼓起勇气再次向前冲，就可以将这次跌倒的地方变成下次成功的起点。同样的，我们每一次遇到的“闭门羹”并不能将我们打败，这时的失落和无奈都只是暂时的，只要鼓起勇气，勇敢的敲响下一个房门，或许成功就隐藏在这扇门的背后。

奥利地音乐天才海顿从小就表现出出色的音乐天赋，因为优异的音质，洪亮的声音，使得他在经历了多年的流浪生活之后，有幸被一家儿童艺术团接纳，并很快成为这家艺术团的台柱子。可惜，在16岁时，因为一场大病夺去了海顿赖以生存的嗓子，他炫目的前途一夜之间变得暗淡无光。团长认为他再无利用价值，就把他哄出了团队。

被儿童艺术团赶出来后，海顿又陷入无边的困顿之中。为了生存，他在街头给人擦皮鞋，还被人像对待狗一样拴着看门。生活的磨难，和一场突如其来的病痛，将他彻底击倒了，幸运的是，一位歌唱家对他伸出了援助之手，救助了他。海顿虽然有了暂时的栖身之所，但他对人生绝望了，他想结束自己的生命，希望达到彻底的解脱，摆脱这种没有希望，饥寒交迫，生不如死的煎熬！

好心的歌唱家对他说：“上帝对每个人都是公平的，即使是关上了一扇门，但还会给你敞开一扇窗。虽然你失去了优美的嗓子，但是你还有一双灵巧的双手，一颗聪明的心啊！即使你不能唱歌了，但是你可以作曲，你可以用另一种形式拥抱音乐，让激情的音乐来演绎你精彩的人生！”说到这儿，歌唱家重重地按下了琴键，“轰”的一声巨响，震动了海顿的心。

海顿如梦方醒，从此潜心于乐曲创作中，很快便声名鹊起，并在29岁那年成为保尔王子的宫廷乐长。他一生中创作出了无数优美的旋律，被世人誉为音乐史上的“交响乐之父”和“弦乐之父”，对后世的音乐家莫扎特和贝多芬都产生了很大的影响。

在这场与命运较量的博弈中，如果海顿没有遇到这位好心的歌唱家，或是没有听从这位好心歌唱家的劝导，继续沉浸在自哀自怨的境地中，那么就不会有他今后的优异成绩，也就不会有那些被世人传唱的世界名曲；正是因为他遇到了这位好心的歌唱家，以及这位好心歌唱家对他的劝导，使得他重新燃起了生活的希望，对自己喜欢的音乐重拾信心，在他刻苦且坚定的努力下，写出了众多被世人喜爱的历史名曲。

对于一个信念坚定，意志坚定的强者来说，失败与挫折只是暂时的，每个人都不是为了失败而生的，只要奋勇向前，就可以将失败踩在脚下，争取成功才是人生最终目标。通常刚开始的时候，每个人都鼓足了勇气，为成功、幸福而奋勇前进，但是逐渐地有些人就被奋斗过程中的挫折或失败吓倒了，半途而废，自甘平庸、沉沦，最后只得自食失败的苦果，抱憾终身。但是，也有少数一部分人拼搏到最后，赢得了胜利的果实。其实就算最终的结果失败了，但是也终身无悔，因为结果是什么并不重要，重要的是追求成功的过程，一个生命的伟大并不是他拥有的成果，而是在追求成功过程中他所彰显出来的生命的力量。

中国博弈论

不要只看到事物的一面，而要全方位考虑事态的发展。上天对待每一个人都是公平的，当他关闭了你面前的那扇门时，就会在你身后打开一扇窗户。当事业或是人生遇到挫折时，不要灰心，要振作精神，在哪里跌倒，就从哪里爬起，睁大双眼，开启智慧，为自己另辟一条解决问题、通往成功的道路。

4. 追悔只是错上加错，关键是重新选择

人非圣贤，孰能无过！过而能改，善莫大焉。每个人的一生都不可能是一帆风顺，永不犯错的。犯了错以后只要敢于承认错误，纠正自己所犯下的错误，这才是最为明智的选择。意识到自己犯下错误时，就要拿出足够的勇气担当，承认自己所犯下的错，然后再重新开始，反之，如果一直沉浸在懊恼、自责的境地中，迟迟不能走出错误带给自己的阴影，只会让自己的心境越来越糟，最后变得意志消沉，一事无成。

追悔并不能改变已犯下的错

人生在世不可能永不犯错，关键是看犯了错以后的态度。人们在犯了错以后通常都会面临三个选择。第一，将所有的过错都归到自己的身上，每天都沉浸在后悔和懊恼中；第二，对自己所犯下的错无所谓，不在乎；第三，对于自己造成的过错给予诚恳的道歉，用自己的实际行动弥补错误所造成的损失和伤害。

在这三种态度中，前两种是两个极端，都不可取，只有第三种才是最适宜和正确的。世上没有后悔药吃，对于自己所犯下的错，不要过于“钻牛角尖”，每天沉浸在追悔中，不如多做些实事，弥补自己所犯下的错；也不要在犯下错后，还是一副轻松的表情，要懂得为自己的行为负责任，这是做人的基本原则。不要为自己的过错开脱，错了就是错了，想办法弥补才是当前最应该考虑的事情。

一个贫穷的农户家里有两个儿子，虽然他们的出生使本来就一贫如

洗的家境雪上加霜，但他们的父母还是不辞辛苦的想方设法把两个儿子抚养成人。每次看着已经可以上山砍柴，下河挑水的两个儿子，两位饱经风霜的老人总会露出幸福的笑容。

一天，两兄弟为“谁吃的苦多，受的难大”而争吵了起来，并且越吵越凶，最后演变成互不相让的打架行为。两位老人怕两人这样打下去会闹出大事，就上前规劝。或许是正在气头上的关系，两人都没有注意到劝架的两位老人，竟一不小心，将拳头打到了他们的父亲身上，老人一下子就晕了过去，至此一病不起，没过多久就撒手西去了。

两个儿子对于自己的行为很是懊悔自责，在父亲墓前长跪不起。

大儿子一直无法原谅自己，沉浸在自责和懊悔中，无法自拔，整个人变得越来越消沉，没过多久竟然离家出走了。老二虽然对父亲的死很难过和后悔，当他看到自己年迈的老母亲时，突然间意识到了自己的责任，特别是在大哥离家出走后，他更是坚定了自己的信念。

他心中暗暗地想，我虽然失去了父亲，但是我的母亲还健在，我要好好努力，让她老人家过上好日子。从此，老二起早摸黑的耕田劳作，家境也慢慢变好。

过了几年，家里已经很是殷实，老二也成了亲，而且还有了一个大胖儿子，祖孙三代一家人又恢复到往日幸福平静的生活。

一转眼十年间过去了。一天，老二早晨打开家门时，发现门口躺着一个骨瘦如柴的乞丐，他以为只是个流浪汉，也没在意。当他做熟了早饭后见那个乞丐还没走，也没多想就顺手递了一碗饭给他。那个乞丐低着头没有接，在一阵抽泣声后，他抬起了流着泪的双眼。看到他那灰暗和乞求的目光，老二大吃一惊：天啦！怎么会是我那健康强壮的大哥！

老二赶忙将老大扶进屋，看到躺在床上的七旬老母，老大难过的双手抱头，“咚”的一声就跪下了。

老大和老二犯了相同的过错，但是老大始终不能原谅自己，并且一直沉浸在自责和懊悔中，最后还是接受不了现实而离家出走；而老二对自己犯下的错也是十分的懊悔，但是他将这份懊悔和自责化为今后努力奉养孝敬母亲的动力，用自己的实际行动来弥补对亲人造成的伤害。最终，老大在懊悔和自责中，浑浑噩噩的度过一生；老二以积极上进，知错能改的良好心态，化悲痛为力量，为自己，也为家中的老母，创造了一个幸福安康的生活环境。

人不怕做错事情，只要有悔过之心，改正之意，就照样是一个好人。每一个人都会犯错，在犯了错以后，与其不断追悔自身的不对，不如抓住眼前的每一个希望，开创未来的幸福。时光不能倒流，也不可能从头再来，每个人都没有再次选择的机会，所以犯了错就要敢于承认，认清自己，从当下开始从头做起，只有这样才能促成新的成功。

重新开始可以给生活开启另一扇门

虽然人生如戏，但是老天爷并没有给我们彩排的机会，一切都是现场直播。因此，在人生历程中犯下的每一个错误，都是一个铁定的事实。在成长的过程中，谁都曾经年少，曾经轻狂，曾经无知，曾经在无意间做下错事，但是因为不同人有不同选择，所以每个人获得的人生结果也不同。每一次犯下的错误都是一个既成事实，再去一味的后悔和自责都是无用的，不如从新振作精神，想办法去补救。只要诚恳道歉，用心悔过，再加上不断地努力，就是天大的错也一样可以得到众人的原谅。

周处年轻时，为人蛮横强悍，凶恶武断，是一个危害乡里的大祸害。刚好在义兴河中有一条占江为王的蛟龙，山上有一只占山为王的白额虎，经常一起祸害住在其周围的百姓。所以，义兴的百姓就将他们称为义兴的三大祸害，其中周处最为人们害怕。

为了除掉这三个危害乡亲的祸害，就有人劝说周处去杀死猛虎和蛟龙,希望通过三个祸害相互残杀的方法将他们一举消灭。在他人的调唆下，周处立即上山杀死了老虎,又下河斩杀蛟龙。周处与蛟龙在河中时浮时沉，顺着河流漂游了几十里远，搏斗了三天三夜，才终于将这条危害乡里的蛟龙杀死。看到这血染的江面，当地百姓们都认为周处和蛟龙一起葬身水底，死了，所以就奔走相告，欢天喜地地相互庆贺。

周处杀死蛟龙从水中出来后，听说乡里人以为自己已死而如此欢喜时，这才明白原来大家也把自己当作是危害乡里的一大祸害，因此，产生了悔改之意。

于是，周处就到吴郡去找陆机和陆云这两位有修养的名人，希望他们可以为自己指点改过自新的方法。到达吴郡时，陆机不在，只见到了陆云，就把所发生的全部情况都告诉了陆云，并诚恳地表达出自己想要改正错误的心愿，可是现在年纪已经一大把了，怕再改过也终究不会有什么大成就。陆云就开导他说："古人珍视道义，认为'哪怕是黄昏明白了道理，夜晚就死去也甘心'，况且你的人生还有那么长的路要走。再说人生不在长短，就在于是否能有立志创业的决心，只要能轰轰烈烈的干一番大事业，又何愁没有好名声传扬呢？"

周处听过陆云的开导后，更加坚定了自己改过自新的决心，在经过自己不断地努力后，终于成为一名深受人民爱戴的报国忠臣。

虽然周处年轻时不学无术，成为乡里的一大祸害，但是他在知晓了自己的错误后却能够真诚地悔改，并且毫不气馁，终于成为国家的栋梁，赢得了人们的敬重。那么周处的这场博弈就是与过去错误阴影的博弈，他用实际行动证明自己并没有因此而破罐破摔，反而激发了他改过自新、重新做人的勇气和意志。在现实生活中，又有多少人输给了自己以前的阴影，因为一时的错误而一蹶不振，不能释怀，那么在这场博弈中他就是个失败者。人生一世，要面对的博弈很多，最重要的是不要被自己打败，不要被自己过去所犯的错误打败。错误过后的重新开始更需要你的智慧和勇气，也只有这样才能为自己的人生开启另一扇门，让阳光重新照射进来。

中国博弈论

廉颇负荆请罪，周处为民除害，楚庄王的一鸣惊人，唐太宗广纳谏言。这一系列故事说明了知错能改不仅可以得到他人的谅解，提升自身的修养，还可以得到更多人的认可。一个人有缺点或是经常犯错误，并没有多大的罪过，只要有毅力将这些缺点改正，照样是一个好人。最可怕的、最令人厌恶的是认识不到自己的缺点和错误，还一错再错，或是明知这样是错的，也不去改正，如此放任自己，这样的人才是最可悲、最可恨的。

5. 先下手为强，抢占主动地位

在事件的发展过程中，要想拥有主动权，就要采取“先发制人”的进攻策略。先发制人是领导者取得事物动态发展控制权的一种典型战略行动，也被称为是“引导性战略行动”。在采取先发制人的行动之前，要有明确的目标，以及对事件发展的特定要求，只有制订好这一系列的目标和要求，才可以使“先发制人”的行动得到顺利施展，才可以有力地打击竞争对手，从而赢得这场博弈的最终胜利。

抢占先机就要先下手为强

做任何事都讲究“先来后到”的顺序，这也就是说在做每一件事时，比别人早一步，离成功就更进一步。特别是在科技高速发展的今天，社会资讯、时事政治、科学技术和人文知识等等信息，每一天都在不停地更新着。在条件优势相等的情况下，抢占有利时机，成为一个人成功的必须因素。

主动出击占领有利优势，是现代社会发展的关键。从现在社会中的实际例子就可以看出，要先成功就必须走在众人的前面，想他人所未想之理，做他人还未做之事，只有这样才能在激烈的竞争中占领有利优势，掌控自主领导权，让他人顺着你指定的计划一步一步向前迈进。那么，你在这场博弈中也就已经夺得了强有力的主动权，他人都得追随着你的脚步前进。

在某个领域中，成为最大赢家的人，往往都是那些具有先见之明，早早抢占有利优势，走在众人前面的人。这种人在他活动的领域中，总是可以快速寻找到满意的资源和商机，当他们赚得钱抽身离去时，其他人才后知后觉，像是发现宝藏一般闯了进去，好不容易挤破了脑袋才钻进去，发现只剩下些残羹剩饭，不仅没有挣到钱，反而赔进去不少。

唐高祖李渊与皇后窦氏共育四子，长子李建成被立为太子，次子李世民为秦王，三子元霸早死，四子元吉为齐王。因为秦王李世民在唐朝建立和统一的征战中，屡立大功，为国为民都立下汗马功劳，又因为他爱民如子，知人善用，所以手下聚集了众多的能人异士，权势也绵延至朝廷的各个角落。因此太子建成感到秦王李世民的存在对他太子的宝座产生了严重的威胁，就与齐王李元吉暗地勾结，想一举除掉李世民。同时，秦王李世民手下李靖等大将军都多次对他谏言，说："殿下因功高盖主，被他人怀疑，尔等愿效犬马之力保殿下安全。"

武德九年，突厥杀入关中，唐高祖命齐王李元吉率兵抵抗。但是，齐王李元吉却乘机招兵买马，集结军队，准备与太子建成依照约定的时间举事，力争一举除掉李世民。面对眼前紧张的局势，长孙无忌、房玄龄、杜如晦、尉迟敬德、侯君集等大臣日夜对李世民进行劝导，说："事情已经非常危急了，如果不采取应变行动，不仅难保殿下的安危，国家也将再一次面临灭亡的危险。殿下是圣人，顾及兄弟骨肉之情，不忍也不愿做如此大义灭亲之事，但是现在殿下面临杀身的威胁，在这里坐等屠戮，难道成就是道义之举吗？如果殿下还是一意孤行，尔等也只好归隐他乡，从此隐姓埋名，再也不理朝堂纷争之事。"无奈之下，李世民只有采取众位大人的意见。

武德九年，六月三日，秦王李世民向唐高祖密奏建成、元吉扰乱后宫，并说："臣没有丝毫对不起兄弟之处，只因儿功绩过多，他们就想将吾除之而后快。如果那一天我冤枉而死，与父王永别，九泉之下也无颜再见各位列祖列宗。"唐高祖听了以后，愤慨地讲道："明天一定查问这件事，你应该早点告诉我。"

四日，李世民率他的心腹九人到玄武门自卫，建成、元吉走到临湖殿，发现情况有变，马上回马，准备回府搬救兵。这时，李世民带领伏兵出击，杀建成、元吉，扫除建成、元吉的残余势力。不久，李渊被迫退位，秦王李世民即位，世称唐太宗。

秦王李世民就是因为抢得先机，才能化险为安，并抢得有利先机，将自己的敌手斩于马下，为自己除去了心腹大患。很多人可能会觉得秦王李世民这样做有些残忍，选择其他的方法或许可以更好地解决兄弟之间的矛盾。其实不然，在这场博弈中，如果李世民为了兄弟情义而不忍痛下杀手，那么，最后死在玄武门的很有可能就是他自己。在激烈的竞争中，过多的考虑只会让自己更迷茫，及时采取措施，为自己争得先机，才是最明智的选择。

"笨鸟先飞"更容易成功

不论是在怎样的竞赛中，最早到达目的地的人总是最容易成功的人，所以尽早采取实际行动，就可以尽可能地为自己赢得更多的先机。"笨鸟先飞"虽然是一种很老套的行事方法，但却是最行之有效的方法之一。

"早起的鸟儿有虫吃"，这句谚语很中肯的对世人讲述了先下手为强战略的优异之处。在激烈的利益竞争中，越早付出行动，获得的利益就越大。但是需要谨记的是，在任何竞争中，没有人可以长久的保持竞争优势而长久不衰，只有最先领悟到竞争优势的人，才是获取利益最大的人；行动迟缓，思想反映愚钝的人，永远只能跟随他人的脚步前进。

曾国藩是中国历史上最有影响的人物之一，他是一个知识渊博，智谋过人的智者，是中国历史上有名的文学家、政治家、军事家。但是，曾国藩年幼时，显现出来的学习天赋却不高，有一件趣事很形象地表现了他智力的平庸。

有一天，曾国藩在家读书，直到深夜，他对着同样一篇文章重复阅读了很多遍，就是背不下来，但是他还是不懈努力地继续阅读下去。很巧的是，有一个贼来他家偷东西，但是因为曾国藩一直在读书，所以他也只好潜伏在他的屋檐下，想等曾国藩睡觉后再动手偷东西。可是等啊等，就是不见他睡觉，只是翻来覆去地读同一篇文章。贼人很是生气，就跳出来说："这种水平读什么书？"然后洋洋洒洒的将那文章从头到尾背诵一遍，扬长而去！

在这则趣事中，显然贼人要比曾国藩聪明很多，但是他并没有意识到成功的条件，所以他只能成为一个贼。曾国藩虽然不聪明，但是他深知"笨鸟先飞"的道理，用不断地努力，最终换来了他人无可比拟的成功，成为毛泽东都钦佩的人。

机会总是留给有准备的人。在与他人的竞争博弈中，抢占先机很重要，但是比这些更重要的是，要有足够的实力能胜任，有能力将所得到的资源充分利用起来。一个成就事业的人，不仅需要会抢占先机，也需要付出同等的辛勤劳动。成功是由成正比的努力堆积起来的，多劳动一分就多收获一粒，经过长时间的日积月累，成功的因素就会越积越多。这样即使是再笨的人，也可以在纷乱的博弈竞争中创造奇迹。

中国博弈论

当某个事物在某个高度上停留的时间过长，并不能证明他还保持着相同的水准，在很多情况下，这就意味着退步和落后。而用精明的头脑和眼光，在纷乱的竞技场中，不断地寻找新鲜的、适合的、有利的发展机遇，就可以抢占先机，使自己在激烈的竞争中处于主动地位，为赢得这场博弈获得更多机会。

6. 学会变换思维，才能赢得商机

人们大都是采用人云亦云的方法，去寻找适合的商机，这样做的结果就是更多有利的、高利润的利益都被他人赚走，拣些剩下的“残羹剩饭”。要想获取更多的利益和商机，就要敢于尝试他人未曾尝试的新东西、新方法、新理念，这也被称为是“逆向思维”。“逆向思维”可以为人们创造更多的生财机会，但是，也存在着众多的隐藏危机。

“逆向思维”发现隐藏在背后的“商机”

“跟风”是一种很常见的社会现象，这是因为人们对事物强烈的好奇心理和争胜心态作祟造成的，没有原则，没有信念，完全跟随社会风潮流动而流动。这也就是为什么只有少数人成为成功人士的重要原因，在这其中“逆向思维”起到不可忽视的作用。

采用“逆向思维”思考事情，可以发现很多以前从未想到的情况，但是真正运用到实践活动中去，却不是件容易的事情。“逆向思维”需要有独特且创新的思维理念，以及完美的经营管理法则，以及运行者敏锐的市场洞察力，就算处于绝境，也是可以求得“生机”的。关键是经营者要有洞察市场的“眼力”，在瞬息万变的市场竞争中，发现有利商机，果断做出正确决定，先人一步抢占市场运行的主动权，只有这样才可以获取更多、更有利的市场竞争机会。

19 世纪中叶，从美国加州传来了发现金矿的好消息。这个千载难逢的发财机会，引得众多怀揣淘金梦的人一窝蜂地涌向去加州的淘金大潮中。17 岁的小农夫亚默尔也加入了这支庞大的淘金队伍中，他同其他人一样，历尽千辛万苦，终于到达了加州。

一时之间，加州到处都可以见到怀着美丽淘金梦的人们。金子的数量是有限的，随着人们不断开采和发掘，已经变得越来越少，但是来加州淘金的人却不断地增加，这样就使得淘金的难度越来越大。因为当地气候干燥，水源奇缺，这使得原本就已经很艰难的淘金生活更是雪上加霜，很多淘金人不仅没有圆了自己的致富梦，反而都葬身在此。亚默尔刚开始时也很是努力了一番，最后和其他大多数的淘金人一样，非但没有发现黄金，反而被饥渴折磨得半死。

一天，亚默尔望着水袋中所剩的最后一点舍不得喝的水，听着周围人对缺水的抱怨，他突然想：淘金的希望太渺茫了，既然也淘不到金子，为何不通过卖水的方式赚钱呢。于是亚默尔毅然放弃了淘金工作，将手中挖金矿的工具变成挖水渠的工具，从远方将河水引入挖好的水池中，在用细沙将水体过滤，使其变成清凉可口的饮用水。将这些水都装进桶里，挑到山谷一壶一壶地卖给那些还在不断淘金子的人们。

看到亚默尔改行做起了卖水人，就有人嘲笑亚默尔胸无大志，说："千辛万苦地赶到加州来，不挖金子发大财，却干起这种蝇头小利的小买卖，这种生意哪儿不能干，何必跑到这里来？"

亚默尔对于他人的非议毫不在意，依然继续他每天的卖水生意。

就这样亚默尔依靠毫无成本的卖水生意，在荒凉的加州淘金人中穿来穿去，为自己赚取生存的本金。到整个淘金运动结束时，当他人还是两手空空时，亚默尔已经依靠着短暂的时间为自己挣得 6000 美元的收益。

通过这个故事可以看出，要想在有限的资源中使自己获得更多的利益，就要盯紧经济过渡中所出现的市场需求，根据其需求的不同，调整自己的商场经营策略，学会利用"逆向思维"的思考方法。不论何时，都要保持冷静果断的思维方式，关键时候可以独辟蹊径。不能看到他人做这种生意赚钱了，你也跟着他学，等你学会的时候，这种生意已经由朝阳行业变成了日落行业，僧多粥少时你又怎能赚到钱呢？

无独有偶，有位做茶叶生意的商人，在采茶时节赶到南方某地采购茶叶，因为来得较为晚了些，新采摘的茶叶早已被其他的茶商订购一空。

于是就十分沮丧，但是他在散步时突然发现，当地那些大批用来包装茶叶的竹篓有很多，却无人问津。于是，他便以极低的价格把这些竹篓全部买下。茶叶采摘完毕，当其他茶商准备将茶叶运送外地时，因为在市场上买不到一个竹篓，所以都纷纷前来他家购买。于是，这位商人就利用这无人问津的竹篓大赚了一笔。

例子中这个精明的商人，就是利用“逆向思维”的思考方法，一改其他商人喜欢“一窝蜂”，挤“独木桥”的经营观念，利用他人看不上眼的事物做文章，轻轻松松为自己赚取一笔丰厚的利润。

其实，“逆向思维”就是要人有足够的胆量，敢于做第一个“吃螃蟹”的人，敢于担当商场上所有未知的风险，将原本不被看好的东西，在特殊情况下,将其变为适应市场需求的畅销品。学会“逆向思维”思考问题，就可以发现在我们的周围到处都是商机。

拐个弯，天空更灿烂

在生活中有很多这样的事情，原来被人嫌弃、不喜欢食用的香菇脚，在经过他人细心研究后，变成众多加工食物的必不可少的上好添加剂；困难时期人们吃怕了的番薯叶、苦叶菜、南瓜叶等食物，在厨师的精心烹饪后，成为宴席上的时尚宠儿，被众食客给以极高的称赞；在人们的印象中，大西北总是和荒凉、金戈铁马、悲欢离合等词语联系在一起，是文人墨客诗歌赞扬，达官贵人产生恐惧感的地方。而现代商人张贤亮却根据其独有的地貌气候，开设了电影拍摄基地，凭此为自己赚得了不菲的财富。生活中还有很多类似的事情，这种就是利用异于常人的思考方式，获取了他人未能获取的成就。

现代经济高速发展，每天都有新类型的经济体出现在人们的眼前。因此，在市场经济高度发展的今天，如何让自己的产品显示出更为突出的优势，如何标新立异，成为每个经营者最关心的问题。

在一家高档服装店中，经理在吸烟时不小心将一条高档呢裙烧了一个小洞，因此这条“残破”的高档裙子就成为无人问津的“次等品”。依照常理，只要将烧毁的小洞用同种布料补上，就可以蒙混过关。但是，这位经理却反其道而行之，他在小洞的周围，用剪刀又挖了许多小洞，并用装饰上精美的花边，将这件改造后的裙子命名为“凤尾裙”。将裙子挂在店里出售时，不仅卖了好价钱，而且还吸引了很多顾客的订购，一下子使店里的生意变得异常红火。

依照同样的想法，某些专卖玩偶的商家，为了使自己的销售业绩更好，就大胆创新推出一款奇丑无比的“丑娃”玩偶。这种“丑娃”玩偶一经上市就受到众多人的喜爱，成为店里大受欢迎的明星商品。

通过以上两例成功的商业事例可以证明，突破传统的思维模式，利用富有独特性、新颖性的，具有创新概念的经营方式，可以创造出更优异的成绩。转换思维就是从与他人不同的观察点入手，运用敏锐的眼光，以新、奇、特的独特视角和智慧挖掘市场中隐藏的经济潜力，大胆、果断地进行市场开发，就可以将已经走入绝境的落套冷门产品，瞬间变为大受人们追捧的优质商品。

一个犹太商人用价值50万美元的股票和债券作抵押，向一家纽约银行申请1美元的贷款。乍看之下，很是不可思议，同时又感到这位犹太商人有点傻。但是回过头细细一想就会明白，这位犹太商人简直是太聪明了。这位犹太商人之所以这样做的目的，就是利用所申请的1美元贷款，让银行替他保存巨额的股票与债券。依照习惯，人们总是会将像有价证券这样的贵重物品存放在银行金库的保险柜中，但是这位精明的犹太商人只需每年付出6美分的价格，就可以将自己想要存放的贵重物品存放妥当，并且为自己节省了一笔不小的开支。

这位犹太商人就是利用简单的逆向思维，通过违反常理的做法，为自己轻松解决了保存贵重物品的问题。善于发现的人，通常都是转换思维的高手，他们敢于想他人想不到的想法，敢于尝试他人所不敢尝试的事情，走他人所不敢走的道路。也正是因为如此，他们才总是处于众人的前方，获得比他人更多的利益。

中国博弈论

“变换思维”是商场经济发展过程中不可或缺的重要思维方法之一。灵活运用“变换思维”的思考方式，可以在迷茫的商场中发现有利商机；可以让原本已经濒临破产的产品生产链重新焕发生机；可以让那些已经被世人忘记的尘封事物，从新走入人们的视线，成为人人追捧的潮流产品。这就是“变换思维”在市场博弈中的重要作用，只要掌握了这种方式，就可以在激烈的市场竞争中赢得先机。

7. 最好的准备与最坏的打算

在做事情的时候，人们总是喜欢偏向美好的一面，忽略了事件发展中隐藏的危机。因此在发生突发事件时，总是表现出惊慌失措的模样，不知该如何是好。因此，在计划做某件事时，不仅要做好详细的预定计划，还应做好出现意外时的最坏打算，那么，在遇到危机时，就可以从容面对眼前所有的一切，将事件造成的损伤降到最低点。

未雨绸缪让事情更顺利

“抱最好的希望，做最坏的准备”。这个道理说起来简单，实际做起来却又是另一回事，人们习惯于对事物的发展情况抱着最好的希望，总是忽略对未知的突发情况做好预防准备，这就是通常人们所说的侥幸心理。

人生本身就是一场无硝烟的战场，每个人每一天都在和自己的命运抗争，失业、失恋、为生活奔波等问题，是大多数人都会遇到的事情。

在对未来未知的情况下，即使是在做一件很简单的事情，也要对事情今后的发展情况做出多种假设，抱着美好期望的同时，也要做好最坏的打算，以及相关的应对措施，这样就可以对事物的不定性做出有效的防范措施，提高事件的成功率。

一家公司的保卫科只有甲、乙、丙三个员工，因为老科长马上就要退休了，所以要从他们中间提拔一位思想灵活、业绩优秀的人为科长。

刚好前几天，公司发生了一起火灾，因为保卫人员及时采取有效措施，保证了公司贵重财产安全，没有造成太严重的损失。老板根据三人在这场火灾事故中的表现，进行了论功行赏，以及有关任命新科长的决定。

在火灾发生时，甲奋不顾身，带人抢出了公司的重要资料和物资，头发都被火燎了。乙及时打开消防栓灭火，并且报了火警，衣服都破了。老板称赞甲乙二人是好样的，是全体员工学习的好榜样，并分别奖励给他们每人500元。但是出人意料的是，老板竟然宣布让丙做保卫科长。众人对此很是不解，发生火灾时，丙正待在家里，并未参加任何灭火行动，丙凭什么就可以做科长？

老板说："那天丙之所以在家休息，是因为当天他和我吵了一架，生气了才待在家里的。"

如此一说，众人更是不明白了，丙竟然敢目无纪律，目无领导的和领导对着干，就更不应该提拔他啊。

面对众人的疑惑，老板抿了一口茶，缓缓地说道："那天，他找我反映公司的消防有隐患，强烈建议公司立即更换新的消防装备。我说公司现在正忙着，等忙过这阵子再说吧。他一听我这么说就生气走了。假如我当时听他的，就不会发生这场火灾，也就不会给公司造成这样的损失。如此看来，大家说他们三个人中，是不是要数丙的功劳最大？"

从这则故事中可以看出，"未雨绸缪"是人生历程各种博弈战争中都不可缺少的重要策略。在这则故事中，丙对公司消防系统的老化，向公司提出"未雨绸缪"方案，赢得上级领导的赏识，使自己轻松赢得了科长的职务。而甲、乙只是老实本分，恪守自己的职责，一心为工作着想，但就仕途升迁方面来讲，欠缺"未雨绸缪"的敏锐性和责任感，对公司未来的发展前景没有细致的考虑，所以不适合担当领导职务。

居安思危是成功的重要前提

在当今市场经济快速发展，科技知识快速变更的社会中，不论是哪个职业，都要有“居安思危”的意识，不然就会很快消失在波涛汹涌的潮流大浪中。学会“居安思危”，就可以及时发现工作或是生活中出现的问题，提出解决问题的有效措施，成为领导喜欢的参谋助手。越是激烈的竞争环境，越要学会思考和分析问题的前瞻性，不能总是等待时机自己送上门，要学会主动出击，从各种错综复杂的人际关系和工作症结中找出适合自己的坐标，然后从点滴中学会去把握机会，增强自身的责任意识。

“生于忧患，死于安乐”，当人们处于比较困苦的环境中时，会受到外在环境的影响，激发心中的奋斗力量，使自己可以更好地生存下去；但是当人们处于相对较安乐的环境时，就会缺乏生存压力，从而产生懈怠心理，对遇到的问题无法做出有效的解决方案，进而为自己带来危难。无论是人或是其他生物都要有忧患感和生存危机意识。因为，优越的条件带来的并不一定全是美好；恶劣的生存环境带来的不一定全是坏结果。一个国家如果没有危机意识，就会加快其灭亡的速度；一个企业如果没有危机意识，就会流失其在市场中的竞争力而倒闭；一个人如果没有危机意识，就会永远无法抵达成功的彼岸。

在5·12四川大地震之后，四川安县桑枣中学校长叶志平被人们公认为最负责、最“牛”的校长。这是因为他的“居危思安”思想，使他的学校成为“5·12”大地震中唯一无伤亡的中学。

早在2005年，他就开始实行学校突发事件紧急疏散的训练演习。起初，此举招来不少人的误解，甚至有不少师生都认为这样做只是一种做给他人看的表面工作。外界的各种谣言都没有动摇他坚持下去的信念，他动用手中所掌握的有限权力，强硬地让他人和他一起坚持着，准备着，使这种训练演习成为一种教学常态。正是有这些平时的强化演习，使得全校2200多名学生和上百名老师，在地震发生后，可以从不同的教学楼和不同的教室中快速冲到操场上集合，并以班级为单位站好。这种快速撤离的全部用时仅为 1 分 36 秒。

人生的未来都是不可预测的，因为每个人的未来都充满了不确定性。或许上一刻你还在豪华的五星级酒店中享受，下一刻就会成为街头乞丐；也或许前一刻你还在为下顿的伙食发愁，后一刻你就成为百万大奖的获得者。人生总是充满了机遇和无奈，对于将来发生的事情，谁也无法预知，因此每个人都要有一种危机意识，只有这样才能在心理和实际行为上做好充分准备，应付突如其来的变化。心存危机意识，或许不能把问题彻底解决，但是却可以把损失降到最低点，为自己保留更多实力。

中国博弈论

在人生的博弈中，总是会发生很多的突发情况，这些变化有时可以使人一夜成名，或是一夜暴富；同样也可以使人一夜之间成为千夫谩骂的对象，或是让人从翩翩公子变成流落街头的乞丐。总之，在与命运抗争的博弈中，要想笑到最后，“怀抱最美的理想和愿望，做好最坏的打算”是一个至关重要的因素。

8. 外在行为中蕴藏的心里秘密

人际交往中，免不了要与他人进行面对面的沟通，也许很多人都不敢相信，信息的社交内容只有35%是通过语言进行沟通的，而其他的信息则要通过非语言行为进行传递。这样就用到了外在行为的肢体语言，当有些话顾于个人面子或其他原因无法说出口时，就需要用外在的动作表达出来，即所谓的肢体语言。如果你懂得运用一些肢体语言，有时会收到意想不到的效果，反之只会暴露出自己内心的秘密。

别让肢体语言暴露你心里的秘密

身在社会这个大环境中就免不了要与各色人进行交际，在交际的过程中，除了要用到必不可少的语言外，还要运用到肢体的行为语言，所以外在的肢体语言有着极高的重要性。不懂得恰当运用只会暴露自己心里的秘密。

人与人交往中，往往为了保持自己心理上的安全感，就会自觉或不自觉地与他人保持一定的距离，有时甚至企图在其周围划出一片属于自己的空间，不希望别人侵入。此时肢体语言所表达的就是一种防卫，防卫外人侵入其个人空间时带来不安的情绪。相信每个人都有过这样的感觉，如果有陌生人要求坐在你的旁边，你就会感到不安，甚至有种想起身离去的冲动；如是你熟悉的人来到你身边，你就会主动与他打招呼，或主动让其坐在自己身边的位子上。这就是日常生活中我们常用不同的肢体动作来表达不同的意思。如果你身在职场就更应该懂得正确运用自己的肢体语言，以防暴露自己的心理。

在此简单介绍职场的 7 种肢体语言：

1. 胳膊交叉胸前：这个动作暗示的意思是反对、不认可或不想搭理。这种肢体动作表示对方根本没在意听你的话，或者对你的观点持怀疑态度。对于一个业务员来说，对方若出现了这种肢体动作则表示“此路不通”，这时最好调整策略或另做打算。

2. 碰碰鼻子：这个动作往往与欺骗有关。如果当你讲话时，对方用手摩擦自己的鼻子，你就可以判断出他是没有诚意的，这时就要小心了。

3. 皱眉撅嘴：当一个人感觉自己的心理或身体受到不怀好意的侵犯时，就会出现这样的动作。同样对于业务员来说，如果你的客户出现了此动作，就要与他拉开一定的距离，或另谈一个话题。

4. 手托下巴：这个动作表示的意思是此人正在思考或做决定。这时切不可滔滔不绝地与其交谈，否则只会招致对方的厌烦。

5. 抓脖挠背：这表明当事人还有疑问或者顾虑。

6. 踮起脚尖：人体最诚实的部位便是脚，如果有人出现了此动作就暗示有想离开的意向。这时切不可再与对方滔滔不绝地交谈，因为这样的谈话对方是无法专心听下去的。

7. 双手相碰：这个动作往往只会保持很短的一段时间，就是为了引起你的注意，它暗示的意思是想和你建立进一步的关系。这时，千万别以居高临下的姿态示人，因为这样只会打消对方的热情。

如果你身在职场却不知这些肢体语言所暗含的意思，那么一不小心你的身体就会暴露你心中的秘密。

王毅是一家公司的经理，最近由于公司业绩一直不见起色，他正在考虑是不是要为公司的产品做一次广泛宣传，即在某家大型的门户网站上做广告，或做户外广告等。当这种想法正在他脑中酝酿时，一个西装革履的业务员走了进来。王毅正为打广告的事心烦着呢，本想摆手让他出去，可却听到来人说他是市内一家大型网络公司的业务员，问他有没有为公司产品做广告的意愿。王毅心中暗想，来人不正好能为自己解决问题吗？于是他连忙把刚交叉在胸前的胳膊放在了桌子上，并身子前倾地想问他一些具体的情况。然而王毅一想如果让对方发现自己有兴趣的话，他们肯定会死咬着价格不放，而如果自己说不感兴趣，让他费尽口舌之后，再装作勉强答应，这样一来，在价格上肯定会有一定的商量余地。想到这，王毅立即恢复了双手交叉胸前的动作，并说道："我们暂时没有这样的意愿，不好意思。"可是身经百战的业务员哪会看不透王毅的心思，因为他刚开始的动作已经出卖了他。

这位业务员心里清楚，只要是有做网络宣传意向的公司几乎都会首先考虑他们公司。现在就算自己不做纠缠,这家公司早晚也会找上自己的，而且到时找上门的价格会更高。于是聪明的业务员听王毅这么说，便不再多说什么，只是递上了一张自己的名片，并不忘说了句："王经理，如果您哪天有需要的话，随时给我打电话好吗？也欢迎您去公司洽谈。"

王毅本想对方肯定会想方设法让自己做广告，并提出一些价格优惠，可没想到对方却会给自己来这一招。他不明白自己是哪个地方暴露了自己的心理秘密，没办法，为了尽快解决问题，当业务员转身要走时，他叫住了对方。此时业务员心中乐开了花，当然最后在价格上没有给半点优惠便顺利签了合同。

也许王毅并不明白自己哪里暴露了心里的秘密，因为很多人在做一些肢体动作时并不在意。然而就是这些短暂、不经意的动作暴露了自己的心思，同时也给了对方利用的机会，所以在日常生活工作中，一定要懂得恰当运用肢体语言，别让一些外在行为暴露了你内心的秘密。

恰当运用肢体语言会收到意想不到的效果

据人类学家观察，人们在面对面的交往中，常因彼此间情感的亲疏不同，而不自觉地保持不同的距离：亲密的同事，彼此间可以接近到 0.5 米；私交的朋友，彼此可以接近到 0.5 ～ 1.25 米；与陌生人沟通时，则保持在 1.5 米以外。显然，双方当事人在沟通时，从不同的肢体语言就能看出情感的亲疏。

相信每个人都知道一些简单的肢体语言所暗含的意思，如鼓掌表示认同、兴奋，顿足代表生气，搓手表示焦虑，垂头代表沮丧，摊手表示无奈，捶胸代表痛苦，斜视代表蔑视……人们常会用一些肢体活动来表达自己的情绪，通过这些肢体动作，别人也可看出你当时的心境和心思。而有的人正是利用这点，巧妙地运用自己的肢体动作，以更好地达到自己想要的结果。

杰和力的婚姻遭遇了危机，最近不但力总是冷落她，而且杰也总讨不到婆婆公公的欢心，还常常因为一些小事招致他们的不满。对此杰从不说什么，每次遭遇委曲时，她总是默默地站在窗边，眼睛向上看着天空。渐渐地杰的姿势博得全家人的同情。此外，每个夜晚杰总会站在漂亮的窗帘前，下巴微微上仰，抬起眼睛向上看，露出纤细的脖子，这个动作让每一个男人看了都会动恻隐之心。渐渐地她发现丈夫不但不再冷落她，而且愈加疼爱她。

杰的这种姿势，能表达出两种意思：一控制自己的眼泪，不让它流下来；二是表示顺从，以博取家人及丈夫怜爱之情。令她自己也没想到的是这种简单的动作却收到了令人意想不到的效果。由此可见外在行为的力量，可以更好地帮助一个人实现自己的目的。

中国博弈论

任何的外在行为都有可能会暴露你的心理，或你内心的秘密。在是否善于运用肢体语言的博弈中，真正的智者往往会选择前者，在不动一兵一卒前提下，顺利达到自己的目的，而那些不懂得运用肢体语言的人，只会让自己的肢体动作暴露自己的心理和内心秘密。

9. 深藏不露，以退为进

每个人都想成功，但是并不是每个人都懂得成功的智慧。有的时候，硬冲硬打并不一定是一种很好的策略。对于成功者来说，只要人生没有改变，有时候选择以退为进，也是一种很明智的策略。

锋芒毕露后果很“惨”

一般来讲，只要努力，则可以获得成功，但如果不努力，则绝不可能成功。谈到成功，我们大多数人都认为只要勇往直前，这就是一种积极进取的态度。但这种态度并不适用于任何情况。有的时候，保持深藏不露，选择以退为进也是一种必要的策略。

退让并不是无能为力的表现，相反它是理智的。俗话说：退一步，路更宽。这就好比跳远，你退得越远，助跑越长，跳得也就更远了。暂时的退却，可以让人获得更大的成功。

有位博士毕业后，想在自己的城市找一份工作。因为他是博士学位，对薪金待遇各方面的要求都比较高，在经过了几家面试之后，都没有被录取。思来想去，他决定收起所有的学位证明，以一种“最低身份”去求职。他先以专科生的身份去了一家软件公司面试程序员，这对他来说，简直是小菜一碟，但他仍然干得认认真真。不久，老板发现他的技术水准非常高，做出的东西不是一般的程序员可以比的。这个时候，他才亮出了学士证，老板立即给他换了一份与学士学位想匹配的工作。

过了一段时间，老板发现，每做一个项目，他的意见总是有独特的价值，也是一般的大学生不可比的。这个时候，他又亮出了自己的硕士证书。老板立即给他升了职。又过了一段时间，老板觉得他的能力比普通的硕士要高很多，在老板的“逼问”下，他才拿出了自己的博士学位。老板立即重用了他，也给他安排了相应的职位，这也是他最初的目标，终于得到了实现。

在遭遇接二连三的失败后，这名年轻的博士并没有气馁。他的办法是很聪明的，他先降低自己的学历，甚至让别人看低自己，然后再找机会全面展示自己的才华。让别人对他一次又一次的刮目相看，他的形象在别人心目中慢慢变得高大。如果他在找工作的时候觉得自己很了不起，对自己寄予了厚望，那如果他的表现一次比一次差，就会让别人看不起。反之，如果后退一步，即使是人家刚开始没有对他寄予希望，后来老板慢慢发现了他的才华，立即重用了他。

这位博士最初对理想目标追求得太迫切，既给自己平添了许多烦恼，又没有达到最终的目的。但是他明白倒不如退而求其次，以退为进的办法，走一条曲线成功之路。现在社会上有许多刚毕业的大学生，刚开始找工作就希望引人注目，向别人炫耀自己的学历和本事，即使在当时别人相信了他，但以后如果他在工作上有一点小差错就会被别人看不起。刚走上工作岗位的人，千万不要锋芒毕露，适当的给自己留些余地，后退一步，才可以跳得更远。

退一步，海阔天空

我们不妨试着，在开始做某一件事情的时候，先以别人的利益为重，这实际上也是再为自己的利益实现开辟出一条宽敞的大道。在做任何事情的时候，不要冒着风险去做，沉着冷静地想一想，可能会取得比你预计的更好的效果。

从更加实用的角度来讲，成功的第一步就是不要暴露自己的利益和意图，要让对方感到你是心甘情愿做事的。在和别人合作或者是在工作中尊重别人的观点和利益，后退一步，这也不失为一个很好的办法。但是有些人不知道利用这种办法，在和别人合作的时候，过分地强调自己利益。那么这样做的话，即使别人刚开始可能对合作的项目很感兴趣，但别人也会因你的态度而改变自己的想法。

著名的咖啡公司——雀巢公司，为了将系列低卡路里的冷冻食品打入西欧市场，不惜亏了血本。远赴西班牙种植原材料，还承担着高额的关税。但为了使产品在大西洋立足，雀巢公司宁愿承受4年的亏损，最后终于打开了西欧市场。

雀巢公司就是在用一种退的策略，因为雀巢一直相信，暂时的退是为了更好的进。即使亏损也是值得的。在商业活动中，“退”可以使公司获得更好的商机。

我们怎样才能做到以退为进呢？首先要紧紧把握住“退”和“进”

之间的辩证关系。“退”并不是一味的忍让，但“进”也不是急躁的贸然前进。我们应该记住，即使是退，也要退的有底线，进也要进的有原则。所谓的“底线”和“原则”都要因人和因事而异，这都需要我们灵活的处理。真正的“退”，要因时而异，根据情况的变化而相应变动。

中国博弈论

以退为进是成功的一条捷径，也是聪明人常用的一种办法。罗曼·罗兰曾说过：“朝一个方向前进，差不多是以从另一个方向向后退作为代价的。”世界上有许多事情，盲目的所谓前进并不是解决问题的最好办法。该进则进，该退则退，进退自如，才能让自己的处世更加富有弹性和灵活度。

10. 从言行悟得人内心的玄机

通过别人的语言我们可以听到别人内心的想法，但是如果别人不想表达自己的想法，就要通过其外在的一些表现来悟出。但这是一种特别的智慧，我们需要怎样才能够看懂别人的内心呢？

为什么一个人的言行会被内心所牵连？

从心理学角度讲，一个人的言行也就是其表情和动作形态的外部表现。我们平时观察一些人的言行，主要有三个方面：面部表情、身段表情和言语表情。但是表情具有社会性，不是固定不变的。我们要想猜出别人的内心也不是容易的事。人们也常会根据需要来控制自己的表情动作，掩盖、修饰或夸张自己的情绪，以改变内心体验，协调人际关系；还有一些经历不同的人，对自己的情绪也是有着不同的表达方式。有的人比较含蓄，但是有的人就比较外露。

刘燕是一家房地产公司的售楼小姐，在公司的业绩也不错，深受老板喜欢。但是刘燕只是特别的能说，观察能力却很差。一天，来了一对情侣看房。刘燕很热情地接待了他们，还将他们两个夸得美滋滋的。男人看上了一套两居室，而且还决定今天付首付。刘燕不厌其烦地向他介绍房子的好处，但是刘燕没有注意到女人的表情，女人拉长个脸，显然是不想买那么小的房子，想买旁边那一套大些的。但刘燕滔滔不绝地讲，后来，房子还是没有成交。

刘燕因为不善于观察，从而丧失了这一笔生意。如果她观察到女人的表情，对比这一套小的，说那一套大的好处，显然生意就可以立即成交。我们在平时就要注意把握别人的表情变化，那样则可事半功倍。

观察人的言行也是一门智慧，观察别人的心态，静态观察主要是眼神、语气，动态观察就是换位思考，观察他的行为习惯是否有异样。虽然在某些言行上可以看出别人的内心世界，但是由于人都具有隐蔽性，俗话说“路遥知马力，日久见人心”。要想仔细地看出某个人的内心，还是要通过长期的观察和判断才可以。单凭别人的言行看人还是具有一定的局限性，这就需要我们在观察别人的时候，认真仔细，比如在日常生活和工作中十分心细的人常常会比较敏感多疑，而在小节上不太注意的人就会比较开朗外向。

做个成功的观察者

在生活中，我们总是会遇到让我们难以猜测的人。对任何人来说，了解别人和自己都是人生中的一个重要课题，但是每个人都有自己的想法，要想悟出别人的内心又谈何容易。一个不了解别人的人，就犹如盲人摸象一般无法与别人和谐相处。所以，要想获得成功，就必须先从了解他人做起。

人的内心是复杂的，也是玄妙的。有人说，眼睛是心灵的窗户，从别人的眼神中可以看出别人在想什么。也有人说通过肢体语言可以看出别人心中的秘密。无论是从眼神还是肢体语言中，或者是从别人的衣着和姿态等都可以悟出别人内心的想法。

俗话说：伴君如伴虎。太监李莲英是个十分聪明乖巧的人，他从中明白了应该如何处理主子和奴才之间的关系。他可以从慈禧太后的一言一行中猜出她要做的事情，然后自己提前准备好。就是因为他的那种“机灵”，所以，深得慈禧太后的喜爱。后来被提拔为太监总管，甚至“权倾朝野”。

我们在生活和工作中，要善于观察别人的言行举止。根据别人的想法，再结合自身的利益，让自己的利益最大化。

实际上，我们在观察别人的同时，还要善于观察自己。通常情况下，善于观察自己就是善于观察自己的心思。将对别人评头论足的目光移到自己的言行和内心之中，人际间的争执就会平息下来。善于观察，则可以在这场博弈中，使自己达到最终的目的。

中国博弈论

要想成功地把握住别人的内心，就需要多与别人沟通，注意他的喜好。把握住这些，就可以为成功获得又一个筹码。在与别人进行竞争时，要想获得成功，最好的办法就是要了解对方的想法。

第八章 感悟博弈智慧，做个聪明之人

自古以来，中国人无时无刻不在进行着博弈。对于每个人来说，人生处处体现了博弈，这就是说，博弈的智慧在中华大地上散发着无穷的光辉。每个人都想做一个聪明的人。可是,如果你不能觉察到博弈的力量，就无法体会到它的真谛。只要真正感悟到博弈的智慧，不管是在生活中还是在职场上，都能做到游刃有余、左右逢源，进而成为一个名副其实的聪明人。

1. 与人决战时，聪明人总会选择背水一战

自古以来，我国古代的战场上就从来不会缺少博弈的战略，如经典的破釜沉舟、背水一战、围魏救赵、草船借箭、暗度陈仓、釜底抽薪、先发制人、借刀杀人等等，这些博弈的策略撰写了一个个令人拍案叫绝的战场神话。而我们也知道在决战中聪明的人会选择“风萧萧兮易水寒，壮士一去兮不复还”式的背水一战，因为只有如此才能使战斗力得到最大的发挥。

背水一战的决绝气势

当人们听到“背水一战”这个词时，就会觉得有一种慑人的气势在里面，就会马上让人觉得有一种势不可挡的决心与力量。选择背水一战也就是选择切断一切后路，不留一点余地地把自己逼上绝路，既可以激励己方的决战信心，又可以给对方极大的震撼。

从某种意义上说，“背水一战”似乎和“懦夫博弈”有些相似，所谓的“懦夫博弈”就是把自己逼上无路可走的绝路，让自己在绝路上做最后的挣扎和战斗，如果你的绝路能“绝”到打破对方的心理防线，让对方主动的放弃，那么你就是这场博弈的获胜者，如果对方也和你一样的决绝，那么最后必然是两败俱伤。不过和“懦夫博弈”不同的是，“背水

一战”不仅赢在气势上，还赢在智慧上。

那么究竟“背水一战”的智慧深含在哪里？当年韩信是怎么用“背水一战”的办法把敌人玩得团团转的？

话说当年，韩信为了汉王刘邦能够打败项羽，夺取天下，而定计先攻取了关中，再东渡黄河，接着往东攻打赵王歇。当时韩信的部队要通过一道叫井径口的山口，而赵王歇和赵国统帅陈余就率领20万兵马，集结在井径口准备迎战。

当时赵王手下的谋士李左车向赵王献计说：“尽管韩信这次领兵前来，一路上打了许多胜仗。他乘胜而来，其势不可挡。但是他们经过长途跋涉，必定粮草不足，士兵不饱，战马也缺乏草料。而我们就正好可以利用这一点，先派三万兵从小路截断他的粮车，然后再利用井径口山路狭窄、车马难通的地理优势，只需把沟再挖得深些，墙再垒得高些，我们无需一兵一卒与他们交战，他们前无援兵，后不得退，用不了几天就可以活捉了韩信。”尽管李左车说得句句在理，但是自恃读过几本兵法的陈余并不领情，他没有采纳李左车的意见。

当韩信探知陈余拒绝了李左车的策略之后十分高兴，于是就率领汉军兵马驻扎在距离井径口不远的地方。然后等到风高夜黑的晚上，韩信让大家先大吃了一顿补充体力之后，先派出两千轻骑兵，每人带一面汉军红旗，从小路迂回埋伏在赵营侧后方，等待时机。然后，再派一万大军沿着河岸摆开阵势吸引赵军的进军，陈余听说韩信沿河布阵后，笑其徒有虚名，不知道给自己留条后路，背水作战岂不是自己找死！

等天刚亮之后，韩信就主动发起进攻，一路兵马帅旗、大张旗鼓地向井径口杀去。等汉、赵两军交战后，汉军假装狼狈的败退，一路“偃旗息鼓”的向河岸阵地退去。迂腐的陈余当然不知道这是韩信的计谋，指挥赵军拼命追击。而此时早就埋伏好的两千轻骑兵，趁机杀入赵营，拔掉赵军军旗，换上了汉军的军旗。赵军一路追击至汉水沿岸，汉军无路后退，士气大震，一个个背水拼死作战。而赵军久战不胜，士气开始低落，而当他们忽然又发现背后赵军的营垒插上了汉军的军旗，都以为赵军的营地已失，顿时军心大乱。汉军越战越勇，对赵军前后夹攻，最后杀死陈余，活捉赵王歇，取得了大获全胜。

不懂其中奥秘的军士向韩信发出了疑问，因为兵书上说，军队排列阵地要右后靠山，左前临水，而为什么这次背水为阵，先生却能胸有成竹的取得胜利？韩信解释，其实这也出自兵法，不过这个兵法不是关于布阵，而是“陷之死地而后生，置之死地而后存”的决战兵法。因为被置之死地的兵士们为保存自己生命，定会拼死作战，而如果没有这种“置之死地而后生”的外界条件，估计没有几个人会拼死一搏，恐怕稍有不对就弃甲而逃了。

可见，背水一战就是需要拿出一条路走到黑的决心，才可能在绝望中找到生存的机会。其实在现实生活中，很多时候大家并不是办不成自己梦寐以求的事，而是缺乏那种“背水一战”的精神，没有足够决绝的信心，总是会给自己留有退缩的后路，一旦烦了、累了、怕了就退回去，躲得远远的，所以梦想就永远是梦想，永远没有实现的机会。

尽管很多的时候，我们需要给自己留条后路，但是人生又有几次搏，如果每次都给自己同样的理由，那么我们不能像别人那样成为一个功成名就的人，也就不是什么意外了。所以该出手时就出手，此时不搏，更待何时？如果有必要的话，就给自己一次决战的机会，在背水一战中感受一下自己的大将风范，也许你的成功之路就此拉开序幕。

背水一战全解析

既然是背水一战，当然不能鲁莽，一定要把可能出现的各类问题都全面周详地考虑进去。所谓的“背水一战”，如果只有气势是远远不够的，还要有失败的最坏打算，打出胜利的漂亮一仗，就需要有一定的智慧和计谋。

从战略上看，韩信攻打赵国，不仅可以消除刘邦在荥阳主战场侧翼的威胁，而且攻破赵国后就可直攻项羽的战略后方，有助于刘邦对项羽的直面攻击。

从战术上看，韩信攻赵时，汉军的自身作战条件是后勤保障困难、千里奔袭、外线作战等。所以在作战时要考虑最多的就是时间问题，如果不能速战速决，就会形成攻坚战和消耗战，所以要以最快的速度全歼敌军。故这次战役要解决的几个基本问题就出现了，大家也可以将其引申到现实的博弈中去。

1. 如何诱敌全军出战，也就是如何让赵军主力舍弃主营地的阵地战，而进行全军出战的运动战。

2. 如何选择战场，该战场不仅要容纳汉军与赵军双方的主力进行决战，而且要发挥汉军的优势，抵消赵军的优势。

3. 如何激励士气，因为汉军在兵力上处于劣势，而且经过长期的作战，战斗力也被消耗得差不多了，所以必须采取有效办法激励士气，让士兵一鼓作气的战斗。

而韩信的成功也离不开陈余的“功劳”，因为需要陈余犯一些错误，韩信的背水一战才能有机会取得成功。大家在现实生活中也会发现，有时候我们能取得成功，除了我们自己的智慧之外，也少不了对方的粗心大意，心高气傲等缺点。所以，我们也可以在现实的博弈中，注意一下对方的缺点，很有可能会给我们关键性的帮助。

1. 陈余刚愎自用，无视他人，这样就会让他错失很多正确的建议，从而在作战中犯错误。

2. 陈余的作战思想比较墨守成规，不能够把兵法上的作战方法灵活的运用在实际的作战中。

3. 陈余不仅收到情报错误毫不察觉，而且低估对方的能力，过于盲目主观。

4. 陈余比较爱面子，怕人笑话，而且自以为势强就盲目轻敌。

聪明的韩信知道“知己知彼，百战不殆”的道理，所以，他不仅在赵国安插了卧底，摸透了陈余的心理，而且对自己的战术部署了“步步为营”的周详策略。战术周详到韩信知道晚上出发前先让大家补充体力，而等天刚亮赵军还没来得及吃早饭就向其发起进攻，这样汉军在体力上就占了一定的优势。

中国博弈论

“背水一战”体现了中国博弈论的博大精深，我们可以从“背水一战”中看到集勇气、智慧、手段等于一体的策略性博弈，它要比我们想象中的难得多，所以，大家对于博弈不可急于求成，要在慢中求稳的心态里悟出博弈深邃的道理。

2. 不妨坐收渔利

大家都知道“鹬蚌相争，渔翁得利”之意，也就是说从别人的矛盾中获得利益。尽管这种方法看似是缺少道德感的行为，其实不然，因为别人的矛盾并非是我们制造的，他们的矛盾是在互不相让之中必然会出现的现象，而我们只是在必然中偶然得利而已。所以，如果在符合天时、地利、人和的情况下，我们学会坐收渔利也是个不错的选择，当然，这里的“人和”也就是现实中的“人不和”。

谁能坐收渔翁之利

所谓的“鹬蚌相争，渔翁得利”出自西汉·刘向《战国策·燕策二》：“今者臣来，过易水，蚌方出曝，而鹬啄其肉，蚌合而拑其喙……两者不肯相舍，渔者得而并禽之。”从这个例子我们可以看出，二者相争最易得利的是第三者，所以，在现实生活中就算你做不了渔翁，也要注意一下自己会不会成为渔翁之利的鹬蚌。

大家都知道战国时期的战国七雄，当时七个有一定实力的大国为了争权夺利而兵戎相见，所以他们相互间也是厮杀得昏天黑地。当时的七国之中，秦国是最具实力的一个，它大有一统天下的雄心。而其他的六个国家，则相对较弱。

当时的燕、赵两国都不算强国，但是两国却经常打仗，连年的战争使两国百姓民不聊生。有一天赵王又准备向燕国发动进攻，苏秦的弟弟苏代也是战国的一个纵横家，所以当他知道这个消息后，考虑到两国的征战只会让彼此的力量削弱而助长他国的攻击力量，所以苏代决定阻止这场战争。

苏代见了赵王之后并没有急于大讲征战的不利，而是很含蓄地讲了一个寓言故事。苏代所讲的故事也就是我们提到的"鹬蚌相争,渔翁得利"的故事：从前艳阳高照的一天，一只河蚌张开两片硬壳躺在河滩上晒太阳。而此时从空中路过的"鹬"看见了这一幕，知道这将是自己的一顿美餐，便猛地俯冲下去，把长长的嘴伸到蚌壳中去啄肉，而处于自我保护的河蚌迅速将两片硬壳合上，死死地夹住鹬的嘴不放。"鹬"怎么都拔不出自己的嘴，就威胁河蚌如果不放开自己，天一直不下雨就会把它干死。而河蚌也不甘示弱的威胁"鹬"自己就不放嘴，直到它饿死。双方就这样互不相让的对峙下去，直到一个路过的渔夫毫不费力地把它们俩一起捡走，成为丰盛的晚餐。

苏代讲完这个故事才言归正传的说："其实现在我国与燕国就好比是那两个互不相让的鹬蚌，而秦国就是那个路过的渔夫。如果我们两国再这样打下去，只会更加削弱自己的力量，而让秦国毫不费力地把我们两国都吃掉，所以还是希望大王能够三思而后行。"赵王幡然醒悟，于是取消了攻打燕国的计划。

其实，"鹬蚌相争，渔翁得利"中的渔翁也就是"螳螂捕蝉，黄雀在后"中的黄雀，"渔翁"和"黄雀"都属于是不战而胜的最终受益者，任你打个鱼死网破，我只是坐山观虎斗，最后再顺手牵羊的把你们都收入囊中，凯旋而归。在这种三方的博弈中，其中的两方是互相博弈，而最后受益的一方一般都是静观二者的博弈，然后伺机把他们解决掉；也有的最后受益者，会故意地制造其他博弈两方的矛盾，让二者互相残杀，然后自己从中得利。当然第二种方法在现实生活中会遭到人们的唾弃，而且这样的做法可能最终会给自己招致更多的麻烦。所以，尽管我们也可以坐收渔利，但也要讲究天时、地利、人和的客观条件，如果人为的主动制造麻烦，可能最后“利”与“弊”就会被整合。不过，如果用得巧妙的话也不失为我们成功的一种方法。

巧收渔利

“坐收渔利”不仅是古代人们经常用的一种方法，而且被广泛的运用在商业之道上。在各种竞争激烈的商战上，敏锐地捕捉市场商机，并小用伎俩就可以做到反败为胜，但是这也需要一定的技巧和勇气，并对各种复杂的情况做出正确的判断，再采取有效的措施进行有力搏击。

某市有三家实力相等的化妆品公司，因为正值商品淡季，为了脱离这种市场疲软的状态，N公司率先打出了“夏季大酬宾”的招牌，一时门庭若市，销售额也是直线上升。T公司也不甘落后的打出了“优惠大降价”的牌子。B公司眼看N和T两家抢走了大半的客户，无奈之下也打出了“赔本大出血”的招牌。一时间一场价格大战就此拉开了序幕。为了争得更多的客户，T和B公司又竞相降价。而此时N公司却声称赔本太大，破产关门。现在就只剩下了T和B两家公司，但是他们并没有就此罢手，而是不顾血本的大降特降，不做广告顾客也是出奇得多。但是几个季度下来，双方都因盲目的价格战而入不敷出。而此时T和B公司才发现很多的事情都是N公司雇人所为，但此时后悔也是为时已晚。结果B公司倒闭，T公司被N公司收购。

在这场价格战中，由于N公司及时分析了市场行情，并采取了有效的措施，所以它可以在B、T两家公司打得两败俱伤之时坐收渔翁之利。这种“渔翁之利”，是“渔翁”有意无意地给“鹬蚌”制造相争的机会而得来的，至于这个机会“鹬蚌”是否会入套，就看“渔翁”能否把握时机和火候了。

我国某光纤公司打算从国外引进光导纤维成套设备，为了以最佳的价格搞定这套设备，他们先后同几家公司进行谈判，经过各方面的考虑，他们最后选定与美国的一家公司进行洽谈。

美国公司代表团的业务能力也相当高，他们基本上只用计算无误的数据进行谈判，而不再做语言上的争论。而我国的代表，并未被对方盛气凌人的架势吓倒，他们不仅没有陷入被动，反而计胜一筹，巧妙地利用竞争者之间的矛盾来压低他们各自的叫价，最后以最优惠的价格拿到了设备配置。

因为该光纤公司做过摸底调查，他们发现想和中国做光纤生意的外商很多，可以利用这种竞争来实现自己的谈判初衷。所以，他们又拉来了一家英国公司进行谈判，巧合的是这两家还是兄弟公司，其中英国公司是从美国公司里分离出去的，但为了各自的利益，他们各不相让。在一次谈判后，英国人故意把涉及价格等相关的文件遗忘在谈判桌上，英国公司想用压得很低的价格让美国公司知难而退，谁知美国的公司看到文件后却并没有知难而退，反而为了打压英国公司的气焰而以最大限度地降价与中方达成协议。

我国光纤公司在谈判上取得成功的奥秘就是在于，他们适时的给“鹬蚌”制造相遇并相争的机会，然后就“作壁上观”，等待美国公司与英国公司的竞相压价，坐收渔利。所以要想坐收渔利，就得有着胜人一筹的智慧，这样才能在竞争的博弈中取得胜利。

中国博弈论

尽管“鹬蚌相争，渔翁得利”看似是挑拨离间的小人之计，但是也有不可否认的智慧在里面，而且未必要得“渔翁之利”就要制造“鹬蚌相争”，只需要等待时机便可。“渔翁之利”固然诱人，但毕竟并不是谁都有能力把握得当的，所以需要三思而后行。

3. 精明的人得到的为何会比糊涂的人少

“精明人”自有精明之处，但是大家似乎并不喜欢这个看似“褒义”的中性词，因为它听起来多少有些让人产生距离感，与“精明”相比大家似乎更愿意与一个“糊涂人”交往。而且，大家还会发现那些看似聪明的“精明人”，算计来、算计去，最后也未必比那些看似傻乎乎的“糊涂人”得到的多，甚者会因为他们的过于算计，而使他们失去更多的东西，因为“聪明反被聪明误”，而傻人也自有傻福，傻人未必就是真傻，什么叫做“难得糊涂”，都是“大智若愚”而已。

精明反被精明误

精明的人总是给人难以亲近的感觉，因为他们太过精明，精明人对任何事情都会有自己的算计，他们算计成本，算计利益，算计关系，算计朋友……其实，算计本身是件无可厚非的事情，但是如果算计得过了“度”，他们终会把自己算计进去，最后恐怕难免会落个“赔了夫人又折兵”、“众叛亲离”、“得不偿失”的下场。

有时候聪明的过于锋芒毕露的人，是非常容易遭人嫉恨的，正所谓“树大招风”，如果你过于精明，精明到了“功高震主”的地步却依然不知掩饰，就有点聪明反被聪明误了。自古以来，不知有多少臣子因为过于精明，而招致杀身。所以最终那些看似精明的人，反倒没有那些看似糊涂的人得到的多。

曹操曾令人修建一座花园，工程竣工时，前来验收的曹操参观过花园之后，对于自己的意见只字不提，只是在花园的大门上写了一个“活”字，便扬长而去。大家都迷惑不已的时候，精明的主簿杨修却一眼就看穿了曹操的心意，他解释说，门内添“活”就是个“阔”字，丞相是嫌园门太窄了。主事的官员一听有理就立即返工重建,完工后又请曹操观看。曹操一见大喜，便问是谁悟到自己心思的，大家便说是杨修主簿。尽管当时曹操表面上称赞杨修的聪明，但内心已开始忌讳他了。

后来，有人送来一盒糕点供奉给曹操，曹操只是在礼盒上写了“一合酥”三个字，便出去了。大家都不知道曹操的意思，也就没有动那盒糕点，而杨修看了之后，就让人把酥饼一人一口地分吃了。曹操进来后看见大家正在分吃酥饼，脸色难看的问道为何把酥饼吃掉？而自以为聪明的杨修就说大家是按丞相你的吩咐吃的。曹操反问此话怎讲，杨修便说丞相你在酥饼盒上写着‘一人一口酥’，不就是赏给大家吃的意思吗？曹操见杨修又识破了他的心意，表面上依然对他褒奖一番，但实际上对他就更心生厌恶了。可杨修却真的以为曹操欣赏他，所以以后更是把心智用在捉摸曹操的言行上，并不分场合地卖弄自己的小聪明，却并不知道正是他的这些精明，把他一步一步地推向亡命的深渊。

曹操自封为魏王之后，有一次他亲自率兵与蜀军作战，但是战事失利，进退不能，而且粮草不足。当时心烦意乱的曹操看见厨子呈进鸡汤里有鸡肋，就有感于怀，觉得眼下的战事，有如碗中的鸡肋“食之无味，弃之可惜”。此时，夏侯淳前来请曹操发号夜间之令，无奈的曹操依然随口说着“鸡肋！鸡肋！”，不知其含义的夏侯淳也只能传令“鸡肋”给众官。杨修听说“鸡肋”二字，便让随行军士收拾行装，准备归程。夏侯淳听说后大惊失色，立即追问杨修原因，杨修说魏王说“鸡肋”就是“食之无味，弃之可惜”的意思，也就是现在的形式是进不能胜，退又害怕人笑话，但是一直留在这里也不行，所以不如早归，明天魏王一定会下令班师回转的，所以先收拾行装免得临行慌乱。夏侯淳觉得杨修说得有理，而且之前他也经常猜透魏王的心理，也就听了他的话命令军士收拾行装。

当夜无心安睡的曹操，绕着军寨独自行走，却发现军士都各自准备行装，曹操大惊自己没有下达撤军命令，大家竟然作撤军的准备。曹操急召夏侯淳追问此事，夏侯淳说是主簿杨修说大王您有归回的意思。曹操又叫来杨修追问他怎么知道，还依然自作聪明的杨修就以鸡肋的含意回答了自己的猜想。曹操一听怒斥杨修竟敢造谣扰乱军心，不由分说便下令把杨修斩首示众，其实曹操早就想除掉总能猜透他心思的杨修，这次终于寻得机会把他除掉，而杨修精明的一生，最后还是毁在自己的精明上。

看来过于精明的人还是做不得的，因为精明的人大多还是会毁在自己的精明上。所以面对纷繁复杂的人心和变幻莫测的事态，就算你心里什么都清楚也要装聋作哑的做出一副后知后觉的糊涂样。否则，你的精明可能会让你的处境变得很糟糕。有时候糊涂的人反而才是真正的聪明。

只是过于精明而并无心算计别人的人都会招致祸端，那么自以为精明就去算计别人的人就更不会有什么好的下场，就算他嚣张得了一时，也终会被他自己的精明而陷入令他害怕的漩涡。

傻人自有傻人福

其实，糊涂是一种智慧，无论是真的糊涂，还是装作糊涂，正如郑板桥的那句“难得糊涂”，因为一般糊涂的人都是“大事不糊涂，小事不在乎”，所以他们的心态要比精明的人好，不会处心积虑的去想着如何去算计别人，就算被人算计也不会往心里去，所以他们活得轻松自在，不会被一些小事牵绊。也正是因为他们单纯的糊涂，反而会得到上天的厚爱，就像我们经常说的“傻人有傻福”，所以，什么都不在乎的他们，反而会比处处算计的精明人得到的要多。

大家一定都还记得《天下无贼》里王宝强扮演的傻根，正是因为“傻根”的傻，才会一路上得到刘若英扮演的“女贼”的保护，而最终刘德华扮演的“男贼”也一路不遗余力的为了保护“傻根”，而与葛优、李冰冰、尤勇等扮演的群贼斗智斗勇。

现实生活中的王宝强，尽管没有偶像派的长相，也没有深厚的背景等，但是他依然还能在复杂的演艺圈混得风生水起，就是因为现实生活中的王宝强也是给人“傻根式”的傻气，让人忍不住喜欢他的憨厚、可爱。

现实中很多人也都喜欢和糊涂的“傻人”在一起，因为他们能给人安全感，会让人觉得和他们在一起很放松，所以如果糊涂人遇到什么困难，就会有人愿意不计报酬的帮助他们。而精明的人，因为经常算计别人，所以别人也会去算计他们，就算不和他们计较，在他们有困难的时候也不会有人愿意去帮助他们。

古时候，有一个卖菜的，总是自作聪明的给人缺斤短两，这次大家决定就利用他自以为的精明好好整治他。

有人问他多少钱一斤，卖菜的说七个铜板一斤，买菜的便说来三斤，只见买菜的人数钱，故意自言自语道，三七应该是得二十四吧，然后就把一把铜钱给了卖菜的。而卖菜的一听有的赚了，就看也不看的赶紧把钱装起来了。其实买菜的人只给了他十五了铜板，大家见这一招还挺管用，以后就都开始用这一招来对付爱占小便宜的卖菜人。

最后，卖菜的人知道大家用什么方法对付自己的算计了，他也幡然醒悟，只是不好打破面子给大家道歉，所以只好装着糊涂和大家相处，但是却不再给别人缺斤短两了。而大家也原谅了他，双方从此又互不相欺，公平交易。

这个自作聪明的人下场还不算太惨，但是生活中如果一直都这样用自以为是的精明算计别人的话，那么就肯定会被自己的精明连累。例子中，卖菜人的精明曾差点出卖了他，但是他最后的装糊涂改错拯救了他，所以他才能得到大家的原谅。

其实“难得糊涂”，从长远来讲是一种大智若愚的行为，糊涂人的糊涂有一种绝大胸怀，不要小看这种胸怀，因为它会为糊涂的人扫平后路，使他们前行的道路上减少很多不必要的障碍。同时，糊涂也是一种学问，聪明的人总是喜欢在必要的时候装一下糊涂，因为这样也会给他们减少很多不必要的麻烦。

中国博弈论

精明的人有时会在很多的事上斤斤计较、耿耿于怀，所以精明人并不是真正的精明；而糊涂的人在很多事上去留无意、宠辱不惊，所以糊涂人才是真正的智者。精明是天生的聪慧，而糊涂是后天的聪明，所以对人对事，应该随机应变地处理好精明与糊涂。

4.“轻闲”的老板往往比“繁忙”的老板更成功

现实生活中，我们总能看到一些管理者每天为了工作忙得焦头烂额，似乎比普通员工还要疲于奔命，而且处于这种状态的管理者比较容易烦躁、大发雷霆，进而间接地导致员工工作效率和工作热情的降低。而有些管理者却恰巧相反，他们看似轻松的无所事事，很少见他们为工作忙得不可开交，但是他们的工作绩效却遥遥领先。那么究竟这里面有什么奥秘？

“轻闲”是种境界

其实，说到管理就会存在一个管理的境界问题，当一个企业家成功的打下属于自己的一片江山之后，并不能算得上是完全的成功，他的成功不仅体现在他能否当好这个“皇帝”，而且体现在他如何当好这个“皇帝”。也就是说要看他这个“皇帝”当的究竟是“日理万机”还是“悠然自得”。其实，真正的管理者所要做到的，已经不是怎样在自己的手忙脚乱下让公司一点点强大，而是怎样让公司一点点强大的同时，把自己打造的不是闲人胜似闲人。当你已经踏入“闲人”的管理境界的时候，你的成功也就彻底的体现出来了。

管理到“轻闲”是一种境界,脱离忙到“昏天暗地,日月无光”的状态，向“采菊东篱下，悠然现南山”的闲情雅致亲近，因为只要你把组织运营掌控的刚刚好，你就不用事必躬亲，而且你的这种轻闲的状态也会影响到员工，会让他们因为佩服你的工作能力，而甘心的为你卖命。

赫德就是一个领导上千人团队的管理者，他是一个过于细心的人，很多事情他都会亲力亲为，因为交给别人会让他感觉很不放心。可是这样一天天过去,繁琐复杂的事情终于让他觉得力不从心,在众人的建议下，他把他的团队分成2个大组，每组200人，再把两个大组分成每组50人的4个小组，最后，再分成每组10个人的40个小组，无论是大组还是小组都会抽出一个相对有能力的人来带领。这样，放权下去，他就再也不用那么拼命地工作了，而且他也有足够的时间去处理那些真正重要的事情,而不用再为那些无关紧要的事情头疼了。不过赫德向他的团队提出，每个小组的管理者可以在不出太大问题的前提下自己做主处理一些问题，但是对于大问题的最终决定权还是要由他亲自裁断。赫德最后选择把千人的团队分成小组，不仅是调动集体的智慧和积极性去解决自己的问题，而且让自己慢慢体会到了做一个轻闲的管理者的无限乐趣。

当然，这种“轻闲”的境界不是谁都能做到的，也不是那么容易做到的，有时候需要管理者大胆地放权给手下。一个团队之所以能够有条不紊地进行下去，如果单靠管理者自己挑起所有的“大事”，而不是选择放权于手下，绝对是件超负荷的事情，当然是难上加难。

看来做一个“轻闲”的管理者,既要做到“指点江山,统筹全局”的霸气，又要做到“天要下雨，任由他去”的闲气。你可以放手由他们折腾，但是最终的大局还是在你的掌控之中。如果事必躬亲就犯了管理者的大忌，就算你忙得一塌糊涂，也未必就会有更好的成效，不如放权下去，只冷眼旁观，必要时指点一下，绩效却也是势不可挡的直攀上去。

“轻闲”有条件

当我们看到那些“修炼成仙”的“轻闲”管理者们悠然自得的时候，当然是羡慕不已，但是也要知道，其实他们背后也付出了很多不为人知的努力才换来了现在的成绩。那么究竟是什么使他们能够做到如此的轻闲呢？

首先大家应该知道的一点是，做一个轻闲的管理者其实说简单也简单，说难也难。因为管理者并没有大家想象得那么神秘遥远，也不是大家想象得那么文武双全。如果大家留心便会发现，自古各代帝王，谁不是在文官武将们的协助之下才得了天下的，他们未必就有文官精通兵法的智慧和武官战死沙场的勇气，但是他们却有降服各路英雄效力于他的能力，这种能力就是他们能做“轻闲”管理者的资本所在，只要你能够有这种折服众人的能力，你就可以轻松的做一个“轻闲”的管理者。

一个人去买鹦鹉，看到两只毛色光鲜，非常可爱的鹦鹉，很是喜欢。有意思的是一只会说两门语言的鹦鹉标价是二百，另一只会说四门语言的鹦鹉标价是四百，而最后那只毛色暗淡散乱，看起来木讷呆板，而且老的掉牙的鹦鹉的标价却是八百元。这个人就纳闷了，难道这只看起来又老又丑的鹦鹉会八种语言不成？于是这人就问老板，是不是这只鹦鹉会说八门语言？谁知老板却说那只鹦鹉只会一种语言，这个人就更奇怪了，为什么它又老又丑，又没什么能力却标价最高？最后老板说因为那两只小鹦鹉总是称这只老鹦鹉为老板。

尽管这看似像个笑话，但是我们也能察觉到，那只看似什么都不会的老鹦鹉是那两只会多门外语的小鹦鹉的老板，尽管它看似没什么能力，但是它能降服小鹦鹉们喊他老板，这就是他的能力，这就是他轻闲自得却还身价不菲的资本。它所做的只是看似无所事事的统筹大局，而不是焦头烂额的事必躬亲。

作为一个管理者的最高境界，就是能够把管理做的让人有种“不劳而获”的感觉，不过这种“不劳而获”的轻闲，需要先付出有一定技术含量的努力才能够实现。

一个成功的管理者，最先需要做好的就是为自己制订一个具有激励性的目标，既然是具有激励性的目标，当然就要符合现实，不能过高过大。当这个目标实现之后就会给自己赢得自信的理由，自信是一个成功管理者所必备的素质，你的自信会让你在处理很多事情上都表现得挥洒自如，“轻闲”管理者的“范儿”也就出来了。当然，这也是别人眼中的“轻闲”，如果自己真正感到“轻闲”才算得上是成功了。

一个成功的“轻闲”管理者，是懂得借助他人之力来协助自己成功的，从成语“借鸡生蛋”、“借名钓利”、“借力打力”、“借刀杀人”、“草船借箭”等无不讲究一个“借”字，也就是巧借他人之力，来达到自己的目的，这在我们现代的企业管理中也是很实用的。管理者之所以“轻闲”，就是借助别人的力量，来完成自己想要完成的事情，才换来自己想要的轻闲。当然，这也需要企业里有能力相当的人，让管理者敢放权下去才行，这也需要管理者平时就注意对员工能力的培养。

既然要培养有工作能力的“接班人”来赢得自己的轻闲，那么就需要对员工和自己都有一定的激励与控制，激励和控制自己去做更重要的事情，激励和控制员工更加死心塌地地为自己效力。激励和控制员工的方法需要讲究一定的技巧，需要管理者处理好各种复杂的人际关系，而且很多事情必须要考虑周全，很多事情也要站在员工的立场上去想，他们才会让你安心地做你的“轻闲”管理者。

既然是“轻闲”的管理者，那么就要注意一定的时间问题，一定要充分利用有限的时间去创造无限的可能。把所有的统筹、计划、组织、控制、指挥、沟通等在最短的时间内以最有效的方式完成。

如果能做到以上几点，那么离“轻闲”管理者的距离也就不远了。

中国博弈论

“繁忙”的老板自有“繁忙”的成功，但是既然可以“轻闲”做老板，又何乐而不为呢？“轻闲”的老板也自有“轻闲”的成功。当然，这需要一定的资本和境界，也是集智慧、手段、胆识等于一身才能“清闲”得起的。更多的时候“轻闲”老板不只是在和别人博弈，也是在和自己博弈，而这种博弈似乎也有更深一层的内涵在里面。

5. 女性为何愿意忍受高跟鞋的痛苦

生活中高跟鞋大家都经常见到，没有穿过高跟鞋的人很难想象穿高跟鞋的女性要忍受的痛苦。但是大家却发现，尽管如此却依然还是有无数的女性是高跟鞋的拥护者和追随者，就像《都市欲望》里的女主角们一样，大家都疯狂的迷恋高跟鞋，那么高跟鞋究竟有什么样的魔力让大家不顾痛苦而追随呢？

高跟鞋的诱惑

国外把这种看似痛苦却依然有人追随的看似愚蠢的现象给出了经济学的解答，并戏称为“愚蠢经济学”，并对此做了相关的调查。调查方追问，既然大家都知道高跟鞋既不舒服，走路也不方便，长期的穿高跟鞋还会损害脚、膝盖和背部的健康，为什么还有那么多的女性爱穿它呢？

经过分析得出，因为穿高跟鞋的女性的确显得更高，更性感和更有吸引力。尽管大家都穿高跟鞋似乎差距就不存在了，大家似乎都可以抛弃高跟鞋了。但是从经济学的博弈论来讲，女性们是不可能就这个问题达成一致共识的，因为更多的人会认为自己能从穿高跟鞋中受益，而且她们害怕别的女性穿上高跟鞋超过她们，所以她们宁愿忍受痛苦也要穿上高跟鞋，这就是高跟鞋的诱惑。

马上就要过 18 岁生日的小么，早在一个月前就提醒父母和好朋友们自己的生日快要到了，希望大家能猜出自己最想要的礼物，别人问她究竟想要什么的时候她还故作神秘与羞涩，告诉别人自己想要高跟鞋作为自己的生日礼物，还说这个秘密就对方一人知道，让别人不要到处宣扬。

终于到了小么生日那天，大家一起开 Party 庆贺生日，到献礼物的时候大家才发现彼此的礼物几乎都一样，都是漂亮的高跟鞋。当大家疑惑的时候，小么一个人已经开心得花枝乱颤了，原来小么对每个人说的秘密都一样，因为她想把高跟鞋当成是自己的成人礼，又怕大家不愿都买一样的礼物，所以就出了这个迷惑人的点子。

由此可见，高跟鞋的魅力还真是不一般，竟然有人会想出疯狂的办法把它当作是成人礼。

还有人发现，高跟鞋不仅能让女人看起来更高，还能促使女性挺胸翘臀，从而突出女人精致的完美曲线，而且腿也变得更长，还可以矫正走路的姿势，这些都能让她们更具有个人魅力，这也是为什么高跟鞋能够风靡全球的原因。但有的人认为如果每个女人都穿高跟鞋，这种优势也就有可能会消失。但还是因为每个人都觉得自己能从穿高跟鞋中获得优势，所以意见依然不能达成一致。

而且大家还会发现，无论是穿起来并不舒服的高跟鞋，还是保暖和蔽体功能都不太实用的时尚服装，都是流行趋势不减的主潮流。尽管这些东西既昂贵又不实用，但这些依然成为女性追逐的对象，就是因为它们可以为爱美的女士们提高魅力值，也可以说能够让她们更加的自信，所以她们就认为值得。

高跟鞋的博弈

其实，与其说女性穿高跟鞋是为了让自己更高，为了让自己变得更漂亮，不如说她们是为了把别人比下去，她们更多的是攀比心理。就像有人会去割双眼皮，有人会去丰胸一样，她们不仅会在乎自己是不是比以前更美，还会更在乎自己是否比别人更美。

我们可以用博弈的方式来论述女人们追逐高跟鞋的原因，我们可以按照两个女人穿了不舒服但漂亮，不穿则舒服但不漂亮作为评分的标准，舒服获得 2，不舒适获得 −2，漂亮获得 5，不漂亮获得 −5，舒服感与漂亮感的综合为给大家带来的愉悦感，那么我们可以把它们列表排出来：

<table>
<tr><td rowspan="2">1 人穿</td><td>不舒服</td><td>漂亮</td><td>愉悦感</td></tr>
<tr><td>−2</td><td>5</td><td>3</td></tr>
<tr><td rowspan="2">1 人不穿</td><td>舒服</td><td>不漂亮</td><td>愉悦感</td></tr>
<tr><td>2</td><td>−5</td><td>−3</td></tr>
<tr><td rowspan="2">2 人都不穿</td><td>舒服</td><td>不漂亮</td><td>愉悦感</td></tr>
<tr><td>4</td><td>−10</td><td>−6</td></tr>
<tr><td rowspan="2">2 人都穿</td><td>漂亮</td><td>不舒服</td><td>愉悦感</td></tr>
<tr><td>10</td><td>−4</td><td>6</td></tr>
</table>

从上面的对比大家可以看出，为什么女人们还是会选择穿高跟鞋，无论是所有人都穿高跟鞋，还是只有一部分人穿高跟鞋，到最后的总分都是穿高跟鞋得分高。因为高跟鞋不仅能够带给大家都喜欢的美感，而且能够增添让她们自信的愉悦感。所以，大家都选择穿高跟鞋就不再感觉意外了。

而引人深思的是，其实女人的高跟鞋就和男人的烟酒一样，大家明明知道它们会给自己带来很大的伤害，但还是趋之若鹜的为它们疯狂，所以这也就正合了商家们的心意，他们就会利用大家的这种心态而大把地赚银子。

中国博弈论

高跟鞋对女人们的诱惑，就和烟酒对男人们的诱惑一样让人无法抵抗，聪明的商家就会抓住商机，而双方又都是自愿，各取所需，各获其利，一切就变得再正常不过。聪明的人是否会因此而获得一些启示，能从看似的不可能中抓住可能的东西。

6. 即使窃贼暴露，为何还能屡屡得手

不知大家是否会发现，现实生活中，窃贼们越来越张狂，就算是暴露也不会被揭发，甚至还会屡屡得手。这里除了值得大家去反思一下社会风气、个人素质、民众关注度等之外，是否还有其他值得我们去关注的问题，大家能不能从这种现象里得到什么特别的启发？

窃贼也博弈

尽管窃贼们的行窃行为一再受到法律的制裁，但是小偷们却依然猖狂不已，他们不仅在光天化日之下屡屡行窃，而且竟然还屡屡得手，这究竟是什么原因造成的？尽管有专门的反扒队抓捕小偷，但警察们不可能时刻都与小偷们作战，而小偷们知道这一点自然也就少了很多的压力，而真正给小偷们减压的是大部分冷眼旁观的路人。这也正是窃贼们博弈的主要对象之一，为什么会说是博弈，大家可以分析一下各自的心理。

比如说小偷在公交车上行窃，有的乘客看见了，却并不敢吱声，冷眼旁观的人认为，反正偷的不是我，如果我吱声表示反抗了，万一小偷急了报复我怎么办？如果我不吱声，虽然对自己没什么好处，但最起码不会受损，我手无缚鸡之力的一个人，干吗非要自找麻烦，多一事不如少一事，更何况又不是只有我一个看见，别人都不说话，我逞什么能呀？而窃贼因为屡屡得手也就摸透了路人们的心理，知道他们害怕惹麻烦，所以如果发现自己的偷盗行为被人发现就会发出威胁的信号，警告大家不要多管闲事，否则就会麻烦上身。正是双方都了解对方可能性的行为心理，所以小偷才能在光天化日之下屡屡得手。

而在博弈中，因为窃贼的恐吓是有一定威胁力的，所以对于乘客来说“沉默”就是最佳的策略，而因为乘客保持沉默对小偷不造成影响，所以对于小偷来说选择“不伤害”就是最佳的选择。但是这种冷眼旁观的结果就会增加人们被偷的概率，只会让大家的处境都变得更坏。所以这个博弈的结果遵循了典型非合作博弈“纳什均衡”原理的悖论。

“纳什均衡”原理的悖论是说每个人都从利己的目的出发，但是结果通常都是损人不利己，也就是说既不利己也不利人。同时我们也可以知道合作才是有利的利己策略，当然这里的合作是指乘客与被偷者的合作，而非乘客与小偷的合作。但是合作也是有条件的，也就是说“己所不欲勿施于人”，但前提必须是“人所不欲勿施于吾”。

所谓“纳什均衡”

其实我们的生活当中，很多事情都属于纳什均衡的范畴。大到各国之间的纷争，小到人与人之间的争吵，有很大一部分都由于博弈双方站在各自的立场上思考而制造出纳什均衡状态。其实，并不是没有办法走出这种“纳什均衡”的怪圈，这需要被博弈的一方共同合作反抗另一方，但是很多人都是在事不关己的时候冷眼旁观，等轮到了自己再做无用功的挣扎与反抗，其实早已经是亡羊补牢，为时已晚。

有那么一群猴子，每天都会过得提心吊胆，因为它们的主人每天都要抓一只猴子杀掉。所以每天当它们的主人走进笼子时，所有的猴子都会紧张得不敢有任何举动，以免引起主人的注意而被选中。所以每当主人把目光锁定在一只猴子身上时，其他的猴子都抱有侥幸心理的希望主人赶快把它抓走。而当主人选中目标后，那个被选的猴子就会拼命反抗，而其余没被选中的猴子就会在一旁庆幸自己又逃过一劫。但是没有猴子愿意站出来为同伴反抗，它们只会在轮到自己的时候才做出无用功的反抗，直到最后所有的猴子都被杀掉。

其实，在其他的同伴被带走的时候，如果所有的猴子都能群起而攻之的做出反抗，也许大家就能从笼子中逃跑，摆脱被宰杀的厄运。但是它们不但没有反抗，也可以说它们只在自己被抓的时候才做出反抗，却在其他的同伴被抓走的时候有些幸灾乐祸，所以导致他们最终被全部杀掉。这种均衡者的博弈，换来的最终结果就是最后自己也陷入漩涡。

那么我们应该怎么做才能从这种困境中摆脱出来？如果我们还以乘客或者是猴群举例，也就是乘客或者是猴群采取“反抗”的策略，如果大家都能意识到“不反抗”策略只会加大对方的嚣张程度，而“反抗”策略要比“不反抗”策略有更大的获益,大家就会采取“反抗”的策略了，而如果遭到一致反抗的小偷或者是猴主人也就不会那么毫无顾忌的行动了。

现实生活中的各种同类商品价格大战，也经常把这种纳什均衡博弈表现得淋漓尽致，而且还常有愈演愈烈的趋势，例如各类家电价格大战、手机价格大战、电脑价格大战、IP 大战、机票打折大战等，虽然这种价格大战的博弈双方是商品的各大商家，但是价格大战的受益者首先是消费者。所以每到出现各类商品价格大战的时候，最高兴的就是消费者，但是这对于各大商家来说无疑是慢性自杀。

那么究竟是什么导致大家纷纷展开价格大战的呢？大家可以试想一下，如果一方提价的话，尽管价格提升，但是销售量就会降低，所以利润可能不升反而会降；而对方虽然没有提价，但销售量却会因为自己的降价而升高，利润反而会增加。所以很多商家选择降价就等于是变相的让对方提价，其实这种价格大战也不是不可以避免的，只要大家都不降价，或者是都提价，就会让利润在不损失的情况下得到提高。

中国博弈论

我们从小偷愈加嚣张的偷盗行为引申到“纳什均衡”，就可见这种“损人不利己”的事情在生活中无处不在，因为大家不能把目光放得长远一些，所以导致看似对自己无损的一面也最终向自己伸出毒手。大家只有站在合作共赢的长远战略上才能赶走这种损人损己的“纳什均衡”，否则总有一天这种“损”会“均衡”到自己身上。

7. 零和博弈，为何得益之和为零

所谓零和博弈，也就是说把自己所得的利益建立在损害别人利益的基础之上，它的结果就是一方吃掉另一方，一方所得之物正是另一方所失之物，但是对于整个社会来说，利益既没有增加也没有减少，所以，零和博弈的得益之和就会为零。

零和游戏

零和博弈属于非合作博弈，又被称为“零和游戏”，说的是如果一方有所收益，那么另一方就必然有所损失，而博弈各方的收益和损失相加总和永远为“零”。所以，零和博弈的双方不存在合作，博弈双方在决策时都会以自己的利益最大化为目标。

如果细心的话，大家就会发现我们身边就存在很多的零和博弈或者是与零和博弈相似的结果，一个胜利者背后必定有一个失败者，就像赌场上一样，如果有人赢了，那么就必定是有人输了。从个人到国家，从政治到经济，似乎都在以相似的结果证明世界就是一个巨大的“零和游戏”。因为任何财富、资源、机遇等都是有限的，如果谁得到，那么就必然有谁失去。

其实，所谓的“零和博弈”和“囚徒博弈”也有着一定的联系，也可以说是“囚徒困境”中警察给囚徒的几个选择有些“零和博弈”的意思。除此之外，诸如下棋、扑克牌、国际象棋等智力游戏的一个共同点，就是参与游戏的双方都存在着输赢，而且一方所赢的恰好是另一方输的。

一群年轻人在一家酒店为朋友过生日，因为一个年轻人不满饭店的酒菜就要求更换，而酒店的规定是吃过的东西就不能退换，而遭到拒绝的年轻人很是恼火，于是双方就发生了冲突并打斗起来，最后因为酒店人多势众，所以占了上风，并赶走了闹事的年轻人。

这个结果看似是酒店一方赢了，但是从长远来看，他们不但没有赢，而且输了。因为尽管表面上酒店一方赢了，但大家不难发现，酒店的名誉必定会因此而受到影响，从而影响他们的生意。因为尽管表面上闹事的人被打吃亏了，但也正因为酒店的人打了他们，所以酒店的名誉也大大降低，把最后的结果相加，正负相抵也刚好归零。

可见，“零和博弈”在人际博弈中基本上是属于最糟糕的一种，因为一方的胜利要建立在另一方的失败之上，总是要有人为之付出代价。看似整体利益不变的“零和博弈”并不是大家处事的最佳选择，因为如果大家都向着零和博弈发展的话，那么就会出现没完没了的恶性循环。

人际博弈中剔除“零和”

尽管零和博弈在生活中很多见，但是在人际交往中，我们还是应该剔除零和博弈，因为无论究竟是我们“零和”了别人，还是别人“零和”

了我们，最终大家都不会受益。做事就要本着“为人利即是为己利”的态度，最起码要做到利己也不损人，也就是说不要见利忘义。如果想要在人际交往中避免“零和博弈”的发生，就要心胸开阔、宽容大度，这是一个很重要的人际博弈原则。只要诚心待人，让其三分，就会避免很多不必要的麻烦。

一般“零和博弈”出现在人际博弈中，大多脱离不了有些人见利忘义的因素，想吞并别人利益的人，就会整天想着怎么去算计别人，自然就会不择手段来达到自己的目的。所以，零和博弈过多地出现在人际博弈中，不是什么好事，大多会破坏社会的和谐。

有两个性格迥异的人，一个人不善于交际，另一个是交际神通。善于交际的那个人，尽管疏通能力很强，但是没有什么钱，所以一直穷困潦倒；而不善于交际的那个人，尽管很有钱但因为不会疏通人际关系，所以也一直不能让自己的生意红火。

有一天，他们恰巧碰到了一起，而且大有“酒逢知己千杯少”的相见恨晚之感。所以，两人决定优缺互补的合伙做生意。有钱的人出资金，善于交际的人疏通关系。经过两人的共同努力，他们的事业越做越大。但是，那个善于交际的人很有心计，他已经有足够自己展翅高飞的资本和能力了，所以他就向合伙人提出，还了他当初资助的资金，这份生意算他一个人的了。对方当然不愿意，双方僵持了很长时间，最后闹到了法庭。不过，那个交际神通早就算计好了会有这么一天，所以在之前的登记注册上，他只注册了自己的名字。所以那个出了资金的人虽为原告却输了官司。

尽管看似出资的人输了官司，但是如果从零和博弈的角度来看，事情就又被“零和”了回来，也就是说尽管表面上交际神通赢了官司、收了利益，他得到的正是出资人失去的，但是从另一方面讲他却是得不偿失，因为经过他这么一折腾，大家都认清了他的真面目，最后谁还会愿意和他合作，就算有人肯和他合作，估计也是和他一般“黑”或者比他还“黑”的人，不管怎样，到最后他终究还要为他当初的“不仁不义”付出代价。

从以上的案例，大家也可以知道如果人际中出现“零和博弈”，就意味着人际关系肯定要出现问题，所以面对博弈中的人际关系，大家还是应该理性的分析，如果只是为了一时之利，一己之利，就进行吃掉一方的“零和博弈”，那么最后人际关系中也必然会出现“零和”，吃亏的还是自己。

在现实生活中，随着经济和科技的发展，全球化和环境污染等也都不再是新鲜的词汇，但是大家会发现在这些问题上，“零和游戏”并不能使一方最终得益，因为这些都是全球化的问题，“零和”到最后对自己并没有什么好处，正如一句广告词所说“大家好，才是真的好”。大到世界、国家，小到团体、个人，谁都脱离不了这个游戏规则，所以，大家应该做出最明智的选择。

中国博弈论

随着认识地不断深入，现在“合作共赢”的观念正逐渐被大家接受，人们开始认识到“利己”不一定要建立在“损人”的基础上。大家可以通过有效的合作，得到大家都愿意看到的结局。但是从“零和游戏”走向“共赢”并不是一件简单的事情，需要大家真诚合作的精神和勇气，如果谁在合作中小施伎俩，不计后果的破坏游戏规则，那么就必定会自食其果。

8. 丢出去的永远是最胖的那个

很多时候，大家会习惯性地把很多简单的问题以复杂的思维方式考虑，而结果却发现自己费尽心思计算出的答案就是最初先被自己排除的那个答案。正如每当被问到 1+1=？这种小学一年级的小朋友都可以回答的计算题时，很多人却都回答不出来，不是大家不知道答案，而是大家主观的认为问题不可能那么简单，所以就绕道而行的避开了正确的答案而舍近求远了。

其实很简单

大家在考虑问题的时候往往会习惯性地把问题往复杂的方面想，所以很多人也就与正确的答案擦肩而过。而如果谁以简单的方式思考问题还经常会遭到周围人的讥笑，简单思考的人还会被认为是幼稚、愚笨、不动脑子、机械、不懂灵活变通等等。

其实，这是一种错误的看法，因为简单的思维只是一种以“简单”为核心的思维方式，但是很多时候它反而会比复杂的思维方式带来的效率高。所以，简单思维并不是一种贬义词，也不是一种低级的斯维尔方式，而是一种特殊的思维方式，往往能给人带来很多意想不到的效果。

国外某家报纸曾举办了一项有奖征答活动，奖金额很高，这当然会让很多人认为题目的难度。题目是这样的：一个热气球上有 3 位对人类兴亡有一定主宰力的人。第一位是可以拯救人类免于因环境污染而面临死亡噩运的环保专家，第二位是可以防止原子战争在全球爆发而使地球陷入灭亡绝境的原子专家，第三位是可以以独有的方法种植谷物，使人类脱离饥荒的粮食专家。但是问题的关键是，如果此时不丢掉一个人减轻载重，热气球就会坠毁，那么三个专家就都命有不保，如果丢掉一个人就可以使其余两人得以生存。

征奖的问题就是到底该丢下哪一位科学家？问题刊出后，因为巨额奖金的诱惑，所以各地答复的信件也都是如飞而至。大家给出的答案也是五花八门，而且对于自己的答案也都一一做出解答。但是最后答案揭晓后，获得巨额奖金的却是一个看似什么都不懂的小男孩。他给出的答案是，把最胖的那位科学家丢出去。

其实这个答案简单到大家都会想到，但是还是有99%的人选择了淘汰这个答案，因为大家认为答案不可能那么简单，其实答案就是那么简单，绝大多数的人经常会选择一厢情愿的钻牛角尖，结果却往往适得其反。

简单的思维方式，不仅是要把简单的问题简单化，而且要把复杂的问题简单化。把简单的问题简单化似乎是每个人理所当然能够做到的，而把复杂的问题简单化就需要一定的智慧和技巧了。

简单是一种智慧

对于简单，我们可以分出两种不同的含义。第一种是简单化的方法，也就是把复杂的事物简单化，如精简、分解、综合、概括、浓缩等。第二种是简单操作的方法，也就是用简单高效的方法处理复杂的事物，如提纲挈领、抓住关键等，也就是对于复杂的事情只要抓住问题的主要矛盾，就可以很快地解决看似复杂的问题。这似乎与“射人先射马，擒贼先擒王”的意思有点异曲同工，试想如果面对凶神恶煞的贼群，你考虑的是如何从众目睽睽之下溜走或者是与群贼大战一场，而不是只要解决掉他们的头目就可以使他们人心涣散，那就有些舍近求远了，复杂的问题就被复杂化了。

很多时候，思维不同于实践，因为实践的经验会告诉人们一个问题的解决全程是如何具体操作的，但是思维方法只会告诉人们第一步该往哪儿走，接下来的具体问题就需要根据事情的发展而进行具体分析。所以，思维方法看似简单却包罗万象，而复杂的思维就可能会因为过于成熟而显得僵化，看似发展空间广阔却早就局限在一个方向上。

一家香皂厂一直有一个很头疼的问题，就是总有商家投诉他们的产品有空装的香皂盒，这对于他们的名誉有很大的影响。所以香皂生产厂和生产线公司一起讨论应该如何解决这个问题，后来生产线公司经过技术攻关，可以通过X射线来筛选出空盒子，但是产品的报价就会提高很多。香皂生产厂家当然不愿意，所以他们就组织了本厂员工献言献策。最后问题被一个并没有什么文化的小工解决了，小工的建议就是在生产线的终端装一个大功率的电扇，空盒子从终端经过的时候就会被吹掉，问题也就解决了。

可见，只要我们卸下传统复杂的思维方式，很多问题就可以化繁为简。很多人都在质疑爱因斯坦说的“思维决定你能观察到什么”这句话是不是有些唯心主义的嫌疑，其实仔细分析一下，这句话也不无道理。不同的思维方式会让人们对同一现象的认识大相径庭，也就是所谓的“仁者见仁，智者见智”。但是，如果本来就简单的问题却用复杂的方式思考，就会把自己绕进一个没完没了的圈子里。

动物园里有过这样的笑话，动物园的管理员发现总是有袋鼠从笼子里跑出来，他们就开会讨论决定将围墙加高一半。可是围墙加高后的第二天，他们发现还是有袋鼠可以跑到外面去，所以又将围墙加高了一半。令他们费解的是隔天竟然还能看到袋鼠跑到外面。所以动物园里的长颈鹿和几只袋鼠们闲聊时就说，管理员会不会继续把围墙加高，袋鼠们表示如果管理员再忘记关门，它们也很难保证围墙会不会继续被加高。

本来只是管理员自身犯了一个老忘关门的小错误，却被他们引申到围墙的高度上，而且陷入无限加高围墙的圈子里不能自拔，本来把门一关就能解决的问题，让他们折腾出没完没了的建筑工程来，还真是让人有哭笑不得的无奈。

看来，思维的最高境界似乎就是简单思维。那么，对于简单的思维有没有什么奥秘呢？我们可以简单地总结一下其中的小智慧，首先，我们要理解的就是最高级的规则就是最简单的规则，最普遍的规律就是最简单的规律。其次，我们要懂得没有绝对的事物，所有的事物都是相互对立、可以转化的，复杂的事情总是可以向简单的方向转化。

中国博弈论

简单思维是一种智慧，很多时候事情都存在着转机，即更高层的简单，需要先历经复杂，而更高层的复杂，也需要先历经简单。古人云："运用之妙，存乎一心。"换言之，要以简单明了的方式，灵活地处理复杂的问题。

9. 给别人退路，就是给自己后路

大家都知道过犹不及、物极必反、否极泰来的道理，把它运用在现实中的待人接物上也不无道理。在为人处事时，如果被小人设计陷害，我们没有以牙还牙地将其斩尽杀绝，而是不无慈悲地给他留条退路，不仅能够展现我们的风度、气量，还可能会给我们自己留一条后路。

让他三分又如何

尽管大家都知道"有理也要让三分，得饶人处且饶人"这个道理，但还是会有很多人因为冲动而意气用事，做事过于偏激不留余地，却不知道这样只会给自己增加更多不必要的麻烦，可能会把今天的朋友变成明天的敌人。而如果得理也能礼让他三分，结果可能就大不相同，今天的敌人可能成为明天的朋友。

唐朝大将郭子仪，因为当初在平定“安史之乱”和抵御外族入侵中屡建奇功，成为“一人之下，万人之上”权倾朝野的大人物也就不是什么意外了。但是正是如此，他遭到了皇帝身边一位喜欢溜须拍马的红人于朝恩的嫉恨。老奸巨猾的于朝恩曾多次在皇帝面前谗言诽谤郭子仪，使得郭子仪曾几起几落。

有一次，于朝恩在皇帝面前诽谤郭子仪不成，就趁着郭子仪率兵在外征战，暗地里派人盗挖了郭子仪家的祖坟，并抛骨扬尸。因为当时郭子仪身任天下兵马大元帅，手握重兵，连皇帝都敬他三分，对他来说，除掉一名奸宦不费吹灰之力。所以当郭子仪领兵还朝之时，众人无不以为他将掀起一场血雨腥风。不料，当皇帝忐忑不安地提及此事时，郭子仪却说：“臣将兵日久，不能禁阻军士残人之墓，今日他人挖先父之墓，此乃天谴，而非人患。”郭子仪以其宽广的胸怀，恢宏的度量，让所有人都感到极大的震撼。

尽管郭子仪让了于朝恩一步，但是寝食不安的于朝恩还是担心自己被会手握兵权的郭子仪收拾，更何况皇帝对郭子仪更加信任了。所以，于朝恩就以先下手为强的心理在家中摆起了“鸿门宴”，但是郭子仪并不以为意，而只是带了几个随从便装赴宴。于朝恩惊讶不已，一时间也被感动。从此，于朝恩便不再与郭子仪处处敌，反而对他处处维护。

郭子仪之所以能成为“权倾天下而朝廷不忌，功盖一世而主上不疑，侈尽人欲而议者不贬”的名臣，就是因为他懂得给别人留条退路，所以最终也给自己留了条后路。最终，郭子仪成为辅助四朝国君的元老级人物，并且以85岁的高龄得以善终。

很多人一旦陷身于争斗的漩涡，就会因为各种原因而把自己绕进得理不饶人的旋涡。也许是为了面子，也许是为了利益，也许是因为焦躁而不知所以然，反正最后自己都控制不住自己，把对方逼得鸣金收兵，竖起白旗。然而这种看似吹响的胜利号角，却也可能是下次争斗的前奏。因为如果对方也是一个得理不饶人的人，那么他必然会把他失去的“理”，再亲手夺回来，正所谓“冤冤相报何时了”。

其实，让他三分又如何，给他留个台阶下，别把他的面子和立足之地全都让你给“理”没了，那么下次你遇到什么事，他才不会过分的难为你。

断人退路，就是自断后路

得理让三分，给对方留一条退路，对方自知理亏，必然不会再无理取闹。如果我们够仁厚，对方也有自知，那么他可能还会心存感激，若日后我们落难，就算他不帮我们，最起码也不会落井下石。但是如果我们为了解一时之气，而把对方逼得无路可走，那么对方就会因为“求生”等心理，而跟我们进行最后的一搏，那么他就可能会不择手段，反而对我们造成更大的威胁，甚至会威胁到生命。也许他一时报复不了我们，但是若日后狭路相逢，就难免会对我们伸出毒手。所以说，断了别人的退路，就等于自断后路。

正所谓“滋味浓时，减三分让人食；路径窄处，留一步与人行”、“留人宽绰，于己宽绰；与人方便，于己方便”这些都是古人留下来的处事经验。所以，日后无论是说话、做事等都要给别人留有一定的台阶，否则就极可能殃及己身。

一个大学生曾因为不懂得给人留退路，最终引火上身而丢了性命。当时同住一个宿舍的两名大学生，一个因为家境好，总摆出一副心高气傲、言必压人的派头；而另一个家境一般，而且性格内向，自尊心强。当时这个性格内向的学生患上了轻度的肺结核，尽管其他同学都很关心、照顾他，但是那个高傲的同学却扬言要把他撵出这个宿舍，以免传染。这使自尊心本来就很强的患病同学备受打击，后来他们又因一点鸡毛蒜皮的小事发生了争吵，那位高傲的同学根本就没理，却还蛮横地让对方向他跪地求饶，还扬言对方在宿舍多住一天，就别想有好日子过。尽管那位性格内向的同学当时在其他同学的劝说下去了别的宿舍休息，但他还是感觉忍无可忍，所以他就在一天深夜，趁那位高傲的同学熟睡之际，用锤子向他头部狠狠地砸去……

尽管砸死同学的那个人，知道自己的锤子下去之后会是什么结果，但是他还是因为心中的恶气难消，不惜葬送自己的生命也要将对方致死。可见，我们真的不能因一时的痛快而把对方置于绝地，因为一旦对方失去理智，最后我们就得自食恶果。

我们经常说“兔子急了也咬人”、“狗急跳墙”，说的也就是不要把对方逼上绝路，否则对方必然会给敌人致命一击。

孙子曾在兵法上强调“穷寇勿追”，因为如果我们去逼迫陷入绝境的敌人，他们就会无所顾忌、孤注一掷的找我们拼命。

中国博弈论

古人云：“忍一时风平浪静，退一步海阔天空。”是绝对实用的经典之言，当我们选择退一步的时候，我们不仅退出了心胸，退出了度量，退出了人格，更是退出了自己都难把握的后路，如果对方本性不坏，忍他一忍又如何，反正大家都不是坏人；如果对方本性不良，你不忍上一忍，难道跟他这种不知廉耻的人拼命不成，他不值也不配。

10. 低调是在积蓄腾跃的力量

在很多人看来，似乎低调的生活态度就是目光不够深远，理想不够远大，甚者是精神颓废，缺乏自信的表现。其实不然，低调的人不是颓废，而是把苦难看成人生的旅程中必经的风景；低调的人不是不自信，而是因为能够清醒的认识自己，所以不会盲目的乐观。所以，低调是一种智慧，低调的人知道如何韬光养晦，厚积薄发，在低调里积蓄腾跃的力量。

低调是种智慧

在这个力求张扬、高调做事、大玩轰轰烈烈的时代，似乎低调就成了小朋友玩腻了的布娃娃，被抛弃在无人瞩目的角落。但是，低调就真的会那么以决绝的姿态远离我们的视觉吗？当然不会，因为低调并不是一种谁都能读懂的智慧，所以，并不是谁都能够以傲人的态态笑到最后。古往今来，能够在官场、商场、战场等收放自如的人物，大都保持着进可攻、退可守的低调处事原则，他们看似平淡无奇，实则高深莫测，他们的为人处世是一种大策略、大度量、大胸襟的大智慧。

低调的人一般心态都比较平和，不易为外界所动摇，所以面对红尘或万丈深渊，他们大都有“闲看庭前花开花落”的宠辱不惊的气魄，“笑望天上云卷云舒”的去留无意的超然。而高调的人大都是目空一切，妄自尊大、飞扬跋扈的专横，所以与低调人的谦和忍让与宽容大度对比就更会让人觉得，越是高调的人越肤浅。

我国的一句古谚云：“低头是谷穗，昂头是谷秧。”说的就是，越是高调的东西越是最无用的东西，而越是实用的东西就越是低调。当然，这话说得不免有些偏激，但也不无道理。但是大家需要记住的是，低调做人，不仅可以自我保护，而且能在暗中积蓄力量，在悄然前行之中成就一番事业。

传说舜就是一个因懂得低调而被称为具有“大智慧”的人。历史记载，舜的母亲在舜出生后不久就离开人世了，舜一直被后母抚养，后来，舜的后母又生了一个儿子。尽管懂事的舜小心地侍奉他的后母和弟弟，但是恶毒的后母和无知的弟弟还是无事找茬的毒打舜。舜并没有因此而反抗，而是一个人跑到山脚下开荒种地。尽管日子清苦，但是舜依旧没有一点怨言，对邻居们也是谦让有加，而且聪明的舜还经常用自己的智慧解决很多邻居们解决不了的问题。他的谦让与智慧影响了周围很多的人，从而吸引了更多的人扶老携幼搬过来，都希望与舜为邻。

不久，他所住的山脚会聚成了村落，然后又不断地扩大成了城镇。

听说了舜的故事而深受感动的天子尧，把娥皇和女英两个女儿都许配给了舜。而舜也在两位妻子的帮助下，顺利地通过了尧对他能力的考核，并且最终继承了天子尧的王位。

所以，在很多人看来，舜之所以能赢得天子之位，就是因为他懂得“低调”的大智慧。他对后母与弟弟的平和与豁达，对邻里们的不争与谦让，以及他韬光养晦的才华都是他低调做人的体现。

这就是低调做人的智慧，不抱怨，不喧哗，才高而不自诩，位高而不自傲，“腹有诗书气自华”所以，怀才不遇的人也没必要总是抱怨自己命运多舛，而略知皮毛的人就更不用再去卖弄自己那点自以为高深而实则肤浅的东西了。正所谓“良贾深藏才若虚，君子盛德貌若愚”“地不畏其低，方能聚水成海；人不畏其低，方能浮众成王”。所以，越是低调的人就越有潜力走得更高、更远；而过于高调的人就可能把自己毁在高调之上。

两只大雁和一只青蛙是好朋友。秋天到了，两只大雁要飞回南方，所以它们希望自己的好朋友青蛙，也能飞上天和它们做最后的告别。当它们正犯愁该如何是好的时候，青蛙灵机一动想出了好办法，青蛙让两只大雁衔住一根树枝，然后自己用嘴衔在树枝中间，这样它们三个好朋友就可以一齐飞上天了。当地上的青蛙们看到这种场景后无不羡慕地拍手叫绝，有一只大雁问道是谁这么聪明，能想出那么绝妙的办法？飞上天的那只青蛙，一听它们在夸自己的办法绝妙，就急于抓住表现自己的机会，于是大家就在听到半句“这是我，啊……”就看见它从天上以抛物线的弧度快速摔下。

看来高调的人并不好做，一不小心就要为自己的高调付出惨重的代价，毕竟“曲高和寡”“人浮于众，众必毁之”“树大招风”，明哲保身才是最佳的选择。当然，我们也不能否认高调的好处，高调自有高调的高明之处，但是要注意“度”的把握，高调过了就成了招摇，难免会惹祸上身，大家可以随即而定的“高调做事，低调做人”。

韬光养晦，厚积薄发

老子曰："上善若水，水善利万物而不争，此乃谦下之德也；故江海所以能为百谷王者，以其善下之，则能为百谷王。天下莫柔弱于水，而攻坚强者莫之能胜，此乃柔德；故柔之胜刚，弱之胜强。因其无有，故能入于无之间，由此可知不言之教、无为之益也。"老子的这段话尽管之初，并非是为了强调"低调"而论，但是我们也不妨这么理解，尽管"水"看似柔弱无骨的低调，但是它却不仅能以它的柔弱孕育万物，而且能以弱胜强。

韬光养晦之人，因为他们的低调，所以能吃得了苦头、耐得住寂寞、懂得取与舍，所以他们能在此期间暗中积力，终得天下。否则何来"越王勾践，卧薪尝胆，三千越甲终吞吴"的气势；何来"皇叔浇菜，韬晦之计，三分天下终在手"的安慰；何来"左思苦书，《三都赋》传，一时间洛阳纸贵"的情景；何来"楚庄王，三年不飞，一飞冲天终称霸"的惊动。

2006年，奇瑞汽车在中国汽车史上创下了五个第一的好成绩，第一家乘用车年销售量达到30万辆的自主品牌、汽车出口量第一、十大汽车企业销售量增幅第一、畅销车型销量第一、市场占有率涨幅第一。奇瑞汽车之所以能屡创佳绩的奥秘是什么？

奇瑞汽车在十年间，从一个默默无闻的草根汽车企业，发展成为可以与合资品牌相媲美的主流汽车企业，他们的秘密武器就是在韬光养晦中厚积薄发，十年间不焦不躁，耐心的积累一点一滴的经验教训，所以，奇瑞的成功不是偶然是必然。

低调是一种境界，低调的人知道何时该安贫乐道，豁达大度，何时该潜心修炼，蓄势待发。低调的人懂得"以退为进，以守为攻"，低调的人总是能及时做到反躬自省，正如曾子曰："吾日三省吾身"，而不是一直沉浸在恃才傲物之中不能自拔。低调就是"韬光养晦，厚积薄发"，在适当的时候掩藏自己的光芒，等积蓄了足够的力量之后再显山露水一番也不迟。如果“锋芒毕露”的话就必定会招致一些更大的“锋芒”来压制你的成长。所以，在低调中积蓄力量，就是比刚强更有力的生存策略。

大家都比较熟悉的富兰克林，是美国的开国元勋之一，他的成功有他自己的努力，也有一位曾点拨过他的智者的功劳。他年轻的时候去拜访一位老前辈，昂首挺胸的他走进老人的小茅屋时，因为不知道低头就“嘭”的一下撞在了门框上，头立刻青肿了一大块。而智慧的老前辈却笑着说：“很痛吧？你知道吗？这是你今天来拜访我最大的收获。一个人要想洞明世事，练达人情，就必须时刻记住低头。”这对年轻的富兰克林有很大的影响，他牢牢地记住了这句话，所以他的成功也就不是个意外。

低调为人，就要懂得在该低头的时候低头，否则吃亏的肯定是自己。而关于低调，有人作出一副非常工整的对联，上联：做杂事、兼杂学、学杂家、杂七杂八尤有趣。下联：先爬行、后爬坡、再爬山，爬来爬去终登顶。横批：低调做人。此联妙不可言,因为它不仅点明了应低调做人，而且提醒大家成功者都需要经历一个历练的过程，而这个过程就需要你韬光养晦才行，否则没有“厚积”怎么“薄发”？

中国博弈论

低调之人需要以“非淡薄无以明志，非宁静无以致远”的心态去俯瞰纷繁复杂的人心事态，然后以“韬光养晦，厚积薄发”的静心去博得自己最后的山水天涯。低调是一种智慧，在低调中积蓄腾跃的力量就是一种大智慧。

11. 人生是棋盘，面子是把双刃剑

情面是把双刃剑，凡事讲情面，给别人台阶下，为别人收拾残局，能促进人际关系的融洽，但太讲情面就会给人带来很大的不痛快。碍于情面，人们收下不该收的礼物，买下不该买的东西，说出违心的话。但人们又离不开情面，情面作为资本也可以让事情办得更加顺利，有了“天时、地利、人和”会让你从容应对很多棘手的问题，出门则可以“四海为家”。

情面是美德也是障碍

细究起来，很多人认为，凡事给人留情面是一种美德，是一种人性的优点，是可取的；而不顾情面则是怪癖，让人厌烦。面子，千百年来也是一个很“现实”的问题，为了顾及情面，人们会做出不理智、不客观、不公正的判断和行为。碍于情面，很多事情下不了决心，错误的决定在一瞬间产生，造成的后果也可能是危害无穷的。

中国向来是一个很讲面子的国度，这是中华文明的精髓之一，也是“仁”的一种表现。上下五千年，先人凭借这一美德走过了多少风风雨雨。中国人对情面的应用是有一定智慧的，并不是每个人都能将之运用得恰到好处，否则也不会有贫富、官民之分。虽然这是个讲求人人平等的社会，但不得不承认，人与人之间还是有一定差别的。富人与为官者之所以有一般人比不上的能力，这不是天生的，而是一种情商，具体来说他们适当把握住了人际交往的关键，就是情面的应用。

《史记》记载，当项羽四面楚歌，霸王别姬，有一摇船老汉劝他渡江东去，积聚力量，卷土重来，项羽说："籍与江东子弟八千人渡江而西，今无一人还。纵江东父兄怜而王我，我何面目见之？"于是拔刀自尽。项羽作为一个历史上的英雄人物，如此看重面子，如此具有羞耻之心，如此敢于承担责任，确实难能可贵。从这个意义上来说，项羽道德高尚，虽败犹荣。

古人对面子如此重视，现代人又如何呢？

在现代社会中也不乏面子观念浓厚的人，如果大家都钟爱自己的面子，一定会出现很多新的社会气象。如果官员真正爱面子，就会更加清正廉洁、勤政为民，因为他们会因为自己没有把为官的责任做好而感到羞愧；如果人们真的爱惜自己的面子，就不会做出随地吐痰，污言秽语、破坏绿化等不文明的行为，因为这些行为会让一个爱面子的人羞愧到无地自容。面子给人带来的也是社会文明的一大进步。

但换个角度讲，在人际传播之间，过于看重情面其实也是一种虚荣的心理表现。从心理学角度讲，人人都有被尊重被赞扬的心理渴望，但过于强烈的表现就会诱导恭维奉承的产生。有些过于注重面子的人，在情面与利益之间的博弈中难免会失去很多成功的机会，眼睁睁看着自己的利益从面前溜走，痛心疾首又如何，只要顾全面子就是一切。

面子现象对社会的正面和负面作用

面子在中国人的社会生活中有重要的意义，也是一种典型的社会心理现象。有时，面子能起到协调和稳定社会关系的积极作用，它能深入到人们社会生活的各个层面。现代心理学的研究将面子分为积极面子和消极面子，在中国几千年的传统文化中，人们对面子的应用保持着一种积极的心态，然而由于现代社会各种文明的互相影响，尤其是西方文明的"入侵"，消极面子的研究也渐渐走进人们的生活。

消极的面子现象给人们带来的是一种后果很严重的消极影响，过分追求面子的人会被虚荣的心理左右。如果任由这种心理发展，最终受苦的还是被面子控制的人，甚至危害到社会的繁荣。

在俄罗斯历史上曾经发生过一件这样的事情，叶卡捷琳娜女皇到伏尔加河流域一带巡视，当地农民的生活十分窘困，村庄破败，百业萧条，官员们为了在皇帝面前不失面子，于是就在伏尔加的河岸上搭建了许多华丽的布景，造成一片欣欣向荣的景象。叶卡捷琳娜女皇乘船沿着伏尔加河顺流而下，站在船上远远一望，看到的两岸都是美丽村落，不禁喜笑颜开,对那些地方官员大加赞赏。这位铁腕女王还不知自己被下属所骗，看到的都是假象而已。这就是由面子催生的一种弄虚作假的行为，危害的是整个社会。

在中国也出现过这样的现象，央视曾经报道过某省的一个地区采用行政手法，在公路边建造式样新颖的房屋，以展示该地的形象。有一次一位专家，在某两省交界处的偏僻农村旅行考察，看到公路两旁的房屋几乎都是新修的，白壁黑瓦，很有特色，深感这个边远地区的农民生活不错。但是随行的一位县政府的工作人员却告知专家，这是该县的一项面子工程，实际上，在离公路比较远的地方就是一些破旧的草屋，听完工作人员的介绍，专家立刻有一种被欺骗的感觉，但更多的还是悲哀。

其实，人们爱面子也无可厚非，但遇到以上的情况就不只是面子本身的问题了，而是这种现象背后隐藏的社会文化传播当中的深层含义。当面子成为弄虚作假的催化剂，社会的诚信问题就会受到挑战，就会成为一些人追逐名利的“润滑剂”。政府的极端面子问题会给老百姓带来伤害，普通老百姓的消极面子问题会为自己的利益埋下隐患，也会给社会带来一定的危害。

面子是一把双刃剑，对于一个人、一个家庭、一个民族来说都是如此。把握好面子问题对于每个人来说都是很难的，无孔不入的它总是让人们遇到问题和苦恼，所以人们要学会自律，要明确自己追求的是物质上的享受还是精神上的境界。

中国博弈论

面子可以是美德，也可以是纵容与蛊惑，所以面子既有正面作用，又有负责作用。所以，大到社会，小到个人，都要尽量加强面子的良性作用，而减少其负面的消极作用，把握好积极与消极之间的界线。